BEIKAOBEI ROUXING ZHILIU SHUDIAN YUNXING WEIHU

背靠背柔性直流输电
运行维护

郑 丰　王 磊　樊友平　编著

中国电力出版社
CHINA ELECTRIC POWER PRESS

内 容 提 要

在我国的工程化应用中，背靠背柔性直流输电在大电网异步互联方面比常规直流输电优势更为明显，有助于提升我国电网安全稳定水平。本书依托云南电网与南方电网主网异步联网 500kV 鲁西背靠背换流站的建设与运行，参考国内其他柔性直流输电工程的相关运行维护经验而编写，对指导我国背靠背柔性直流输电工程的运行维护工作具有很好的参考价值。本书共分四章，主要包括背靠背柔性直流输电系统概述、背靠背柔性直流输电系统工作原理及其运行方式、背靠背柔性直流输电运行维护、背靠背柔性直流换流站的优化维护。

本书可供从事柔性直流输电系统科研人员及换流站运行维护的值班员和检修人员使用，也可作为高等院校相关专业人员的参考书。

图书在版编目（CIP）数据

背靠背柔性直流输电运行维护 / 郑丰，王磊，樊友平编著. —北京：中国电力出版社，2019.4
ISBN 978-7-5198-2446-4

Ⅰ. ①背…　Ⅱ. ①郑…　②王…　③樊…　Ⅲ. ①直流输电–电力系统运行②直流输电–电力系统–维修
Ⅳ. ①TM721.1

中国版本图书馆 CIP 数据核字（2018）第 218227 号

出版发行：中国电力出版社
地　　址：北京市东城区北京站西街 19 号（邮政编码 100005）
网　　址：http://www.cepp.sgcc.com.cn
责任编辑：肖　敏（010-63412363）
责任校对：王小鹏
装帧设计：赵丽媛
责任印制：石　雷

印　　刷：三河市万龙印装有限公司
版　　次：2019 年 4 月第一版
印　　次：2019 年 4 月北京第一次印刷
开　　本：787 毫米×1092 毫米　16 开本
印　　张：15.25
字　　数：354 千字
印　　数：0001—1500 册
定　　价：65.00 元

进入 21 世纪以来，我国柔性直流输电的理论研究和工程实践取得了突飞猛进的发展。南方电网南澳±160kV 多端柔性直流输电示范工程、云南电网和南方电网主网异步联网 500kV 鲁西背靠背柔性直流输电工程相继投产，乌东德特高压多端直流输电示范工程正在火热建设中，我国正在积极推进多项柔性直流输电工程的科研、建设和运行。

柔性直流输电技术具有可控性强、对环境影响小、适合中小容量电力远距离输送等优点，能够解决常规直流输电向无交流电源负荷点送电的难题。为应对日益紧张的能源问题和由此引发的环境问题，我国明确提出要建设资源节约型、环境友好型社会，加强水资源、太阳能和风能资源的合理利用。柔性直流输配电技术正好符合距离偏远、地理分散的小功率电源联网要求，助力新能源发电并网。同时，随着高新技术产业的快速发展、电力市场的日益完善和城市配电网规模的不断扩大，对电能的质量以及电网运行的安全性和灵活性也提出了更高的要求，对此，柔性直流输配电是一个良好的解决方法。

随着直流输电技术的发展和异步联网需求的增多，背靠背直流输电技术在 20 世纪 80 年代以后得到迅速发展。针对多直流馈入时双极闭锁引起的直流功率转移，有必要保持送端电网与受端电网为非同步电网，即直流异步联网。其优势在于：可以避免联锁故障导致大面积停电，也可以根除低频振荡，使电网不会被相连接的交流输电系统短路水平影响。

背靠背直流输电工程在发展初期多采用常规直流输电技术。进入 21 世纪后，采用柔性直流输电技术的背靠背直流输电工程逐渐增多。对于大电网异步互连，背靠背柔性直流输电技术比常规背靠背直流输电技术更具优势。中国作为一个幅员辽阔的国家，开展背靠背柔性直流输电运行维护技术研究，具有十分重要的意义。

本书依托云南电网与南方电网主网异步联网 500kV 鲁西背靠背换流站的建设与运行，参考国内其他柔性直流输电工程的相关运行维护经验，从背靠背柔性直流输电系统概述、背靠背柔性直流输电系统工作原理及其运行方式、背靠背柔性直流输电运行维护及背靠背柔性直流换流站的优化维护研究四个方面进行总结和探索。

　　本书编写过程中，李鑫、张岱参与了第 1 章的修订审核工作，黄章强、杨洁民、王林、王丰参与了第 2 章的修订审核工作，程果、郭树永、杨跃辉、戴甲水、张杰、熊银武参与了第 3 章的修订审核工作，李家羊、钟昆禹、曹玉胜、李婧娇参与了第 4 章的修订审核工作；南方电网超高压输电公司、武汉大学等单位也对本书的出版提供了大力的支持和帮助，在此表示感谢。由于作者水平和经验有限，书中难免存在不妥之处，恳请读者批评指正。

编　者

2018 年 12 月

目录

概　　述

1.1　柔性直流输电系统概况

1.1.1　柔性直流输电的定义

20 世纪 20 年代以来，高压直流（HVDC）输电技术逐渐受到电力工作者的广泛关注，气吹电弧整流器、闸流管和引燃管相继作为换流器用于建设一些试验性质的直流工程，但直到高电压大容量的可控汞弧整流器的研制成功，高压直流输电的工程化应用才具备了转化成现实的可能性。第一代高压直流输电技术以汞弧阀换流技术为基础，以 1954 年全世界首个直流输电工程（瑞典—哥特兰岛 20MW 海底输电工程）的建成为标志。但是由于汞弧阀价格昂贵、制造难度高、难于产生更高的直流电压，而且可能产生逆弧现象，因而所构成的直流输电系统可靠性较低、运行维护工作量大，约束了高压直流输电的发展。第二代直流输电技术诞生于 20 世纪 70 年代初，汞弧阀被晶闸管阀所取代，优势更为明显的晶闸管逐渐被一些直流输电工程所采用，但由于晶闸管阀开关频率低且不具备自关断能力，因此极大约束了换流器的性能。基于晶闸管的电流源型换流器依赖于一个相当大容量的受电端系统，由该受电端系统为换流器提供换相电流。如果受电端系统容量小，则无法提供足够的换相电流，换流器就不能工作，因此基于晶闸管的常规直流换流器也被称为电网换相换流器。20 世纪 90 年代末，基于可关断器件和脉冲宽度调制（PWM）技术的电压源换流器（VSC）开始应用于高压直流输电，这标志着第三代直流输电——柔性直流输电技术的诞生。

世界上首个采用电压源换流器的高压直流输电工程是 1997 年投入运行的赫尔斯扬（Hällsjön）实验性工程。国际权威学术组织——国际大电网会议（CIGRE）和美国电气与电子工程师学会（IEEE），将这种基于 PWM 技术和可关断器件的第三代直流输电技术正式命名为电压源换流器型高压直流（VSC-HVDC）输电技术，西门子公司将之命名为新型高压直流（HVDC-Plus）技术，ABB 公司则将之命名为轻型高压直流（HVDC-Light）技术。2006 年 5 月，"轻型直流输电系统关键技术研究框架研讨会"在北京召开，与会的国内权威专家建议国内将该技术统一命名为柔性直流输电（HVDC-Flexible）。

1.1.2　国外柔性直流输电系统的发展

20 世纪 80 年代，试验性的自换流直流工程就已在欧洲出现，1997 年 3 月开始试运行的赫尔斯扬（Hällsjön）实验性工程首次实现了柔性直流输电的工程化应用。该工程连接瑞典中部的哥狄斯摩（Grängesberg）和赫尔斯扬两个换流站，工程容量为 3MW，电压等级为 ±10kV，电能通过改造后的 10km 交流架空线路进行传输。该工程将可关断电力电子器件及其换流技术引入高压直流输电领域，对高压直流输电发展具有开创性的意义。

1999 年秋季投入运行的哥特兰（Gotland）工程，是世界上首条商用的柔性直流输电系统。哥特兰岛是瑞典风力资源丰富的岛屿，该工程连接南斯敦（Näsudden）的南斯（Näs）换流站和瑞典北部港口城市维斯比（Visby）附近的贝克斯（Bäcks）换流站，将哥特兰岛上的风电资源送往大陆。该工程容量为 50MW，电压等级为 ±80kV，电能通过 70km 地下电缆进行传输。类似的风电场并网工程还有泰伯格（Tjareborg）工程和瑙德（Nord E.ON 1）工程，这类工程不仅为风电场提供所需的动态无功功率支撑，解决了电压波动和频率不稳定问题，并且有效改善了电能质量，充分发挥了柔性直流输电系统有功功率和无功功率独立控制的优良性能。

2002 年建成投产的美国克罗斯－桑德互连（Cross Sound Cable）工程，连接美国康涅狄格州的纽黑文（New Haven）换流站和纽约长岛的肖雷汉姆（Shoreham）换流站，它主要用于向纽约的长岛进行供电。该工程将直流电压、电流提升到新等级，实现 138kV/345kV 不同电压等级的连接，首次采用绝缘栅双极型晶体管（IGBT）三电平换流器结构。该工程容量为 330MW，电压等级为 ±150kV，线路长度为 2×40km，通过跨海电缆连接新英格兰电网和纽约长岛电网。在 2003 年北美"8·14"大停电事故中，该工程除了通过直流电缆向纽约长岛供电，还通过交流电压控制对相连的长岛电网和康涅狄格电网提供紧急电压支撑，在 20s 内将无功功率输出由 +100Mvar 调整到 -70Mvar，使交流电压维持基本恒定。同年 8 月投运的莫里联络（Murraylink）工程采用地下直流输电线路，该工程是当时世界上最长的地下高压电缆输电项目。这一类工程不仅可以进行功率传输，还起到支撑换流站附近交流电压的作用，提高了地区电网的可靠性。

2005 年 10 月建成投产的挪威泰瑞尔（Troll A）工程，从挪威的克尔斯奈斯（Kollsnes）换流站向泰瑞尔海上天然气钻井平台上的用电设备供电。该工程输电线路为 70km 长的海底电缆，使用了两个并联的柔性直流输电系统，每个系统的额定功率为 45MW，直流电压为 ±60kV，这是世界上首个从大陆向海上平台提供电能的柔性直流输电系统。类似的工程还有瓦尔哈（Valhall）工程，这一类工程降低了海上平台的空间占用率和体积，不仅可节能减排，还可节省海上平台的发电成本和发电设备维护费用。

2010 年建成投产的美国传斯贝尔联络（Trans Bay Cable）工程连接美国匹斯堡与旧金山，应用于城市供电，是首个采用多电平换流器的柔性直流输电工程。该工程容量为 400MW，电压等级为 ±200kV，线路长度为 2×88km，采用模块化多电平换流器（MMC）和最近电平逼近调制（NLM）策略。这种换流器的优点是在拓扑结构上避免了桥臂器件的直接串联，降低了换流器的技术难度，同时减小了输出电压所含的谐波，在电平数较高时可以不需要滤波器进行滤波。国外典型柔性直流输电工程概况见表 1－1。

表 1-1 　　　　　　　　　　　国外典型柔性直流输电工程一览表

序号	工程名称	国家	投运时间	额定功率（MW/Mvar）	直流电压（kV）	换流器	调制方式
1	赫尔斯扬（Hällsjön）试验性工程	瑞典	1997 年 3 月	3/3	±10	两电平	SPWM
2	哥特兰（Gotland）工程	瑞典	1999 年 11 月	50/±30	±80	两电平	SPWM
3	迪莱克特联络（Directlink）工程	澳大利亚	1999 年 12 月	3×60/±75	±80	两电平	SPWM
4	泰伯格（Tjareborg）工程	丹麦	2000 年 8 月	7.2/−3～+4	±9	两电平	SPWM
5	伊格尔-帕斯背靠背互联（Eagle Pass BTB）工程	美国、墨西哥	2000 年 9 月	36/±36	±15.9	三电平	SPWM
6	克罗斯-桑德互连（Cross Sound Cable）工程	美国	2002 年 8 月	330/±75	±150	三电平	SPWM
7	莫里联络（Murraylink）工程	澳大利亚	2002 年 8 月	220/+140～−150	±150	三电平	SPWM
8	泰瑞尔（Troll A）工程	挪威	2005 年 10 月	2×41	±60	两电平	OPWM
9	伊斯特互连（Estlink）工程	爱沙尼亚、芬兰	2006 年	350	±150	两电平	OPWM
10	瑙德（Nord E.ON 1）工程	德国	2009 年	400	±150	两电平	OPWM
11	瓦哈尔（Valhall）工程	挪威	2010 年	78	150	两电平	OPWM
12	传斯贝尔联络（Trans Bay Cable）工程	美国	2010 年	400	±200	多电平（MMC）	NLM
13	爱尔兰联网（Britain Ireland）工程	英国	2012 年	500	±200	多电平（MMC）	NLM
14	多尔温一期（DolWin1）工程	德国	2013 年	800	±320	多电平（MMC）	NLM
15	多尔温二期（DolWin2）工程	德国	2014 年	900	±320	多电平（MMC）	NLM

1.1.3　国内柔性直流输电系统的发展

中国对柔性直流输电技术的研究与应用起步较晚，2005 年左右，国内的研究方向基本还集中在两电平柔性直流换流器的系统建模与仿真分析等方面，对于工程技术的研究少有涉及。

从 2006 年开始，国内相关研究单位开始开展基于 MMC 的柔性直流输电工程技术研究，时间节点与西门子公司几乎同步，准确把握了柔性直流输电的发展趋势。在基础理论与核心技术研究、关键设备研制与试验、工程系统集成与运行维护等方面取得了一系列的重要创新成果。2011 年 7 月，中国在上海南汇建成投运了首个柔性直流输电示范工程，该工程用于风电场并网接入，工程容量为 18MW，电压等级为 30kV，换流器采用 MMC 多电平拓扑结构，输电线路距离为 8.6km，该工程使中国在柔性直流输电技术的工程应用方面实现了跨越式的发展。通过数年的不断探索和实践，中国在柔性直流输电整体技术理论研究和工程应用等方面均已达到世界先进水平，并在部分核心技术和工程关键参数等方面进入世界一流梯队。

2012 年，我国开始在大连市建设一个连接市区南部港东地区和北部主网的柔性直流输电工程，用于满足大连市区南部经济快速发展对电力的需求，同时避免自然灾害的发生对市区供电产生重大影响。该工程额定容量 1000MW，直流电压±320kV，输电线路长约 60km。2012 年 12 月底，世界首套 1000MW/±320kV 换流阀及阀基控制器研制成功，这标志着中国在柔性直流输电换流阀领域已经达到世界一流水平。依托于该工程，世界上规模最大的400kV 电平动模平台搭建完成，有效验证了大连工程阀控系统设计与功能的正确性。该工程的建成投产，使中国掌握了高压大容量柔性直流输电系统成套设计、换流站施工以及工程运行维护等一整套技术，为柔性直流输电技术在中国的进一步发展奠定了坚实基础。

2014 年，浙江舟山五端柔性直流输电工程建成投入运行，该工程用于提高舟山电网的供电可靠性与运行灵活性，并可及时消纳舟山诸岛丰富的风力资源。该工程包含 5 个换流站，系统总容量为 1000MW，其中最大的换流站容量为 400MW，直流电压等级为±200kV。该工程可有效应对舟山地区负荷增长的需求，形成北部诸岛供电的第二电源，提高供电可靠性；提供动态无功补偿能力，提高舟山电网电能质量；缓解舟山群岛风电场并网难题，提高电网调度运行的灵活性。该工程的建成为实现多端直流输电系统、海岛或海上平台供电、新能源并网等应用提供了技术和工程上的良好借鉴。

南方电网南澳±160kV 多端柔性直流输电示范工程是中国南方电网有限责任公司承担的国家 863 计划课题"大型风电场柔性直流输电接入技术研究与开发"的依托工程，于 2013年 12 月 25 日建成投产。这一示范工程在完成所有 84 项调试试验项目，并经中国南方电网广东电网有限责任公司组织的整体集中验收、消除缺陷、试运行后，于 2014 年 5 月 30 日正式投入运行。该工程属于三端柔性直流输电系统，即由塑城、金牛及青澳换流站和相应的交、直流线路连接而成，系统主要由换流站设备和交、直流线路设备构成。示范工程 3 个换流站的主接线方式一致，即换流站交流接入采用线路变压器组接线、换流器采用基于模块化多电平的单换流器双极接线方式。该工程主要的运行方式包括：三端交、直流并列方式，塑金两端交、直流运行方式，塑金两端纯直流运行方式及 STATCOM 方式。

为促进云南水电的可靠消纳，广东、广西用能结构向清洁化方向发展，国家决定"十三五"期间依托乌东德电站建设云南电能送广东、广西输电通道。根据南方电网公司"十三五"规划及中长期电力电量平衡情况，以及南方电网以直流为主的西电东送技术路线，计划建设±800kV 特高压三端直流输电工程。送端云南建设±800kV/8000MW 常规直流换流站，受端广东建设±800kV/5000MW 常规或柔性直流换流站，受端广西建设±800kV/3000MW 常规或柔性直流换流站。直流输电线路全长约 1450km，计划于 2019 年具备送电能力，2020 年实现三端投产。

针对目前我国大规模清洁能源消纳面临的问题，围绕大规模可再生能源的多点汇集和送出、清洁能源的高效利用和灵活消纳、可再生能源发电的源网协调及友好互动等现实需求，同时为了服务低碳奥运，将在张家口国家级新能源综合示范区和冬奥专区建设±500kV柔性直流电网示范工程（简称张北柔直电网工程），对于构建未来电网形态、展示先进的输电技术具有重要的示范意义。张北柔直电网工程是世界首个±500kV直流电网，首次实现500kV直流断路器等关键设备及技术的示范应用，多种可再生能源可以经柔直电网并入华北电网，逆变侧最大负荷3000MW、抽蓄机组抽水最大负荷1500MW。张北柔直电网工程换流站将采用双极模块化多电平换流器，直流线路将采用架空线。

2017年5月25日，渝鄂直流背靠背联网工程开工。该工程总投资64.9亿元，输送总容量500万kW，2016年12月获得国家发展和改革委员会核准，计划2018年建成投运。该工程新建宜昌、恩施两座直流背靠背换流站。宜昌换流站位于重庆与湖北500kV联网线路北通道上，落点湖北省宜昌市夷陵区境内，安装2×125万kW柔性直流单元，额定直流电压±420kV，电流1500A。恩施换流站位于重庆与湖北500kV联网线路南通道上，落点湖北省恩施州咸丰县境内，安装2×125万kW柔性直流单元，额定直流电压±420kV，电流1500A。

1.2 柔性直流输电系统优缺点

柔性直流输电系统采用全控型开关器件和脉冲宽度调制（PWM）技术。

1. 优点

柔性直流输电系统以常规直流输电系统为基础，因此基本具备常规直流输电系统的优点。

（1）与交流线路相比，柔性直流输电线路导线数量要少一根，线路造价低、损耗小，占用的输电走廊窄。

（2）柔性直流输电损耗小、输送容量大，并且输送距离基本上不受限制。

（3）柔性直流输电不存在交流输电的稳定性问题。

（4）柔性直流输电与其相连的交流系统的频率和相位无关，可以实现异步电网的互连。

（5）柔性直流输电系统所输送的有功功率和无功功率（包括大小和方向）可以由控制系统进行快速控制。

（6）柔性直流输电可以较为方便地进行增容扩建和分期建设。

除上所述，柔性直流输电系统相比常规直流输电系统还有如下技术优势：

（1）不存在换相失败的问题。常规直流输电换流器（逆变器）受电端必须与一个相当大容量的电力系统相连，由该系统为换流器提供换相电流，因此当受电端交流系统发生故障时（通常指交流母线电压瞬间跌落10%以上幅度），逆变器很容易发生换相失败，导致直流输电系统在换相失败恢复前输送功率中断。而柔性直流输电的换流器采用的是可控关断器件，不存在换相失败的问题。即使受电端电力系统发生严重故障，只要换流站交流母线仍然有电压，就可输送一定大小的功率，其值取决于柔性直流换流器的电流容量。

（2）快速独立地控制有功功率和无功功率。柔性直流输电系统可在其运行范围内实现对有功功率和无功功率的独立控制。柔性直流换流站可以通过接收指令或根据交流电网的电压水平调节无功功率的发出或吸收，并在运行范围内连续调节有功功率的输出。但此时直流线路上的有功潮流必须保持平衡，即整个系统吸收的有功功率要等于发出的有功功率加上系统损耗，一旦打破这种平衡，直流电压就会快速变化。为了保持有功功率的平衡，对于两端柔性直流输电，需要一端换流站采用定直流电压控制，依据另一端换流站有功功率传输的情况随时调整它的功率输出。此时，两端换流站不需要站间通信而只需测量直流电压就可以实现该控制策略。正是由于这一特点，柔性直流输电系统可以传输很低的功率，甚至是零功率（此时无功功率调节范围不再受到换流器总容量的限制，可以达到其额定值）。

（3）适合构成多端直流输电系统。常规直流输电在进行潮流反转时，电压极性反转而电流方向不动，因此在构成并联型多端直流系统时，控制起来很不灵活。而柔性直流输电在进行潮流反转时直流电压极性不用改变，且直流电流可以双向流动，因此在构成并联型多端直流输电系统时，通过改变单端电流的方向（此时应保持多端直流系统电压恒定），可以在正、反两个方向上调节单端潮流，更能发挥出多端直流输电系统的优势。

（4）提高现有交流系统的输电能力。柔性直流输电可以通过控制电网电压，减少相联电力系统包括线路损耗和发电机励磁损耗在内的输电损耗。同时，它可以通过精确、快速的电压控制使现有电网接近其极限运行，通过无功功率控制的快速响应抵消暂态过电压，现有交流电路的输电容量可大幅提高。此外，柔性直流输电系统还可以在系统电压崩溃时提供紧急无功功率支撑，根据柔性直流提供的无功功率限额，可以按照调度指令尽可能地增加输送功率，在故障发生后，可顺利度过线路投入不足的情况。

（5）提高交流电网的功角稳定性。线路的输电能力不仅受电压稳定性的影响，还受到电网的功角稳定性的制约，目前很难找到一种鲁棒性很好的阻尼算法来解决电网的功角稳定问题，抑制一种模式的振荡有可能激发另一种模式的振荡。要想通过实际地消耗或注入有功功率来抑制振荡，目前较好的办法有投切负荷、调节发电机的输出功率和采用柔性直流输电。柔性直流输电可以通过以下方式抑制振荡：① 保持电压恒定，调节有功潮流；② 保持有功功率不变，调节无功功率；③ 利用电网同步相量测量单元（PMU）直接测量电压相角或者通过监测电流、潮流和频率来观察电网状态。

（6）事故后快速恢复供电和黑启动。在电网发生事故后，柔性直流输电可以向事故电网提供必要的电压和频率支持，帮助事故电网恢复供电。正常情况下，柔性直流输电以交流系统电压为参考电压，由交流电网的电压确定参考电压的幅值、频率。当发生电压崩溃或停电时，柔性直流输电有至少一端连接在正常的电网上，此时柔性直流输电会脱离交流系统的参考量，瞬间启动自身的参考电压。此时柔性直流输电系统相当于无转动惯量的备用发电机，随时准备向瘫痪电网内的重要负荷供电。

（7）可以向无源电网供电。柔性直流输电采用可关断器件，电流能够自行关断，可以在无源逆变方式下工作，因此不需要一个相当大容量的受端系统，受端系统可以是无源网络。

（8）占地面积小。柔性直流输电换流站交流场设备很少，不需要大量的滤波和无功补偿装置，因而比常规直流输电占地面积小。

2. 缺点

相比常规直流输电系统，柔性直流输电系统也存在着一些不足，主要包括以下几个方面。

（1）损耗较大。柔性直流输电受内环控制所采用的控制方式影响，开关频率较高，造成换流站功率损耗较大。尽管两电平和三电平 VSC 可将单站损耗控制在 2%左右，MMC 的单站损耗可以低于 1.5%，但目前常规直流输电的单站损耗已低于 0.8%，远低于柔性直流换流站损耗。随着电力电子技术的发展，柔性直流输电单站损耗有望降低到 1%以下。

（2）设备成本较高。就当下的技术发展程度而言，柔性直流输电单位容量的设备投资成本高于常规直流输电。

（3）容量相对较小。鉴于目前全控型器件的电压、电流额定值都比半控型器件低，为满足工程要求必须采用多个全控型器件并联，否则柔性直流输电的电流额定值就比常规直流输电的低，因此柔性直流输电基本单元（单个两电平或三电平换流器或单个 MMC）的容量比常规直流输电基本单元（单个 6 脉动换流器）的容量低。如果将柔性直流输电基本单元进行串、并联组合，输送容量有望和常规直流输电相当。

（4）不具备直流侧故障清除能力。针对目前柔性直流输电新建工程广泛采用的 MMC 拓扑结构，当换流器直流侧发生短路故障时，即使此时全控型器件全部关断，换流站仍会通过与全控型器件反并联的二极管向故障点馈入电流，只能通过跳开换流站交流侧断路器来清除故障，故障清除的时间比较长，而常规直流输电不存在这一问题。

1.3 背靠背直流输电系统

背靠背直流输电工程是指没有直流输电线路的直流输电工程，整流器和逆变器通常安装在一个换流站内，从而实现两个电力系统的互连。由于背靠背直流输电系统整流侧距离逆变侧很近，因此没有一般直流输电系统存在的远距离通信时延和故障问题，同时背靠背直流输电系统可以通过上层控制系统快速协调整流器和逆变器，使两端换流器具有优良的协调控制能力。背靠背直流输电系统具有以下特点。

（1）由于背靠背直流输电系统没有直流输电线路，因此可以选择较低的直流侧电压，降低绝缘费用，且有利于换流站设备的模块化设计。同时，可选择较小的平波电抗值（有的背靠背直流输电系统可以省去平波电抗器），一般可省去直流滤波器。此外，整流器和逆变器可安装在同一阀厅内，换流站的设备相应减少。因此，背靠背直流输电工程的造价通常可比常规直流输电工程低 15%～20%。

（2）背靠背直流输电系统由于整流侧距离逆变侧很近，直流控制系统没有远距离通信问题，直流控制系统相比于一般直流输电系统的优势在于响应速度更迅速，且能被简化，从而具有较低的故障率。

（3）背靠背直流输电系统可利用直流系统输送功率的可控性，根据需要人为地控制互连电网交换的电力和电量，实现互连电网之间电能的经济调度。正常情况下，可以按照负荷曲线调整互连电网之间交换的功率，在特殊情况下可以根据需要随时调整互联电网交换的功率。

（4）背靠背直流输电系统可利用直流系统输送功率的快速控制特性，通过对电力系统进行功率振荡控制或频率控制，提高电力系统运行的安全稳定性。

（5）背靠背直流输电系统没有直流输电线路，因此可以增加直流电流、降低直流电压进行交流电压控制和无功功率控制,提升电网电压稳定性。

(6)采用背靠背直流输电系统联网不增加互连电网的短路容量,可避免由于电力系统规模扩大所造成的需要更换断路器等问题。

随着直流输电技术的发展和异步联网需求的增多,背靠背直流输电技术在 20 世纪 80 年代以后得到迅速的发展。据不完全统计,目前世界上已有 32 项背靠背直流输电工程投入运行,基本情况见表 1-2。

表 1-2　　　　　　　　世界上已运行的背靠背直流输电工程

序号	工程位置	国别	功率(MW)	直流电压(kV)	运投时间(年)	备　注
1	佐久间(SAKUMA)	日本	300	125	1965	50Hz/60Hz 联网
2	伊尔河(Eel River)	加拿大	320	80	1972	魁北克/新布鲁斯维克联网
3	新信侬(Shin-Shinano)	日本	300/600	125/125	1977/1993	50Hz/60Hz 联网
4	斯蒂加尔(Stegall)	美国	100	50	1977	北美东西部联网
5	阿卡瑞(Acaray)	巴西、巴拉圭	55	25	1981	50Hz/60Hz 联网
6	德恩罗尔(Durnrohr)	奥地利、捷克	550	145	1983	东西欧联网
7	伊迪康尼(Eddy County)	美国	200	82	1983	北美东西部联网
8	奥克拉尤宁(Oklaunion)	美国	200	82	1984	东部电网/德克萨斯联网
9	恰图卡(Chateauguay)	加拿大	1000	140	1984	美国东北部/加拿大魁北克联网
10	维堡(Vyborg)	俄罗斯	1065	±85	1984	俄罗斯/芬兰联网
11	海盖特(High gate)	美国	200	56	1985	美国东北部/加拿大魁北克联网
12	黑水河(Black Water)	美国	200	56	1985	北美东西部联网
13	马达沃斯卡(Madawaska)	加拿大	350	130	1985	魁北克/新布鲁斯维克联网
14	米尔斯城(Mills City)	美国	200	82	1985	北美东西部联网
15	布罗肯希尔(Broken Hill)	澳大利亚	40	17	1986	50Hz/60Hz 联网
16	希尼(Sidney)	美国	200	50	1987	北美东西部联网
17	阿尔伯塔(Alberta)	加拿大	150	42	1989	北美加拿大东西部联网
18	温地亚恰尔(Vindhyachal)	印度	500	70	1989	印度西部/北部联网
19	艾申里西(Etzenricht)	德国、捷克	600	160	1993	东西欧联网
20	维也纳东南(Vienna South-East)	奥地利	600	145	1993	东西欧联网
21	威尔士(Welsh)	美国	600	160	1995	东部电网/德克萨斯联网
22	钱德拉布尔(Chandrapur)	印度	1000	205	1996	印度西部/南部联网
23	杰伊布尔-盖祖瓦克(Jeypore-Gazuwaka)	印度	500	200	1998	印度东部/南部联网
24	东清水	日本	300	—	1998	50Hz/60Hz 联网
25	加勒比(Caribbean)	巴西、阿根廷	1100	±70	2000	50Hz/60Hz 联网
26	伊格尔-帕斯(Eagle Pass)	美国、墨西哥	36	—	2000	美国西南部/墨西哥联网,轻型直流输电技术

序号	工程名称	国别	功率 （MW）	直流电压 （kV）	运投时间 （年）	备 注
27	北海道－本州	日本	600	±250	1993	北海道电网/日本东北部联网
28	灵宝	中国	360	120	2005	华中电网/西北电网非同步联网
29	高岭	中国	4×750	±125/ ±125	2008	华北电网/东北电网非同步联网
30	鲁西	中国	1000/ 2×1000	±350/ ±160	2016	南网主网/云南电网联网
31	渝鄂	中国	4×1250	±420	在建	川渝电网/华中东部电网联网

背靠背直流输电在发展前期多采用常规直流，进入 21 世纪后，采用柔性直流的背靠背直流输电工程逐渐增多。相比于背靠背常规直流输电，背靠背柔性直流输电具备更多的优势，主要体现在以下 4 个方面。

（1）背靠背柔性直流输电占地面积更小。背靠背常规直流输电在交流侧产生大量谐波，需要配备交流滤波器对谐波进行滤除，交流滤波器场占地面积可以达到场站面积的 20%～30%，而背靠背柔性直流谐波性能好，可以不用配置交流滤波器，因而占地面积更小。

（2）背靠背柔性直流输电若采用 MMC 等多电平拓扑结构，输出直流电压纹波小，可以不用配置平波电抗器。

（3）背靠背柔性直流输电潮流反转更方便，方便对所连电网进行黑启动。

（4）当交流系统故障时，背靠背柔性直流输电系统能提供紧急无功功率支持。

1.4 背靠背柔性直流输电技术原理及应用情况

1.4.1 背靠背柔性直流输电技术原理

为简明起见，本节以典型的采用 MMC 的柔性直流输电换流站为例，将背靠背柔性直流换流站依据输电原理简化后如图 1—1 所示。背靠背柔性直流输电系统通过对两端换流器的有效控制可以实现两个互联交流系统之间有功功率的相互传送，同时两端换流器还可以调节各自所吸收或发出的无功功率，对两个互连交流系统提供无功功率支持，是一种具有快速调节能力、多控制变量的新型直流输电系统。

基于 MMC 的电压源换流器型直流输电（VSC－HVDC）是一种以可控关断器件和阶梯波调制技术为基础的新型直流输电技术。由换流器的拓扑结构可知，换流器上、下桥臂电压分别是由上、下桥臂所有级联功率模块的输出电压合成的。通过增加功率模块的串联级数，可以极大地降低换流器输出电压的总谐波畸变率。从理论出发，当换流器级联的功率模块数为无穷大时，换流器的输出电压近似于正弦波，同时还可以增加换流器的容量，提升换流器的动态响应性能。但是，受到系统复杂性等因素的约束，实际应用中换流器的级联功率模块数并不能无限制地增加。

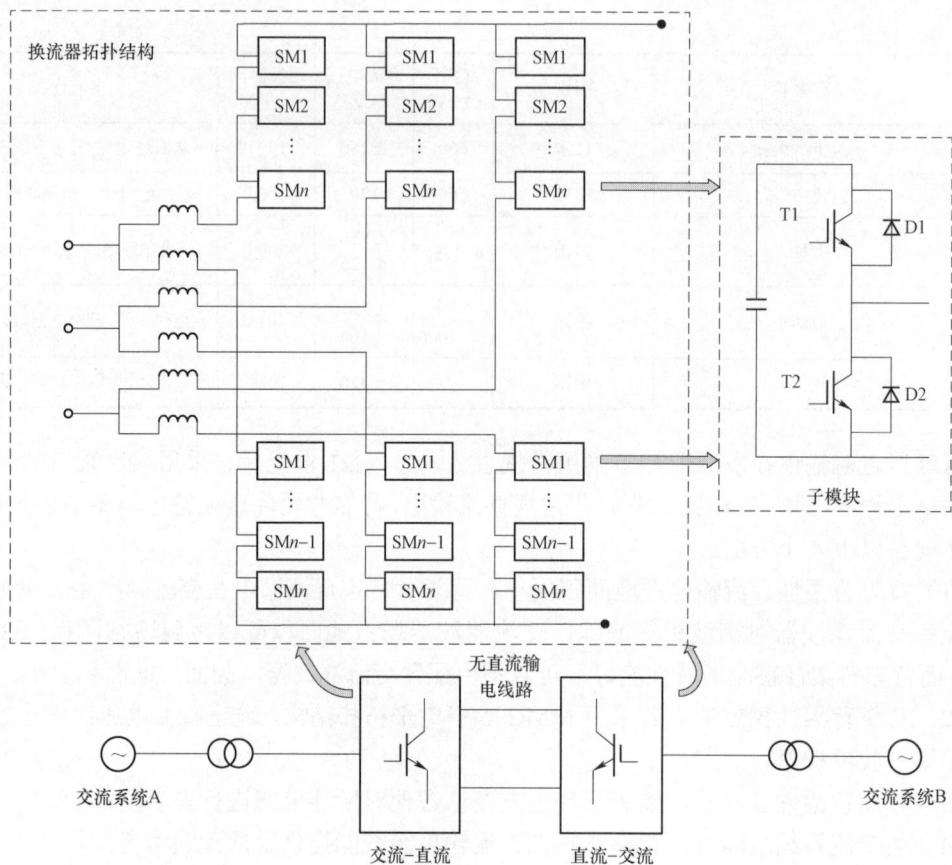

图 1-1　背靠背柔性直流换流站输电原理图

MMC 可以通过调节换流器交流侧电压和系统电压之间的幅值差和功角差，独立地控制输出的有功功率和无功功率。在假设相电抗器无损耗且忽略谐波分量时，换流器和交流电网之间传输的有功功率 P 及无功功率 Q 分别为

$$P = \frac{U_S U_C \sin \delta}{X_{eq}} \tag{1-1}$$

$$Q = \frac{U_S(U_S - U_C \cos \delta)}{X_{eq}} \tag{1-2}$$

式中：U_C 为换流器输出电压的基波分量；U_S 为联络变压器网侧交流电压的基波分量；δ 为 U_C 和 U_S 之间的相角差；X_{eq} 为换流电抗器的电抗。

有功功率的传输主要取决于 δ，当 $\delta < 0$ 时，换流器吸收有功功率，此时换流器运行于整流状态；当 $\delta > 0$ 时，换流器发出有功功率，此时换流器运行于逆变状态，因此通过对 δ 的控制就可以控制直流电流的方向及输送有功功率的大小。无功功率的传输主要取决于 U_C，当 $U_S - U_C \cos \delta > 0$ 时，换流器吸收无功功率；当 $U_S - U_C \cos \delta < 0$ 时，换流器发出无功功率，因此，通过控制 U_C 就可以控制换流器发出或者吸收的无功功率。从系统角度来看，可将 VSC 看作一个无转动惯量的电动机或发电机，它可以瞬时独立调节有功功率和无功功率，进行四

象限运行，如图 1-2 所示。因此，背靠背柔性直流共有 4 种控制模式，即 PQ 模式、VdcQ 模式、VF 模式、STATCOM 模式。这 4 种模式的控制策略见表 1-3。

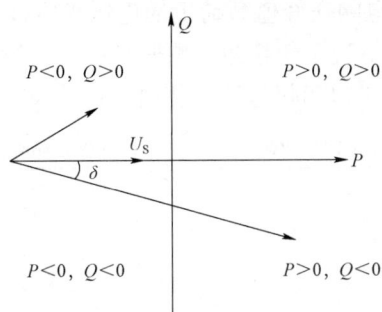

图 1-2 柔性直流运行范围

表 1-3 背靠背柔性直流控制模式

控制模式	控制策略
PQ	有功功率控制
	无功功率控制
VdcQ	直流电压控制
	无功功率控制
VF	电压、频率控制
STATCOM	直流电压控制
	无功功率控制

基于上述 4 种控制模式，背靠背柔性直流输电系统的运行模式对应见表 1-4。

表 1-4 背靠背柔性直流输电系统运行模式

运行模式	系统 A（控制模式）	系统 B（控制模式）
系统 A 至系统 B 正常输电	VdcQ 模式	PQ 模式
系统 B 至系统 A 正常输电	PQ 模式	VdcQ 模式
黑启动运行（系统 B 故障）	VdcQ 模式	VF 模式
黑启动运行（系统 A 故障）	VF 模式	VdcQ 模式
STATCOM	STATCOM 模式/停运模式	STATCOM 模式/停运模式

1.4.2 背靠背柔性直流输电技术应用情况

柔性直流输电系统目前的应用领域主要是风电场并网、异步联网、弱电网和孤岛供电及城市配电网 4 个方面，而背靠背柔性直流输电主要应用于异步联网。

1. 伊格尔-帕斯背靠背互联（Eagle Pass BTB）工程

伊格尔-帕斯背靠背互联工程是将美国的伊格尔-帕斯（Eagle Pass）变电站与墨西哥

边境上的彼德拉斯-内格拉斯（Piedras Negras）变电站通过背靠背柔性直流系统相连。该工程的输电原理如图1-3所示。伊格尔-帕斯的负荷原来是由两条138kV的交流传输线提供的，但随着地区负荷的增长，电网在峰值负荷下的电压稳定性有所降低，这降低了美国侧功率输送的可靠性。尽管在紧急情况下伊格尔-帕斯可通过138kV的联络线从墨西哥电网中获取功率，但这时变电站运行在饱和状态下，变电站可能发生问题而导致供电中断。

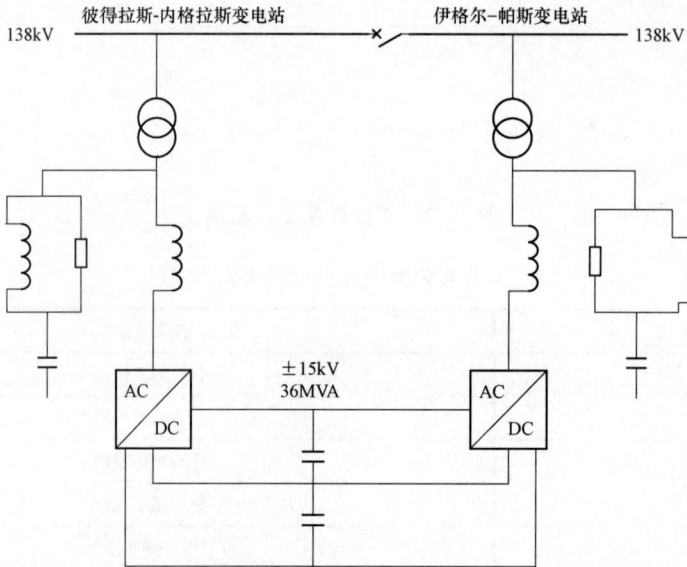

图1-3　伊格尔-帕斯背靠背互联（Eagle Pass BTB）工程输电原理图

为了不中断美国与墨西哥之间的双向功率交换，提高电压的稳定性，需要考虑升级此线路。方案之一是新建一条138kV输电线路，与现有的两条138kV线路并联运行，但这一方案的问题在于很难获得一条新的输电走廊。另一个方案是采用常规的高压直流输电，但是由于美国侧的交流电网是一个弱电网，容量较小，可能无法为换流器提供足够的换相电流。而基于电压源换流器技术的柔性直流输电系统不受与之相连的交流电网的影响，所以该方案最终被设计人员所采用，即在伊格尔-帕斯建设了一个36MVA的背靠背柔性直流输电系统。此工程投入运行后，可以稳定交流电压，并且可以在紧急情况下从墨西哥获得必要的功率输送。

2. 500kV鲁西背靠背换流站

随着"十二五"中后期糯扎渡、溪洛渡送电广东等大容量直流工程的陆续投产，2015年南方电网形成了"八交八直"西电东送主网架输电格局，交直流混合运行的电网结构日趋复杂，发生多回直流同时闭锁或相继闭锁故障的风险加大，大容量直流系统发生闭锁故障后的功率大范围转移、受端交流系统严重故障引起多回直流同时换相失败等对南方电网主网的安全稳定运行造成严重威胁。

根据《南方电网中长期网架结构研究》成果，南方电网基本确定了西电东送以直流输电为主、逐步形成送受两端异步联网的电网发展技术路线。根据相关文件，到2020年，南方电网形成以送、受端电网为主体，规模适中、结构清晰、定位明确的2个同步电网，其中以云南电网为主体形成送端同步电网，其余4省（区）电网形成一个同步电网。

异步联网 500kV 鲁西背靠背直流输电工程位于云南省曲靖市罗平县，是目前世界上首次采用大容量柔性直流与常规直流组合模式的背靠背直流输电工程，柔性直流单元容量1000MW，直流电压±350kV，该工程示意图如图 1-4 所示。其中，单相三绕组换流变压器、柔性直流换流阀及阀控、单相双绕组联络变压器及直流控制保护等换流站直流主设备均属国内首次研制。该工程规模 3000MW，2016 年 6 月，1×1000MW 常规直流单元投入运行；2016年 8 月，1×1000MW 柔性直流单元建成投入运行。

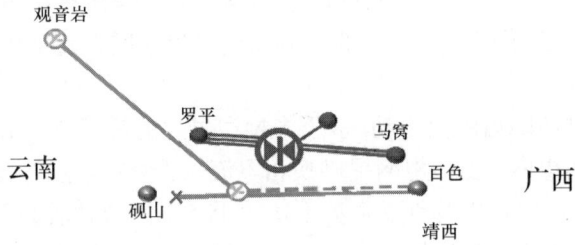

图 1-4 鲁西背靠背直流异步联网工程示意图

500kV 鲁西背靠背换流站应用了高电压、大容量柔性直流输电技术，换流阀电压、容量等级都将达到国内外最高水平。高电压、大容量的柔性直流输电工程的实施可提高我国电网的整体科技含量，有助于形成具有自主知识产权的关键技术，并推动电网技术的发展。其采用的柔性直流输电技术首次应用于交、直流并联大电网的主通道上，且工程受端属于弱交流系统。柔性直流在发挥输电作用的同时，其快速动态无功功率支撑作用将在系统稳定运行中发挥关键作用，为大容量直流接入弱交流系统提供技术示范。

500kV 鲁西背靠背换流站将南方电网主网与云南电网两大电网非同步连接，可有效化解交、直流功率转移引起的电网安全稳定问题，并可简化复杂故障下电网安全稳定控制的策略，且能避免大面积停电的风险，以及大幅度提高南方电网主网架的安全供电可靠性。同时，500kV 鲁西背靠背换流站工程是我国首个合理划分电网规模的异步联网工程，其将显著提高南方电网的安全稳定运行水平，也为超大规模电网提供了一个新的发展模式。

1.5 背靠背柔性直流输电系统优势

20 世纪末以来，柔性直流输电迅猛发展，背靠背柔性直流输电系统在主网架中发挥着越来越重要的作用。在我国目前的大电网背景下，背靠背柔性直流输电系统具有以下几点优势。

（1）有利于防止多条直流同时换相失败时交流断面过负荷而造成的大面积停电。制约采用常规直流输电技术进行远距离大容量输电的根本因素是受端电网的多直流馈入问题，即在受端电网的某一区域中集中落点多回直流输电线路。对于我国这一东、西部电能资源分布不均的大国而言，采用高压直流输电向负荷中心送电具有一定的普遍性。当交流电网发生短路故障时，瞬间电压跌落可能会造成多个换流站同时发生换相失败，使多回高压直流输电线路中断功率输送，整个电网的潮流会重新分布，故障切除后受端系统的电压可能难以恢复，从而使得故障切除后直流功率也难以快速恢复，由此造成的冲击可能会威胁到交流系统的暂态稳定性，这是多直流馈入的问题所在。当任何一回大容量高压直流输电线路发生双极闭锁等严重故障时，直流功率会转移到与其并列的交流输电线路上，造成并列交流线路的低电压和严重过负荷，发生交流系统暂态失稳的可能性极大。当采用背靠背柔性直流输电系统时，就在电网结构上将受端电网的故障限制在受端电网之内，送端电网的故障限制在送端电网之内，避免了潮流的大范围转移和交流输电线路因过负荷而相继跳闸的现象发生，这是预防发生电力系统大面积停电事故的有效措施。

（2）有利于抑制系统低频振荡。当两个大规模电力系统同步互连后，很有可能发生低频振荡，而一旦发生低频振荡，解决起来就比较困难，并不是所有机组配置电力系统稳定器（PSS）就能解决问题。而采用背靠背柔性直流输电异步联网，就从电网结构上彻底根除了产生低频振荡的可能性。

（3）有利于子电网故障后的黑启动。基于半控型器件的常规直流输电技术要求受电端必须有一个相当大容量的电网，由该电网提供换相电流，逆变器才能将直流转变为交流，否则常规直流就无法工作，因此背靠背常规直流不适用于子电网故障后的黑启动。当子电网发生电压崩溃或停电事故时，柔性直流至少有一端连接在正常的电网上，此时柔性直流会脱离交流系统的参考量，瞬间启动自身的参考电压。同时，柔性直流系统相当于无转动惯量的备用发电机，随时准备向瘫痪电网内的重要负荷供电。

（4）有利于提升电能质量。背靠背柔性直流输电系统可以独立、快速地控制有功功率和无功功率，且可使交流电网的电压基本维持不变，这使电网的电压和电流较容易地满足电能质量的相关标准和要求。同时，背靠背柔性直流输电系统还可向与之相连的电网提供无功功率支撑，大幅提高了与之相连电网的稳定性。背靠背柔性直流输电技术是改善电力系统电能质量的有效措施。

背靠背柔性直流输电相比于背靠背直流、常规直流的优势在于具有新的技术特性和运行维护要求，为了充分发挥背靠背柔性直流输电在大电网背景下的强大优势，研究如何保障背靠背柔性直流输电系统安全、可靠地运行，以及如何构建针对性的运行维护技术体系便显得尤为必要。

背靠背柔性直流输电系统工作原理及其运行方式

2.1 背靠背柔性直流输电换流原理

2.1.1 常用电压源换流器

电压源换流器的概念从 20 世纪 90 年代提出至今，针对其进行的理论研究及工程实践都取得了重要进展和丰富成果。电压源换流器采用全控型器件，克服了传统高压直流输电的诸多缺陷（如换相失败等），极大改善了直流输电的运行特性和可靠性。随着风能、太阳能、光伏等可再生资源和分布式电源的蓬勃发展，以及能源紧缺和环境恶化等问题的日益严重，基于电压源换流器的高压直流输电技术日益重要。

目前，基于两电平和三电平等电压源换流器拓扑的高压直流输电技术获得了广泛应用，相较于传统直流输电换流技术，两电平和三电平换流器具有无法比拟的优势。但随着理论研究的深入和工程实践的持续开展，基于两电平和三电平拓扑的 VSC – HVDC 自身一些固有缺点逐渐突显出来（如动态均压、电磁干扰、器件开关频率高等），限制了其在直流输电领域的进一步发展和应用。在这种形势下，一种新型的采用功率模块串联的 MMC 拓扑结构逐步发展起来，这在一定程度上克服了两电平和三电平拓扑 VSC – HVDC 的诸多缺陷，且成为当前国内外柔性直流输电换流技术的主流发展方向。

1. 三相两电平换流器

三相两电平电压源换流器的主电路拓扑结构及其单相输出电压波形如图 2 – 1 所示。由图 2 – 1（a）可知，该拓扑结构共有 3 个桥臂，每个桥臂均由 2 组全控型器件及其反并联续流二极管构成，直流侧中性点 N 是一假想的参考电位点，直流侧电压为 U_{dc}，上、下两直流电容电压均为 $U_{dc}/2$；三相两电平换流器交流侧通过阻抗负载与交流电源相连，交流侧电感包括变压器漏感、相电抗器的电感及交流电源的内部电感，交流侧电阻包括相电抗器中的电阻及交流电源的内阻。三相两电平换流器每相输出仅取决于直流侧电压与功率开关器件的开关状态，而与负载电流方向无关，单相输出电压波形如图 2 – 1（b）所示。

由图 2 – 1 可知，三相两电平换流器包含 6 个反并联续流二极管的单向可关断器件，每相交流输出端均可与正直流母线或负直流母线相连，共有 8 种可能的输出状态。三相两电平换流器通过 PWM 来逼近正弦波，相对于接地点，两电平换流器每相可输出两个电平，

即 $+U_{dc}/2$ 和 $-U_{dc}/2$。

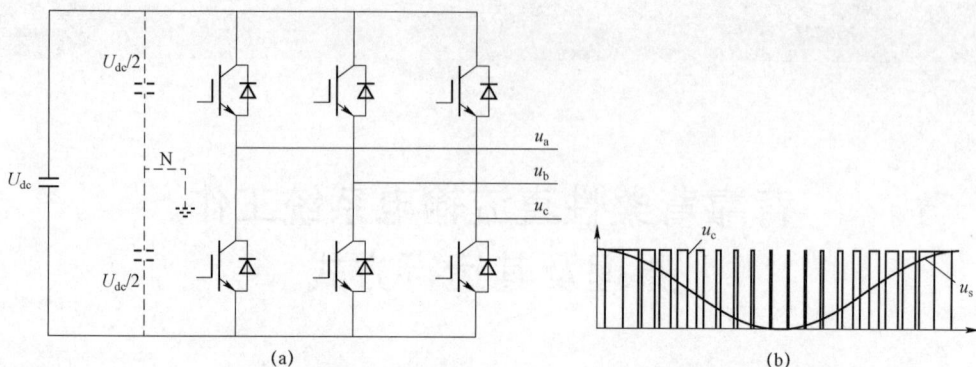

图 2-1 三相两电平电压源换流器的主电路拓扑结构及其单相输出电压波形

（a）三相两电平电压源换流器的主电路拓扑结构；（b）单相输出电压波形

三相两电平换流器拓扑结构的主要优点：① 电路结构简单；② 电容器数量少；③ 占地面积小；④ 所有阀的容量相同，易于实现模块化构造。

两电平换流器拓扑结构的主要缺点：① 高投切频率产生很大的损耗。两电平换流器阀需高频投切（通常频率要在 1kHz 以上）。较高的开关电压和开关频率导致两电平换流器的开关损耗相对较高。② 交流侧波形差。③ 换流阀承受非常大的阶跃电压和电气应力。

2. 二极管钳位型三电平换流器

二极管钳位型三电平换流器的拓扑结构及单相输出电压波形如图 2-2 所示。由图 2-2（a）可知，三相换流器通常共用直流电容器。由图 2-2（b）所示，三电平换流器每相可输出 3 个电平 $+U_{dc}/2$、$-U_{dc}/2$ 和 0。由图所示，每相都需要 4 个主开关器件、4 个续流二极管、2 个钳位二极管，每相桥臂能输出 3 个电平状态。三电平换流器也是通过 PWM 来逼近正弦波的。

二极管钳位型三电平换流器拓扑结构的主要优点：① 开关损耗相对较小；② 电容器取值小；③ 阀承受的电压相对较低；④ 占地面积小；⑤ 交流电压波形质量较高；⑥ 换流器产生的阶跃电压（du/dt）较小。

二极管钳位型三电平换流器拓扑结构的主要缺点：① 需要大量的钳位二极管；② 存在电容电压不平衡问题；③ 阀承受的电压不相同，不利于实现模块化。

3. 模块化多电平换流器（MMC）

图 2-3（a）所示为 MMC 的拓扑结构，它由 6 个桥臂构成，其中每个桥臂由若干个相互连接且结构相同的功率模块（PM）[也称为子模块（SM）]与一个电抗器 L 串联构成，上、下 2 个桥臂构成一个相单元。根据 MMC 的模块化设计，6 个桥臂具有对称性，各功率模块的电气参数和各桥臂电抗值都是相同的。特征较为显著的是，MMC 在直流侧正、负极之间没有直流储能电容。MMC 一般采用阶梯波的方式来逼近正弦波，单相输出电压波形如图 2-3（b）所示。

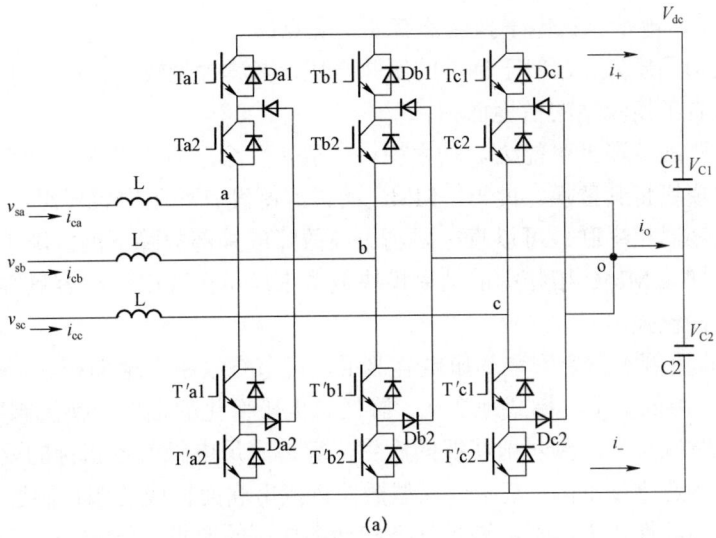

(a)

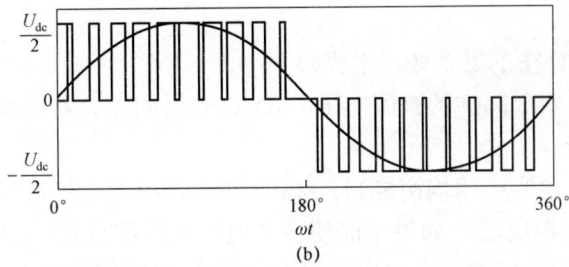

(b)

图 2-2　二极管钳位型三电平换流器的拓扑结构及其单相输出电压波形

（a）二极管钳位型三电平换流器的拓扑结构；（b）单相输出电压波形

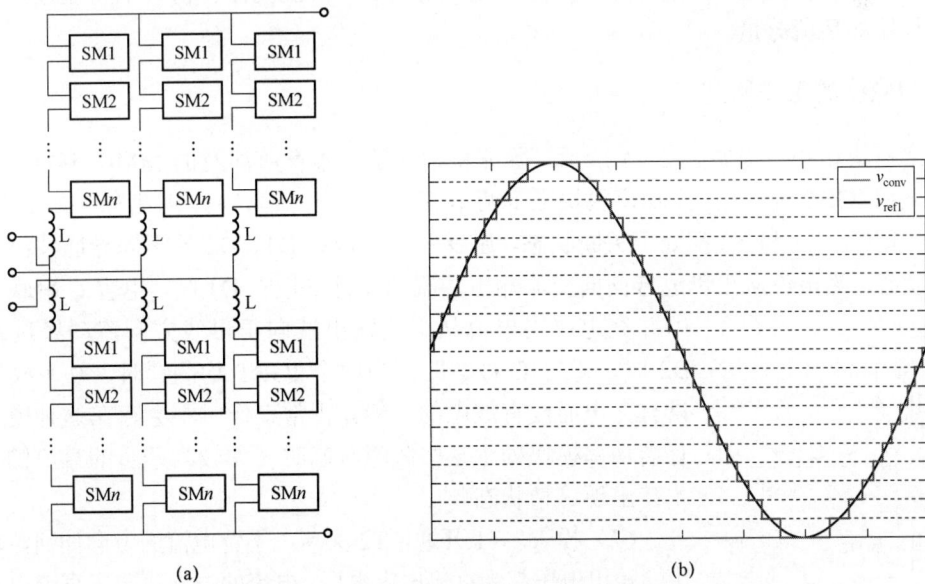

(a)　　　　　　　　　　　　　(b)

图 2-3　模块化多电平换流器拓扑结构及其单相输出电压波形

（a）MMC 拓扑结构；（b）单相输出电压波形

MMC 相比于两电平、三电平换流器有如下优点：

（1）输出波形品质好，近似于标准的正弦电压，谐波含量较低，甚至可以将交流滤波器取消，极大地节省了换流站的占地面积。

（2）具有较强的故障抵御能力。功率模块一般是冗余配置，若某一功率模块发生故障，可由冗余的功率模块将其替换。此外，MMC 的直流侧没有均压电容器组，并且相电抗器与功率模块直流电容器相串联，可以直接限制内部故障或外部故障下的故障电流上升率。

（3）可通过增减 MMC 拓扑中的功率模块数量来满足更高电压和容量等级的需求，易于容量扩展，灵活性较强。

（4）MMC 直流侧不需要安装均压电容器组，可节省设备占地面积。

（5）MMC 采用低电平阶梯式地变化，降低了电压变化的幅度，换流阀所承受的电气应力大幅降低，同时减少了高频辐射状况的产生，容易满足电磁兼容指标的要求。

（6）换流阀制造难度下降。基于全控型器件直接串联而构成的阀在制造上难度较大，通常全控型器件的离散性较大，不易满足静态和动态均压的要求，MMC 从拓扑结构上大大降低了换流阀的制造难度。

同时，MMC 依然存在不足之处，主要如下：

（1）所用器件多。对于同样的直流电压，MMC 采用的开关器件数量较大，约为两电平换流器拓扑结构的 2 倍。

（2）功率模块直流电容电压均衡控制。MMC 在一定程度上可以等效为一个由串流电容和开关器件组成的可控电压源，如果不能使各个电容电压维持在一个基本接近的合适范围内，MMC 性能将受到极大影响。目前应用较为广泛的方法是利用基于排序的功率模块对电容电压进行均衡控制。

（3）桥臂环流抑制。由于各相单元不一定完全对称，在换流器各桥臂上将流过一个二倍频负序性质的环流分量。

2.1.2 MMC 的工作原理

功率模块拓扑结构如图 2－4 所示。除非特别注明，本章所涉及的 MMC 中的全控型器件一般采用 IGBT 进行描述。功率模块上下两个 IGBT 不能同时导通，因此有 3 种工作状态。

（1）闭锁。T1 和 T2 都处于关断状态，由反并联二极管 D1、D2 的正向导通性决定功率模块的状态。当电流从正母线方向向交流输出端流动经过二极管 D1 时，电容 C 串联在桥臂中并充电；当电流从交流输出端向正母线方向流动经过二极管 D2 时，电容 C 被旁路。当两个 IGBT 均闭锁时，功率模块电容只有充电而没有放电的可能。正常工作时不会存在这种模式，只有当功率模块处于某些故障状态时（如较为严重的直流侧短路）才会出现这种状态。

（2）投入。T1 开通，T2 关断，不管电流的方向如何，功率模块的输出电压都为直流电容电压，电流的方向决定了直流电容充电还是放电。当电流从正直流母线向交流输出端方向流动时，电流会从上面的续流二极管 D1 经功率模块电容逐渐流向交流输出端，此

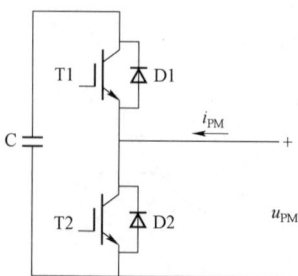

图 2－4　功率模块拓扑结构

时电容 C 串联在桥臂中并充电；当电流从交流输出端方向向正直流母线方向流动时，电流会从各功率模块电容经 IGBT 逐渐流向正直流母线，此时功率模块电容放电。

（3）切除。T1 关断，T2 开通，电流通过 T2 或 D2，功率模块的电容总被旁路，因此模块输出电压为 0。

T1、T2 的开合情况对应功率模块的 5 种投切状态见表 2-1。

表 2-1　　　　　　　　　　　　　　功率模块模式与状态

模式	T1	T2	i_{PM}	u_{PM}	状态
1	开通	关断	>0	u_c	投入
2	开通	关断	<0	u_c	投入
3	关断	开通	<0	0	切除
4	关断	开通	>0	0	切除
5	关断	关断	<0	0	闭锁

正常运行时，功率模块工作在投入或者切除状态，当其工作在投入状态时，功率模块端口输出电压为电容电压；当其工作在切除状态时，功率模块端口输出电压为零。因此，每个功率模块相当于一个受控的两电平电压源。每个桥臂由多个相互独立控制的功率模块串联而成，通过选择导通功率模块的数量可产生不同的电压值，因此每个桥臂都可等效为一个电压源，该电压源为一个受控的可输出多电平电压的电源。为了保持直流输出电压的稳定，每个相单元中处于投入状态的功率模块总数维持在 n 个，对这 n 个功率模块在上、下桥臂进行分配来拟合出期望的交流输出电压。每个相单元由上、下两个桥臂串联而成，中点连接交流侧。

2.1.3　MMC 的运行特性

1. 桥臂电流

MMC 的 6 个桥臂是对称的，将 6 个桥臂的串联功率模块组分别用 6 个理想电压源等效替换，可以得到如图 2-5 所示的 MMC 简化电路。由于 3 个相单元是对称的，直流电流 I_{dc} 被均分到 3 个相单元，即流过每个相单元的直流电流为 $I_{dc}/3$。又由于上、下桥臂的相电抗值相等，上、下桥臂近似对称，交流相电流在上、下桥臂间近似均分，即流过每个桥臂的交流电流为相电流的一半。以 A 相为例，将运行时相单元中的桥臂环流 i_{acir} 计入在内，A 相的相电流为 i_a，则 A 相上、下桥臂中的电流分别为

$$i_{a1} = \frac{I_{dc}}{3} + \frac{i_a}{2} + i_{acir} \tag{2-1}$$

$$i_{a2} = \frac{I_{dc}}{3} + \frac{i_a}{2} - i_{acir} \tag{2-2}$$

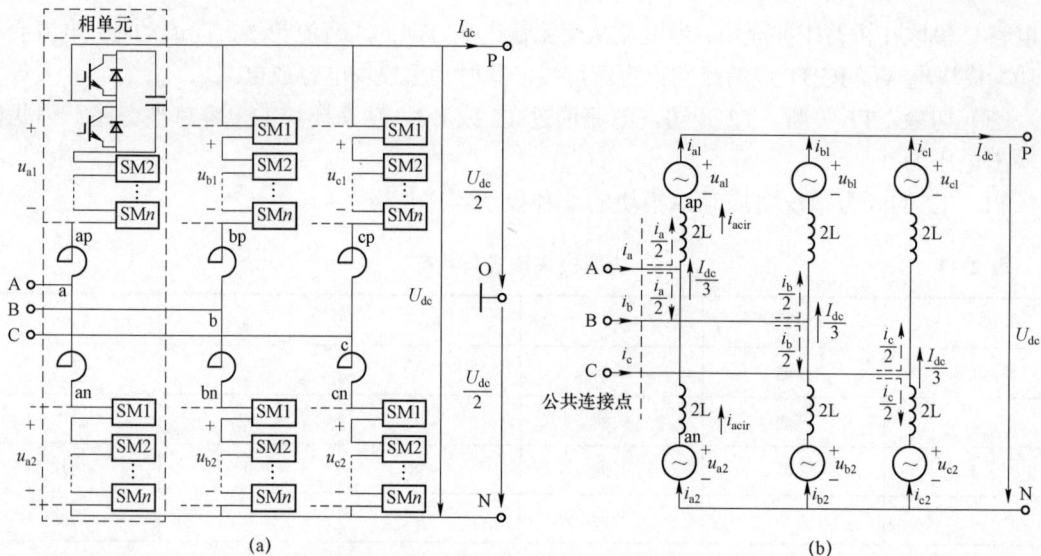

图 2-5 MMC 电压与电流示意图

（a）MMC 电压示意图；（b）MMC 电流示意图

2. 直流电压

稳态运行时，直流电流流经相电抗器不会产生压降，而交流电流 $i_a/2$ 在上、下相电抗器上引起的压降互相抵消，所以点 ap 与点 an 的电压之差为

$$\Delta u = u_{ap} - u_{an} = -4\mathrm{j}\omega i_{acir} \tag{2-3}$$

直流电压 u_{dc} 可以表示为

$$U_{dc} = u_{a1} + u_{a2} + \Delta u \tag{2-4}$$

稳态运行时，相电抗器可以很好地抑制相单元中的交流环流，因此 Δu 很小，并且其平均值为 0，所以可以近似地认为

$$U_{dc} = u_{a1} + u_{a2} \tag{2-5}$$

当 A 相上桥臂所有功率模块全部切除时，$u_{ap} = U_{dc}/2$，a 点电压为直流正极电压，此时 A 相下桥臂所有的 n 个功率模块必须全部投入，才能获得最大的直流电压。又因为相单元中处于投入状态的功率模块数是一个恒定的量，所以一般每个相单元中处于投入状态的功率模块数为 n 个，是该相单元全部功率模块数（$2n$）的一半。

3. 等效电路

MMC 的运行特性决定了点 ap 与点 an、点 bp 与点 bn、点 cp 与点 cn 分别是 3 对近似等电位点。由电路原理可知，理论分析时可将等电位点进行虚拟短接，可以简化电路而又不改变其外部电路特性。将 MMC 拓扑结构中的等电位点虚拟短接后，上、下桥臂的相电抗可看作并联关系。将 2 个并联的相电抗器合并为一个新电抗器，其电抗值等于原电抗器的一半，主电路可以进一步简化为图 2-6（b）。

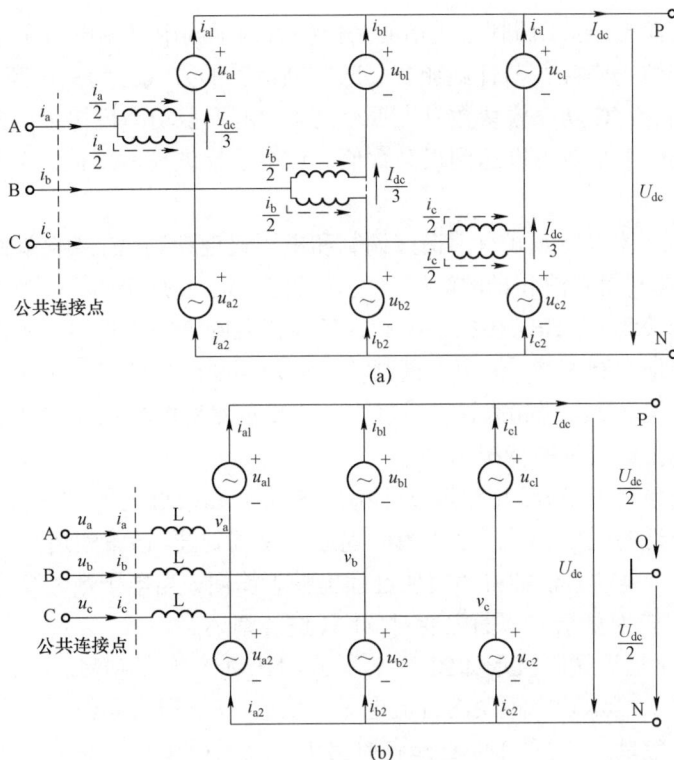

图 2−6　MMC 等效电路图

（a）MMC 等效电路图（简化前）；（b）MMC 等效电路图（简化后）

MMC 的简化等效电路有 3 个交流输出端，每个输出端各通过一个电抗与三相交流电网相连，连接点称为公共连接点（PCC）。该等效电路模型简化掉了 MMC 中的 6 个相电抗，其结构与三相两电平换流器、二极管钳位型三电平换流器类似，理论上所有传统 VSC 的控制策略都可以直接应用到 MMC 中。MMC 等效电路理论模型并非一种实际电路，而是用于 MMC 建模和控制的一种虚拟理论模型。

4．交流电压

由于各个相单元中处于投入状态的功率模块数是一个恒定值 n，所以可以通过改变各相单元中处于投入状态的功率模块在上、下桥臂之间的分配关系，进而调节 A、B、C 三相的交流输出电压。

5．输出电平数

单个桥臂中处于投入状态的功率模块数可以是 0 到 n 的任一整数值，即 MMC 的最大输出电平数为 $n+1$。一般地，一个桥臂含有的功率模块数 n 是偶数，这样当 n 个处于投入状态的功率模块在该相单元的上、下桥臂间平均分配时，上、下桥臂中处于投入状态的功率模块总数相等。当上、下桥臂中处于投入状态的功率模块数都为 $n/2$ 时，该相单元的输出电压为零电平。

2.1.4　MMC 的调制方式

调制波指的是控制器根据设定的有功功率、无功功率或直流电压等指令计算出需要电压源换流器输出的交流电压波。调制方式指的是控制器为了利用直流电压在交流侧产生恰当的电压波形逼近调制波，向开关器件施加开、断控制信号的方式。为满足高压大功率的要求，需要的参与串联的 MMC 功率模块数有上百个之多，由于各功率模块可以模块化设计、制造和装配，导致 MMC 电平数可以达到很高数值，使用阶梯波调制就能达到很好的输出特性，其谐波含量较小。

阶梯波调制的具体实现方式有消谐波调制和电压逼近调制。消谐波调制的原理是预先对应各种调制波幅值，利用基波和谐波解析表达式设定一组可使基波跟随调制波且使几项低次谐波幅值为零的开关角，工作时根据系统运行条件查表确定输出哪组开关角。这一调制方式的优点是能够很好地控制谐波，但由于调制波幅值是不断变化的，则该方式只能用于稳态情况下，动态性能较差，且实现起来计算量较大，计算量随着电平数的增加急剧增大，因此消谐波调制适用于电平数较少的情况。

电压逼近调制策略可以分为空间矢量控制（SVC）和最近电平逼近调制（NLM），其基本原理是使用最相近的电压矢量或电平瞬时逼近正弦调制波，该策略适合用于电平数很多的情况。该方法的特点是动态性能好，实现过程也较为简便。当电平数太多时，电压矢量数会很多，SVC 的实现较为复杂。下面主要对 NLM 进行阐述。

MMC 最近电平逼近调制波形如图 2－7 所示。NLM 方式在 MMC 中的实现：用 U_s 表示调制波的瞬时值，U_c 表示功率模块的直流电压平均值。n（通常为偶数）为上桥臂运行时最大的功率模块投入数量，它又是下桥臂运行时最大的功率模块投入数量，也是每个相单元上、下两桥臂任一时刻应投入的功率模块数之和。U_{dc} 为换流器直流输出电压。若这 n 个功率模块平均分配在上、下桥臂，则该相单元输出电压为 0。随着调制波瞬时值从 0 开始升高，该相单元下桥臂投入的功率模块数需要逐渐增加，而上桥臂投入的功率模块数相应地需要逐渐减少，使该相单元输出的电压跟随调制波升高。理论上，NLM 应将 MMC 输出的电压与调制波电压之差控制在 $\pm U_c / 2$ 以内。

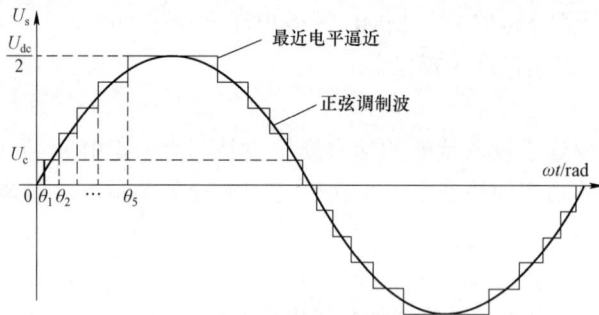

图 2－7　MMC 最近电平逼近调制波形

这样在任一时刻，下桥臂处于投入状态的功率模块数可以表示为

$$n_{down} = \frac{n}{2} + \text{round}\left(\frac{U_s}{U_c}\right) \tag{2-6}$$

式中：round (x) 表示取与 x 最接近的整数。

上桥臂处于投入状态的功率模块数为

$$n_{\text{up}} = n - n_{\text{down}} = \frac{n}{2} - \text{round}\left(\frac{U_{\text{s}}}{U_{\text{c}}}\right) \qquad (2-7)$$

MMC 功率模块投入、切除与输出电压的对应关系如图 2-8 所示。

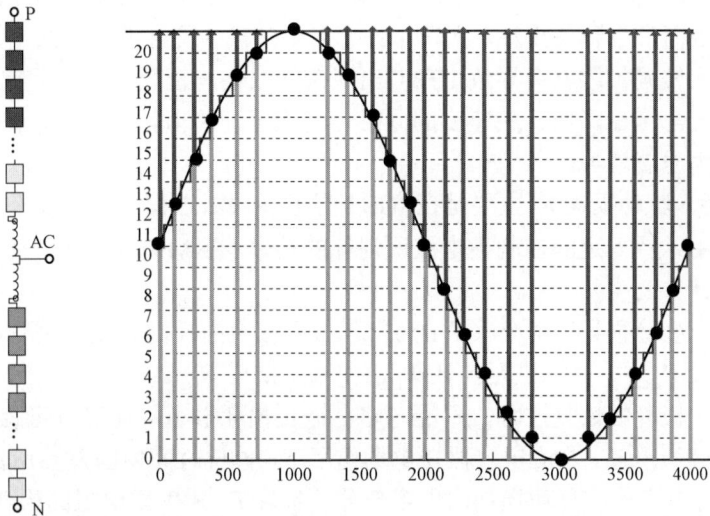

图 2-8　MMC 功率模块投入、切除与输出电压的对应关系

受功率模块数的限制，有 $n_{\text{up}} \geqslant 0$，$n_{\text{down}} \leqslant n$。若通过计算得到的 n_{up}、n_{down} 总在边界值以内，则称 NLM 工作在正常工作区；若通过计算得到的某一 n_{up}、n_{down} 超出了边界值，则此时 n_{up}、n_{down} 只能取相应的边界值。这表示当调制波升高到一定程度时，由于电平数有限，NLM 已经无法将 MMC 输出的电压与调制波电压之差控制在 $\pm U_{\text{c}}/2$ 以内，此时 NLM 工作在过调制区。

2.1.5　MMC 的损耗分析

MMC 的损耗主要包括 IGBT 损耗、反并联二极管损耗、直流电容器损耗和相电抗器损耗。其中，IGBT 损耗所占比例最大，通常占 MMC 总损耗的一半以上；反并联二极管的损耗次之，会占总损耗的 1/3 左右；直流电容器损耗约占总损耗的 1/6 以下；相电抗器的损耗所占比例最小。MMC 损耗来源如图 2-9 所示。下面就三种损耗分别进行介绍。

（1）IGBT 损耗。IGBT 器件运行状态下的功率损耗主要分为静态损耗、开关损耗和驱动损耗 3 个部分。

1）静态损耗。IGBT 的静态损耗包括

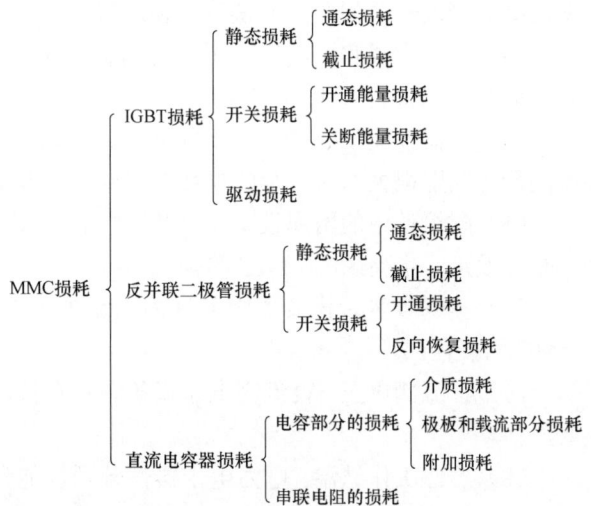

图 2-9　MMC 损耗来源

通态损耗 P_{Tcon} 和截止损耗 P_{Ta}。通态损耗是 IGBT 导通时，由于通态电压不为零而产生的导通损耗。截止损耗较小，基本可以忽略不计。

2）开关损耗。开关损耗 P_{TSW} 是 IGBT 导通和关断时的动态损耗，包括开通能量损耗 E_{on} 和关断能量损耗 E_{off}。IGBT 在开通和关断时与一般的开关管类似，也存在一段电压、电流重叠的时间，因而产生开关损耗。关闭 IGBT 需要门极 – 发射极电压低于阈值电压，由此引发的漂移区空穴缓慢扩散就会导致 IGBT 出现关断损耗，直至扩散过程完成，IGBT 都有一个尾电流，这一电流在降低开关速度的同时也增加了开关损耗。此外，IGBT 开关损耗随着开关频率的增大显著增加。

3）驱动损耗。驱动损耗 P_g 主要是在 IGBT 导通和关断过程中消耗在控制极上的功率，以及在导通过程中维持一定的控制极电流所消耗的功率。驱动损耗很小，在计算 IGBT 模块损耗时可忽略不计。

（2）反并联二极管损耗。每个 IGBT 通常都带有相应的反向并联二极管，二极管的损耗主要包括通态损耗 P_{Dcon}、反向恢复损耗 P_{Drec} 和截止损耗 P_{Dcl}。其中，反向恢复损耗即为开关损耗，依赖于二极管的恢复过程，不能忽略；截止损耗很小，计算时可忽略不计。

（3）直流电容器损耗。直流电容器在电场作用下，单位时间内因发热所消耗的能量叫做损耗。正常运行时电容器的有功损耗由电容部分的损耗 P_C 和串联电阻的损耗 P_R 组成。电容部分的损耗包括介质损耗、极板和载流部分损耗，以及集肤效应产生的附加损耗三部分。电容器介质损耗占其电容部分损耗的 98% 以上，极板和载流部分损耗一般不超过电容部分介质损耗的 1%～2%，集肤效应产生的附加损耗在电源额定频率为 1000Hz 以下时数值很小，可忽略不计。因此，计算电容器的有功损耗时，只需考虑介质损耗和串联电阻的损耗。

影响 MMC 损耗的因素主要如下：

（1）器件类型。影响 IGBT 损耗的因素主要有 IGBT 芯片工艺、工作环境、器件材料、驱动电阻、门极电压等。

（2）开关频率。VSC 的开关损耗直接受开关频率影响，MMC 可以用较低的开关频率实现很高的等效开关频率，使换流器损耗降低。

（3）调制方式和调制比。在不同调制方式下，MMC 的开关次数不同，当调制方式相同时，调制比越大，MMC 损耗越低。

（4）阀器件驱动方式。在不同的器件驱动电压下，IGBT 的导通和关断时间、集电极电流波形等区别很大，对 MMC 损耗的影响较为显著。

（5）阀组件中的附属设备。阀组件中的附属设备如均压电阻、连接导线和散热器等设备参数的设定，也会影响 MMC 的损耗。

（6）负载容量。换流器中流过的电流的大小由负载容量决定，负载容量大小直接影响 MMC 的损耗。

（7）直流侧电压。直流侧电压直接施加在换流阀的两端，其大小是影响 MMC 损耗的重要条件。

（8）器件工作结温。电力电子器件各项性能随着温度升高都会降低，损耗随着温度升高增加，增加的损耗所产生的发热又会使温度进一步升高。

2.2 背靠背柔性直流换流站电气接线及主设备

2.2.1 背靠背柔性直流输电系统主接线方式

直流输电系统的设计条件和要求在很大程度上取决于两端交流系统的特点和要求,例如以下 3 种情况。

(1)换流站的主接线和主要设备的选择。

(2)换流站的绝缘配合和主要设备的绝缘水平。

(3)直流输电控制保护系统的功能配置和动态响应特性。

通常,两端柔性直流输电系统和常规直流输电系统一样,可以分为对称单极系统、双极系统和背靠背系统 3 种类型。柔性直流输电系统背靠背对称单极接线与对称双极接线分别如图 2-10、图 2-11 所示。此外,对于大容量柔性直流输电系统,也可考虑并联对称单极接线方式,示意如图 2-12 所示。

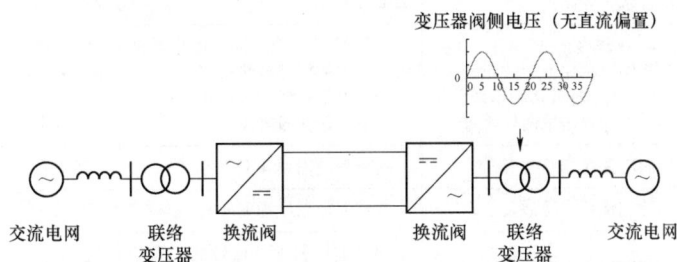

图 2-10 柔性直流输电系统背靠背对称单极接线图

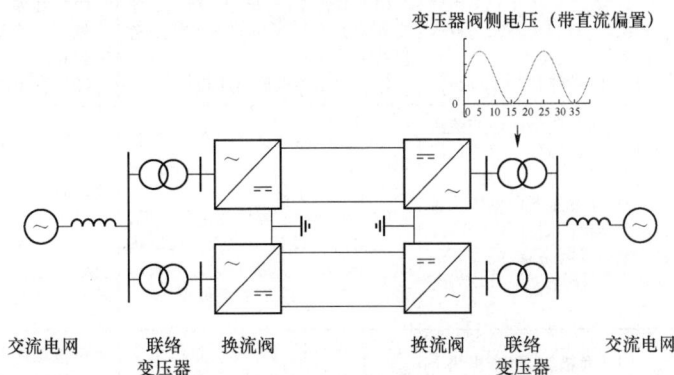

图 2-11 柔性直流输电系统背靠背对称双极接线图

在相同功率器件规格的条件下,采用上述 3 种接线方式的换流站需要使用的功率模块数量相同,但是在阀电抗器、变压器、变压器阀侧交流设备、直流设备等主设备的参数和数量上存在明显差异。此外,阀控系统、阀冷装置及控制保护系统也存在较大差异。3 种接线方式的技术比较见表 2-2。

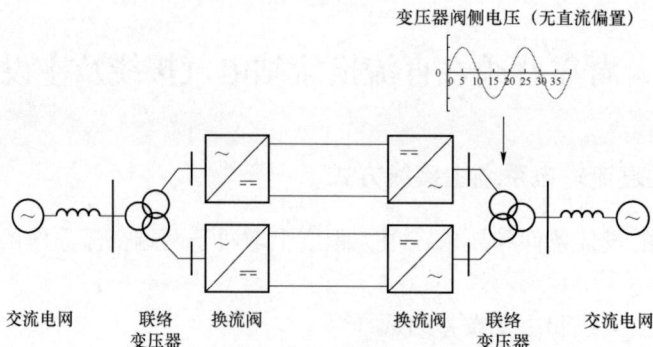

变压器阀侧电压（无直流偏置）

图 2-12 柔性直流输电系统背靠背并联对称单极接线图

表 2-2　　　　　　　　　　　　3 种接线方式的技术比较

接线方式 项目	对称单极接线	对称双极接线	并联对称单极接线
换流阀	功率模块总数量、开关器件等元件参数基本相同，换流阀绝缘水平较高	功率模块总数量、开关器件等元件参数基本相同，换流阀绝缘水平较低	功率模块总数量、开关器件等元件参数基本相同，换流阀绝缘水平较低
阀控系统	（1）阀控系统脉冲分配柜数量相同，主控屏柜数量较少。 （2）单个桥臂功率模块数量多，电容电压平衡较困难	（1）阀控系统脉冲分配柜数量相同，主控屏柜数量较多。 （2）单个桥臂功率模块数量少，电容电压平衡较容易	（1）阀控系统脉冲分配柜数量相同，主控屏柜数量较多。 （2）单个桥臂功率模块数量少，电容电压平衡较容易
阀冷系统	阀冷系统需要 2 套	阀冷系统需要 4 套	阀冷系统需要 4 套
控制保护	控制保护系统需要 2 套	控制保护系统需要 4 套	控制保护系统需要 4 套
阀电抗器	额定电压和电抗值较高，设备数量较少（12 台）	额定电压和电抗值较低，设备数量较多（24 台）。阀电抗器对地电压含有直流偏置	额定电压和电抗值较低，设备数量较多（24 台）
变压器	（1）共需 7 台单相双绕组联络变压器，总容量需求与双极对称接线方式相同。 （2）变压器阀侧电压较高	（1）共需 13 台单相双绕组联络变压器，总容量需求与单极对称接线方式相同。 （2）变压器阀侧电压低	（1）共需 7 台单相三绕组分裂变压器，总容量需求与单极对称接线方式相同。 （2）变压器阀侧电压较低
变压器阀侧	（1）变压器阀侧 1 组交流进线，每条进线需要 1 套变压器阀侧交流设备，共 2 套。 （2）由于变压器阀侧电压较高，变压器阀侧设备（套管、启动电阻及断路器、隔离开关等）对地耐压较高，且均为纯交流	（1）变压器阀侧 2 组交流进线，每组进线需要 2 套变压器阀侧交流设备，共 4 套。 （2）由于变压器阀侧电压较低，变压器阀侧设备（套管、启动电阻及断路器、隔离开关等）对地耐压较低，且含有直流偏置	（1）分裂变压器网侧 1 组交流进线，阀侧 2 组进线，需要 2 套变压器阀侧交流设备，共 4 套。 （2）由于变压器阀侧电压较低，变压器阀侧设备（套管、启动电阻及断路器、隔离开关等）对地耐压较低，且均为纯交流
直流极线	一组正负极线，每个极线上需要 1 套直流设备，共 2 套	一组正负极线，每个极线上需要 1 套直流设备，共 2 套。此外，还需要 2 套接地极	每组换流器直流侧有一组正负极线，共 2 组正负极线。每个极线需要 1 套直流设备，共 4 套
运行可靠性	换流器故障需停运整个系统	换流器故障只需停运一极系统，健全极可继续运行	换流器故障只需停运故障的一组换流器，非故障组可继续运行
系统主要性能	交、直流侧谐波性能，损耗，功率响应等差异不大		

　　从技术经济角度进行对比，3 种接线方式也有很大差异，具体表现如下：

（1）采用对称双极接线的柔性直流换流站设备较多，占地较大，并且变压器需要采用联络变压器，变压器阀侧交流设备对地电压均含有直流偏置，制造上需要特殊考虑，上述因素导致换流站整体建设成本最高。该接线的直流系统运行方式灵活，当换流站的一个极发生故障需退出工作时，可转为单极大地回线方式。

（2）采用并联对称单极接线的柔性直流换流站设备较多，占地较大，导致换流站整体建设成本较高。联络变压器属于常规交流变压器，制造上无需特殊考虑。该接线采用两组换流器并联，运行方式灵活可靠，当一组换流器故障退出工作时，非故障组可继续运行。

（3）对称单极接线的柔性直流换流站设备较少，占地较小，并且联络变压器属于常规交流变压器，制造上无须特殊考虑，换流站整体建设成本最低。背靠背应用场合中由于没有直流线路，发生故障退出运行的概率也相对较低。

综上所述，综合考虑不同接线方式的技术可行性、运行可靠性和经济性，背靠背柔性直流换流站采用对称单极接线方式的优势较为明显。

2.2.2 背靠背柔性直流输电系统交流侧接线

背靠背柔性直流输电是从交流串内接入，一次侧经过联络变压器、启动回路和相电抗器，与常规直流输电存在较大不同。背靠背柔性直流输电系统交流侧接线如图 2-13 所示。

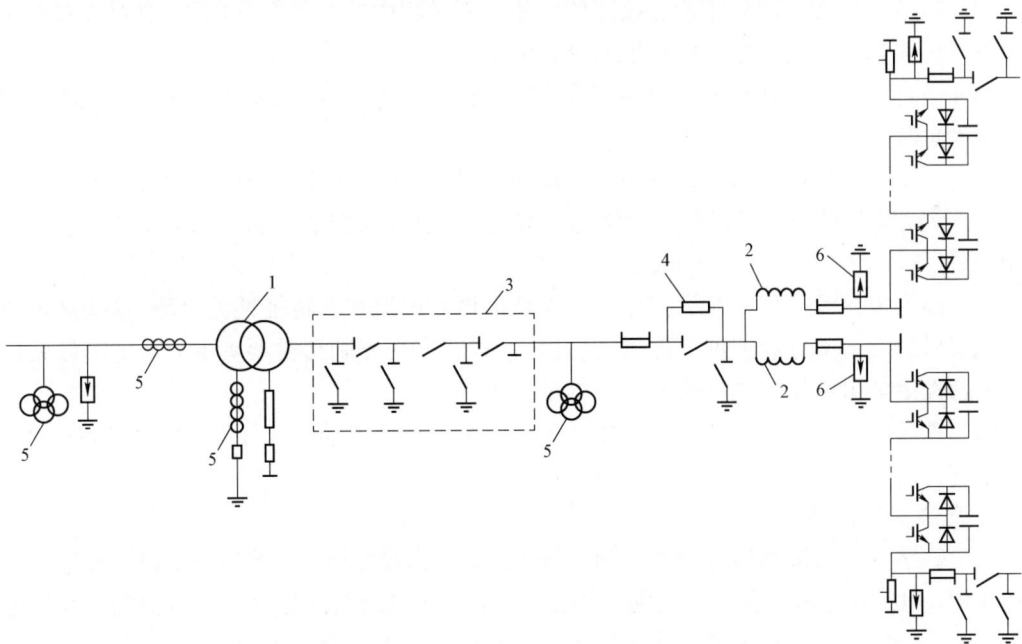

图 2-13　背靠背柔性直流输电系统交流侧接线图

1—联络变压器；2—相电抗器；3—GIS 组合电器；4—启动电阻；5—交流互感器；6—交流避雷器

2.2.2.1 联络变压器

1. 联络变压器的作用

作为换流站与交流系统之间的纽带，联络变压器是柔性直流输电系统的核心部件。对称单极接线的柔性直流换流站采用的联络变压器与交流变压器结构、功能类似，它向换流阀提供适当等级的电压源，与阀一起实现交流与直流之间的转换，主要作用如下：

（1）改变电压。对交流系统提供的电压进行变换，使换流器工作在最佳电压范围内，以减少谐波，并将换流器的调制比控制在合适的范围内。

（2）实现交、直流电气隔离。

（3）在交流系统和换流站之间提供换流电抗。

（4）为柔性直流系统提供接地点。对称单极结构的 MMC 直流侧没有独立电容器，无法引出明显接地点，一些工程考虑利用联络变压器提供接地点。

（5）抑制短路电流上升速度，防止过大的故障电流损坏换流阀。

2. 联络变压器的特性

（1）正常运行时流过联络变压器的谐波不能忽略，采用两电平或三电平的柔性直流输配电系统的谐波含量较大，通常需配置交流滤波器，但在基于 MMC 的柔性直流输电系统中，谐波含量非常低。

（2）由于 VSC 的四象限运行特性，即可以工作在吸收或发出有功功率、无功功率的 4 种状态，联络变压器最大运行电压的选取需要综合考虑 4 种运行状态、分接开关的挡位偏差和系统电抗设计偏差。

（3）联络变压器阀侧应能承受换流阀换相开断过程中的高频暂态电压，在对称双极接线方式下，还需和换流变压器一样长期承受直流电压。

（4）当对称单极柔性直流输电系统发生单极接地故障时，联络变压器阀侧绕组和套管应具备承受短时直流偏置电压的能力。

（5）为了使换流站能够运行在最优的功率状况下，可以在变压器的二次绕组上加上分接开关。通过调节分接开关来调节二次侧的基准电压，进而获得最大的有功功率和无功功率输送能力。

（6）因为电压源换流器在运行中会产生特征谐波电流和非特征谐波电流，这些谐波经过相电抗器后仍有一部分会流过变压器的绕组，所以在变压器制造时要考虑对可能有较强漏磁通过的部件用非磁性材料制作或采用磁屏蔽措施。

（7）铁芯的磁滞伸缩会使变压器发出噪声，因此在必要的时候还需要采用 BOX－IN 等隔音措施。

3. 联络变压器结构

一般联络变压器按结构可分为三相三绕组式、三相双绕组式、单相双绕组式和单相三绕组式 4 种。但是在直流工程中选用哪一种变压器，是由联络变压器交流及直流侧的系统电压要求、变压器容量、运输条件及换流站的布置要求等因素综合决定的。

以 500kV 鲁西背靠背换流站为例，该工程中采用 DFPZ－375000/500 型号单相双绕组变压器。额定容量 375 000kVA，联接组标号 Ii0，电压比（525/$\sqrt{3}$）kV/（375/$\sqrt{3}$）kV，采用有载调压方式，分接开关挡位为 $-4\sim4$ 挡，每挡调压比例为 1.25%。变压器冷却方式为强迫油循环风冷，短路阻抗为 14%，在网侧采用直接接地的接地方式，为交流系统提供零序电流通路，在阀侧则采用经接地电阻接地的接地方式，可有效抑制零序电流。

联络变压器外部结构如图 2－14 所示，内部结构如图 2－15 所示。

图 2-14 联络变压器外部结构

1—冷却器；2—油泵；3—有载分接开关；4—气体继电器；

5—储油柜；6—压力释放阀；7—套管

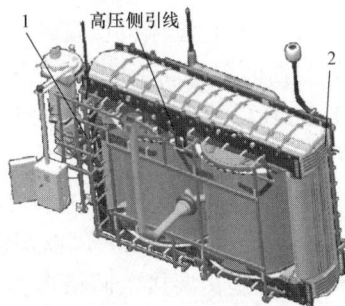

图 2-15 联络变压器内部结构

1—调压引线；2—铁芯接地

联络变压器的主要部件包括冷却器、油流继电器、气体继电器、压力释放阀、有载分接开关、温度测量装置、储油柜、油位计、吸湿器和套管。

（1）冷却器。冷却器是对运行中产热的变压器进行冷却的装置，其实物和结构如图 2-16 所示。由变压器油泵将变压器油箱上部的热油送入冷却器，使之流过联络变压器热冷却管，再从变压器的下部送回油箱。热油在冷却管流动时将热量传给冷却管，冷却管再对空气放出热量。在空气侧由变压器风扇将空气吸入，使之流过管簇并吸收热量，然后从冷却器前方吹出。目前对冷却器风扇采用定频和变频两种控制方式。

图 2-16 联络变压器冷却器实物

冷却器可配置多组，每组一台油泵、数台风扇。可采用变频风扇，通过采集温度并对应控制器的曲线投入冷却器的组数和改变风扇的频率，以达到控制油温和线温在一定范围内的目的，还可以节能。每台冷却器的下部装有分控制箱，每台变压器配有能实现自动控制的总控制箱，由总控制箱控制多台分控制箱，构成冷却器的自动控制系统。

控制箱可按自动模式和手动模式运行，手动控制模式下，冷却器通过控制箱内的启停开关控制。500kV 鲁西背靠背换流站联络变压器冷却器的运行策略为：正常情况下，3 组冷却器同时运行，以保证变压器的噪声水平；当油面温度高于 75℃或绕组温度高于 90℃时，第 4 组冷却器投入运行；当油面温度低于 55℃或绕组温度低于 75℃时，第 4 组冷却器停止运行。控制箱在正常运行情况下选择自动模式运行，在该模式下，冷却器由 PLC 进行控制，PLC 的控制逻辑如下：

1）当变压器投入运行后，PLC 自动投入运行。

2）正常运行时，所有冷却器全部投入运行。

3）系统启动时，风机以低速状态运行，然后 PLC 根据变压器的负荷和温度信号自动调节风机的转速，以匹配相应的负荷输出，从而满足变压器的正常运行。

4）当工作中某个风机故障时，在风机的有效调速范围内，系统自动提高正常运行风机的转速（最高不超过风机极限转速 900r/min），以保证变压器的正常运行。

5）当油面温度高于 75℃或绕组温度高于 90℃时，风机按 100%转速（900r/min）运行。

6）当 PLC 故障时，风机输出 100%转速（900r/min），以保证在 PLC 故障时变压器能可靠运行。

7）在变压器运行期间，由于温度测量装置故障导致送入 PLC 的温度信号消失时，风机输出 100%转速（900r/min），以保证变压器能可靠运行。

冷却器控制需要接入两路直流电源，以供 PLC 使用和作为信号电源，一个是主电源，另一个是备用电源，以保证冷却器的可靠运行。

（2）油流继电器。油流继电器是显示变压器强迫油循环冷却系统内油流量变化的装置，用来监视强迫油循环冷却系统的油泵运行情况，如油泵转向是否正确，阀门是否开启，管路是否有堵塞等情况。当油流量达到动作油流量或减少到返回油流量时，油流继电器均能发出告警信号。油流继电器安装在变压器冷却回路上。其实物和结构如图 2-17 所示。

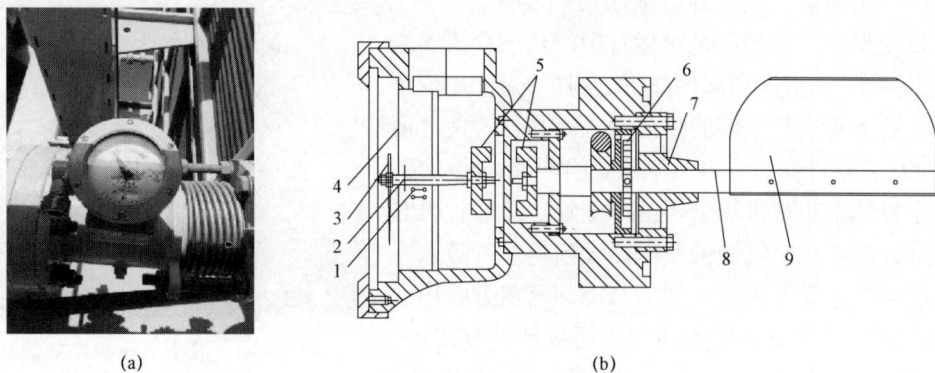

图 2-17　油流继电器实物和结构
（a）实物；（b）结构
1—微动开关；2—凸轮；3—指针；4—表盘；5—耦合磁钢；
6—复位涡卷弹簧；7—作用动板；8—传动轴；9—动板

油流继电器主要由表盘 4 和指针 3 构成的显示部分，凸轮 2 和微动开关 1 构成动板的信号开关部分，动板 9、传动轴 8、复位涡卷弹簧 6 和作用动板 7 构成的传动部分，以及耦合磁钢 5 组成。当变压器冷却系统的油泵启动后就有油流循环，油流量达到动作油流量以上时冲动指示器的动板旋转到最终位置，通过磁钢的耦合作用带动指示部分同步转动，指针指到流动位置后，微动开关的动合触点闭合发出正常工作信号。当油流量减少到返回油流量（或达不到动作油流量）时，动板借助复位涡卷弹簧的作用动板返回，使微动开关的动合触点打开，动断触点闭合发出故障信号。

（3）气体继电器。当在变压器油箱内发生故障（包括轻微的匝间短路和绝缘破坏引起的经电弧电阻的接地短路）时，由于故障点电流和电弧的作用，将使变压器油及其他绝缘材料因为局部受热而分解产生气体，因气体比较轻，它们将从油箱流向储油柜的上部，并会有部分驻留在气体继电器内，直到使得轻瓦斯动作发出告警信号。当严重故障时，油会迅速膨胀并产生大量气体，此时将有剧烈产生的气体夹杂着油流冲向储油柜的上部。在此过程中，气体继电器受到冲击，还会出现重瓦斯跳闸。管道内的绝缘液体中，当迅速产生的气体和由此造成的冲向储油柜的大量液体在流动，且绝缘液流速超过预先给定的限定数值时，继电器将通过挡板的反应启动断开信号。气体继电器实物如图2-18所示。

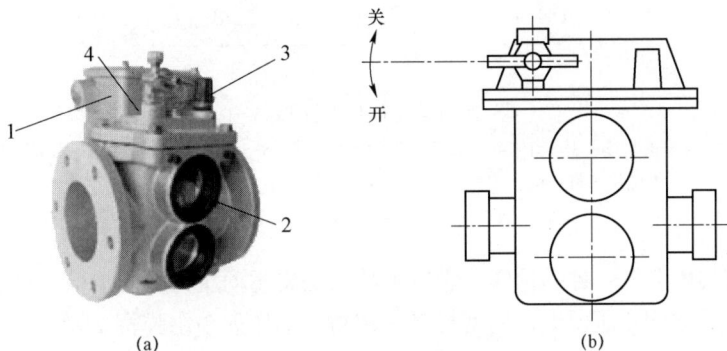

图2-18　气体继电器实物和结构图

（a）实物图；（b）结构图

1—接线盒（内有辅助触点）；2—观测窗（打开后透过玻璃可看到气体继电器内情况）；

3—动作按钮（按下后可以启动气体继电器，发出告警或跳闸信号）；

4—取气阀（取出气体继电器内搜集的气体）

当如下情况发生时，气体继电器中开关系统开始启动：① 由于弱能的分量放电、渗漏故障、局部过热或空气等因素，造成通向监控保护设备逐渐形成的无法分解气体；② 在系统中有泄漏情况，造成绝缘液体流失；③ 由于强能的弧光放电瞬间生成大量分解气体，造成一个压力冲击。

瓦斯保护信号动作时，应对变压器进行检查，查明动作的原因，如是否有积聚空气、油位降低、回路故障或内部故障等情况。若继电器内有气体，应记录气量，观察气体的颜色及试验是否可燃，并取气体和油做相关试验分析，可根据有关规程和导则判断产品的故障性质。若气体为无色无臭且不可燃，色谱分析判定为空气，则变压器可继续运行；若气体为可燃气体，应综合判断以确定产品是否停运。瓦斯保护动作跳闸时，未查明原因及消除故障前不得将变压器投入运行。

（4）压力释放阀。压力释放阀的结构如图2-19所示。当变压器出现内部故障时，由于绕组过热，一部分变压器油气化，变压器油箱内部压力迅速增加，压力释放阀迅速动作，保护油箱不变形或爆裂并给出切除变压器信号。正常情况下，弹簧将阀压住，当联络变压器本体或分接开关油箱的油压大于这个弹簧施加的压力时，油就会喷出；当油压小于弹簧施加的压力时，压力释放阀就会回归原位。动作后，发跳闸信号（实际运行过程中常改为"告警"）。

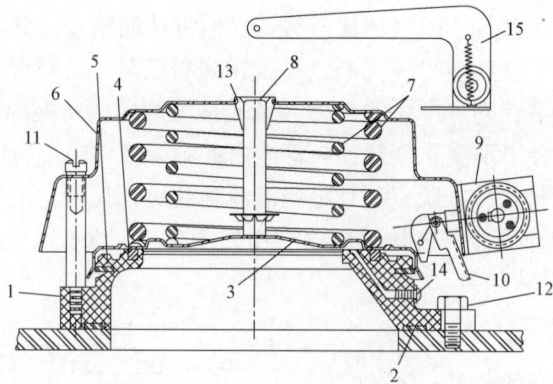

图 2-19 压力释放阀结构

1—安装法兰；2—密封垫；3—动作盘；4—丁腈橡胶密封圈；5—接触式密封垫；6—外罩；7—弹簧；

8—机械指示杆；9—告警开关；10—复位杆；11—螺栓；12—六角螺栓；

13—指示杆衬套；14—放气塞；15—扬旗

压力释放阀实质上是一种弹顶阀，它以独特方法将驱动压力瞬间扩散，该装置由六角螺栓12通过安装法兰固定到变压器上，用密封垫2密封。动作盘3由弹簧7弹顶并与顶部丁腈橡胶密封圈4和侧向接触式密封垫5与形成密封。外罩将弹簧7压缩并由螺栓11保持在压缩位置。

当作用到顶部密封垫4区域内的压力超过弹簧7产生的开启压力时，压力释放阀动作。一旦动作盘3从顶部密封垫4稍微向上运动，动作盘上的变压器内部压力马上扩展到侧面接触式密封垫5直径内的整个作用面上。该作用力极大增强，导致使位于弹簧7闭合高度的动作盘突然打开。变压器内部压力迅速下降到正常值，弹簧7使动作盘3回到密封位置。外罩6中央有一个颜色鲜明的机械指示杆，它不固定在动作盘上，但在动作过程中会随动作盘上升，并由指示杆衬套13夹紧在上升位置不下来。指示杆在远处能清晰可见，则表示压力释放阀已经动作。指示杆可用手推下去，落到复位的动作盘上便可复位。一般压力释放阀还可以提供长臂的扬旗15，以作为更远距离的直观指示。

告警开关9安装在外罩上，告警开关包括一个单刀双掷开关，带有三芯电缆，连接到远方告警或信号装置。告警开关受动作盘推动发生动作以后便卡在那里，只有手推复位杆才能复位。对带有储油柜的变压器，还可配置放气塞14。

（5）有载分接开关。有载分接开关的结构如图2-20所示。有载分接开关的基本原理：从变压器的绕组中引出若干分接头，通过有载分接开关，在保证不切断负荷电流的情况下，由一个分接头切换到另一个分接头，以达到变换绕组的有效匝数（即改变变压器的电压比）的目的。有载分接开关的工作原理核心是采用了过渡电路。采用上述切换方式，可以使装置的材料消耗降低，变压器的体积增加得也不多，电压可以做得很高，容量也可做得很大。500kV鲁西背靠背换流站现在采用的是油浸电阻式有载分接开关。

联络变压器主要将换流器的调制比（M）控制在合理的范围内，调制比的范围为0.95～1.0，当M大于1时，降低分接头挡位，提高联络变压器的电压比，降低联络变压器二次电压。当M小于0.95时，提升分接头挡位，减小联络变压器的电压比，升高联络变压器二次电压。有载分接开关电路如图2-21所示。

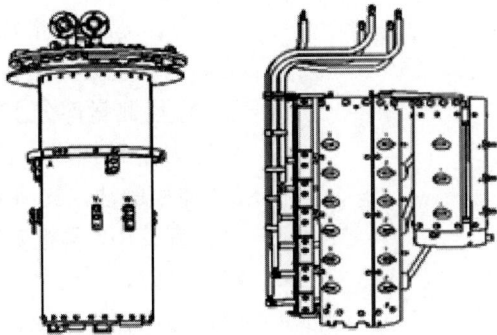

图 2-20　有载分接开关结构

油浸电阻式有载分接开关由调压回路、选择电路、过渡电阻和切换开关以及驱动和控制电路及各种保护装置等构成。下面对有载分接开关的一次部分进行简要介绍。

1）调压电路。调压电路的正、反励磁调压回路调节范围较大（15%以上），一般用于电压等级较高的变压器。正、反励磁调压回路在每相都设基本绕组和调压绕组，分接头从调压绕组抽出。调压绕组与基本绕组正接或反接，使两个绕组铁芯内产生的磁通 B_1 和 B_2 相加或相减，从而改变一、二次绕组的匝数比，实现电压的调节。采用正、反励磁调压回路使得在相同的调压绕组上的调节范围扩大了一倍。

2）选择电路。选择电路是调压回路的一部分，其任务是选择绕组分接头的位置。选择分接头位置的装置称为分接头选择器。另外，在正、反励磁调压回路中还有极性选择器。选

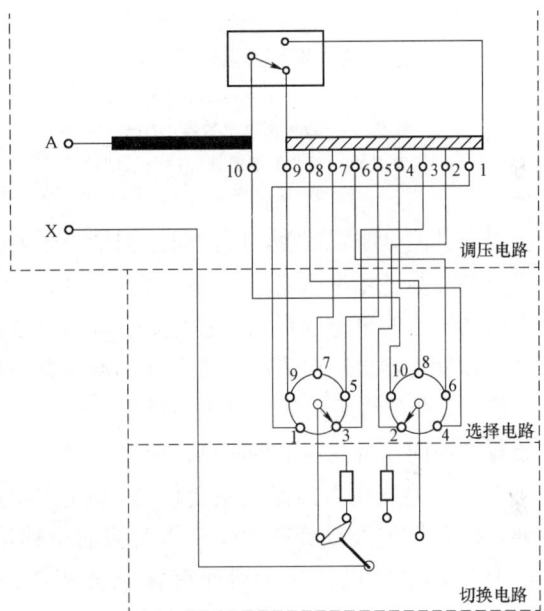

图 2-21　有载分接开关电路图

择电路中要求在不带负载的情况下选择分接头。因此，分接头选择器的触头对应分接头的编号分单、双数两组。当双数组动触头带负载运行时，单数组动触头可在不带负载的情况下选择相邻的分接头。因为不会引起电弧，选择电路的触头无须置于专门的油箱中。

3）过渡电路和切换开关。为了保证在切换分接头过程中负载中的电流不间断，在切换过程中便会发生调压绕组局部桥接现象，为使被桥接绕组的循环电流不致过大，必须串入电阻（过渡电阻）。在选择器上选好分接头，最终完成相邻分接头之间快速切换的装置称为切换开关。它由动触头、静触头、过渡电阻、快速动作机构等部件组成。因为在切换过程中有电弧产生，所以这些部件都装在密封良好的独立油箱中。电弧高温（2000～3000℃）使油分解产生可燃性气体和游离碳微粒，电弧烧蚀触头，触头损坏并产生金属微粒，导致绝缘油的颜色变黑，绝缘水平下降，所以专门配备了滤油装置。

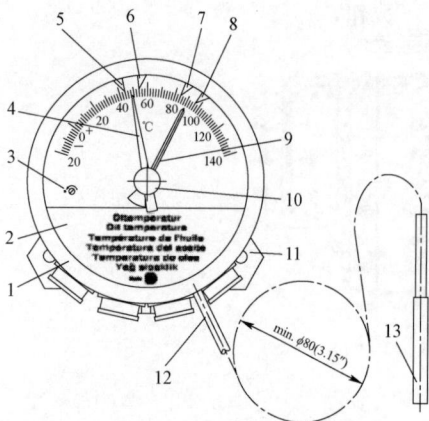

图 2-22 温度测量装置（指针式温度计）结构
1—表盘外壳；2—盖板；3—调节螺钉；4—指针读数器；
5、6、7、8—刻度；9—最大指针读数；10—旋转按钮；
11—固定底板；12—毛细血管；13—毛细管

（6）温度测量装置。变压器油温和绕组温度的测量装置为指针式温度计，如图 2-22 所示。温度测量部分主要由温度传感器、毛细管和压力单元构成。位于变压器顶端的温包充2/3 体积的油，先将温度传感器装入热电耦温度计套管中，再把套管装入温包。当变压器油温上升时，温包中油的温度也上升，套管中的温度传感器由于周围温度的升高，其中的液体膨胀，将压力的改变传给毛细管，毛细管又传给指示轴，从而引起指示轴的转动，温度计上的指针就会指示相应的温度值。

变压器的使用寿命取决于它的绕组温度。这是因为绕组温度（尤其是其最热部分的温度）对绝缘材料的温度和老化起决定作用。但是，由于变压器绕组的电动势高，无法直接用测温元件测量绕组温度，因此间接测量变压器绕组温度是一种实用、有效的测量方法。变压器绕组的发热是由变压器的负载损耗产生的，由负载损耗公式 $P = I^2R$ 可知，绕组的发热功率和变压器电流的平方成正比。因为变压器绕组是浸在绝缘油中的，所以在油温的基础上再叠加一个通以变压器二次电流的电热元件的温度即可间接测量变压器的绕组温度。该温度值是一个模拟值，并非是绕阻实际温度的测量值。温度测量装置一般采用压力式和热电阻式两种温度测量装置合成的复合式温度控制器，以实现对电力变压器温升的控制和温度信号的远距离传输。

当被测变压器油温发生变化时，温包内的介质体积随之线性变化，这个体积增量通过毛细管的传递使波纹管产生一个相对应的位移量。这个位移量经机构放大后便可指示被测变压器油的油温，并驱动微动开关输出电信号。

压力式温度计不需要配备工作电源，而是利用工作介质热胀冷缩的原理进行工作的。电网断电时也能准确地反映变压器的温度状况，为故障分析提供现场数据。由于压力式仪表不适宜信号远距离传输，所以需另外配备一只热电阻温度计，以便将变压器的温度信息输送到中央控制室，从而实现双重保护和温度信号的远距离传输。热电阻温度计的热电阻采用的是 Pt100，将其嵌装入温包中。随着变压器油温的升降，Pt100 的阻值也随之改变。温度变送器采用三线制引线方式连接 Pt100 热电阻，把电阻信号转换成标准信号（0～5V、0～10V、4～20V）输送给计算机，从而实现远程控制。

如图 2-23 所示：装置外壳浸泡在联络变压

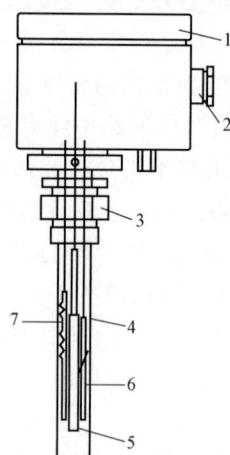

图 2-23 温度测量装置结构
1—盖子；2—导线出入口；3—固定螺母；4—外壳；
5—温度传感器；6—Pt 100 温度电阻；
7—TA 电流补偿加热回路

器本体的温包内，直接感受联络变压器的油温，温度传感器、Pt100温度电阻、TA电流补偿加热回路均内置于装置外壳内，正常情况下TA电流补偿加热回路流过二次电流，对装置外壳内部进行加热，叠加的温度分别通过机械表的温度传感器和Pt100温度电阻输送给机械表和后台工作站显示。

（7）储油柜。储油柜的主要作用如下：

1）为变压器油的热胀冷缩创造条件，使变压器油箱在任何气温及运行状况下均充满油。

2）变压器油仅在储油柜内通过吸湿器与空气接触，与空气接触面积减少，使油的受潮和氧化机会减少。

3）储油柜中的油平时几乎不参加油箱内的循环，它的温度要比油箱内上层油的温度低很多，油的氧化过程也慢很多，因此储油柜可以防止油的过速氧化。

4）变压器油从空气中吸收的水分将沉积在储油柜底部集污器内，以便定期放出，水分不会进入油箱。

储油柜安装在主变压器油箱上面，通过管道经气体继电器、蝶形阀与油箱连通。主变压器储油柜提供了由于主变压器运行发热而导致油体积膨胀的储存空间，并且大大缩小了油与空气的接触面积，降低了浸泡在油中的纤维老化程度。储油柜装有与大气连通的管子，该管下端装有吸湿器。储油柜内采用胶囊密封的方法来减小油与大气的接触面积，一般有胶囊袋密封和隔膜式密封两种密封方式。胶囊式储油柜的结构如图2-24所示。

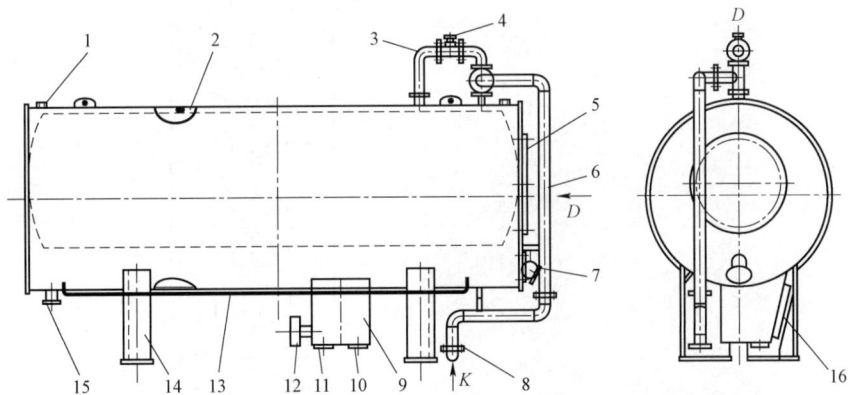

图2-24　胶囊式储油柜结构

1—放气塞；2—胶囊；3—抽真空联管；4—真空阀；5—人孔；6—抽真空及接吸湿器联管；
7—指针式油位表；8—抽真空法兰；9—集污盒；10—放气管；11—注、放油管；12—φ80蝶形阀；
13—安全杆；14—柜脚；15—积污盒；16—视察窗

（8）油位计。油位计装于变压器储油柜上，可直观显示储油柜内油位的各种变化，内有显示告警装置，并可将油位的连续模拟量传至远程监控系统。油位计的安装位置图及其表盘图如图2-25所示。

（9）吸湿器。吸湿器的主要作用为吸附空气中进入储油柜胶袋、隔膜中的潮气，清除和干燥由于变压器油温的变化而进入变压器（或互感器）储油柜的空气中的杂质和潮气，以免变压器受潮，进而保证变压器油的绝缘强度。它主要起到过滤和净化空气的作用。

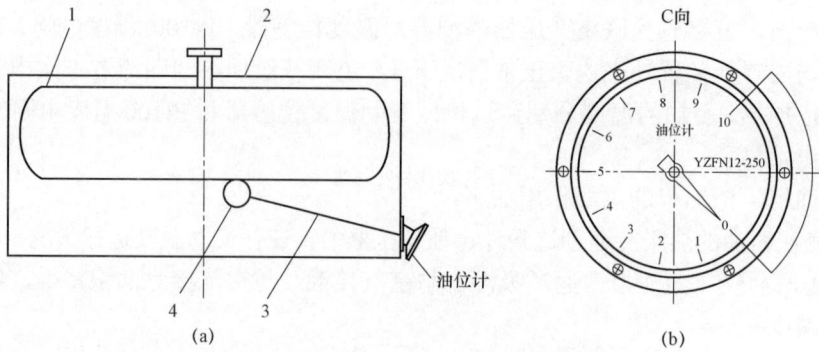

图 2-25 油位计安装位置图及其表盘图
（a）油位计安装位置图；（b）油位计表盘图
1—胶囊；2—储油柜壳体；3—摆杆；4—浮子

吸湿器的实物和结构如图 2-26 所示。当变压器受热膨胀时，吸湿器呼出变压器内部多余的空气；当变压器因油温降低而收缩时，吸湿器吸入外部空气。当吸入外部空气时，储油盒里的变压器油过滤外部空气，然后硅胶将没有过滤去的水分吸收，以便变压器内的变压器油不会遭到外部空气中水分的入侵，使其水分含量始终维持在标准范围内。吸湿器的底部装有带油的玻璃容器（集油器），以防干燥剂直接接触潮湿空气，从而起到过滤进入储油柜的空气作用。

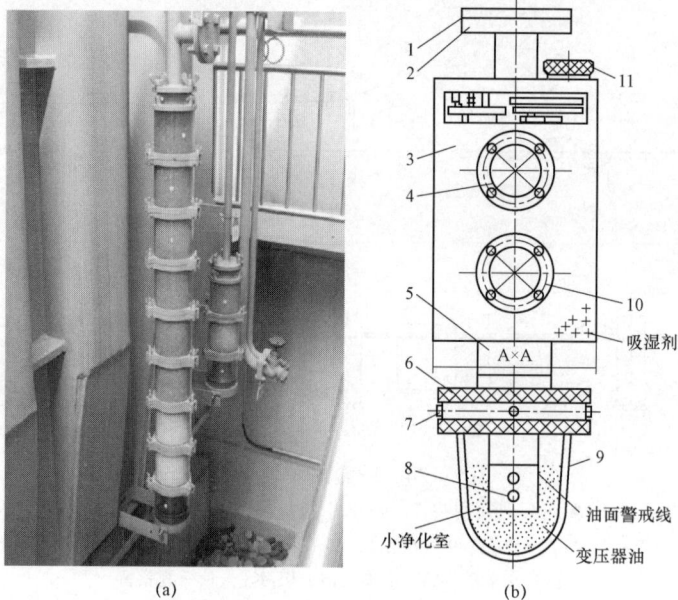

图 2-26 吸湿器实物和结构
（a）实物；（b）结构
1—盖板；2—安装法兰；3—大净化室；4—观察窗；5—净化室连接器；6—底座；7—密封封垫；
8—紧固螺钉；9—油杯；10—吸湿材料排放口；11—吸湿材料注入口

（10）套管。联络变压器套管将变压器内部高、低压引线引到油箱外部，不但作为引线对地绝缘，而且担负着固定引线的作用，是变压器载流元件之一。在变压器运行的中、长期通过负载电流，当变压器外部发生短路时通过短路电流。联络变压器套管一般采用油纸绝缘电容式套管，套管与本体通过升高座连接，升高座内部安装有 TA 绕组。联络变压器套管实物如图 2-27 所示。

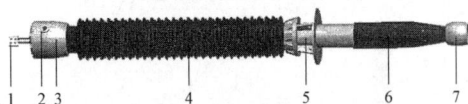

图 2-27　联络变压器套管实物
1—接线端子；2—油位视窗；3—集油盒；4—上瓷件；5—法兰；6—下瓷件；7—均压球

油纸绝缘电容式套管主要由电容芯子、储油柜、法兰、上下瓷套组成，主绝缘为电容芯子，采用电容串联而成，封闭在上下瓷套、储油柜、法兰及底座组成的电容器中，容器内充有经过处理的变压器油，使内部主绝缘成为油纸结构。套管主要组件间接接触面衬以耐油橡胶垫圈，各组件通过设置在储油柜中的一组强力弹簧所施加的中心紧力作用，使套管内部处于全封闭状态，法兰上设有放气塞、取油装置，以及测量套管介质损耗角 $\tan\delta$ 和电容的装置。运行时测量装置的外罩一定要罩上，以保证末屏接地，严禁开路。

2.2.2.2　相电抗器

1. 相电抗器的作用

相电抗器位于柔性直流换流阀与联络变压器之间，可以将换流阀桥臂各单元串联起来。相电抗器既不同于以承受直流大电流为主的直流输电用平波电抗器，也不同于以承受交流电流为主的常规交流电抗器，其在运行中需要承受电流幅值相当大的交、直流复合大电流。其主要作用如下：

（1）与联络变压器的漏抗共同构成换流站的换流电抗。

（2）抑制换流器内、外部故障时上升过快的桥臂故障电流，特别是当换流器直流侧出口短路时，可以将电流上升率限制到较小的值，从而使 IGBT 在较低的过电流水平下关断。

（3）抑制桥臂间环流。并联在直流侧的 3 个相单元各自产生的直流电压不一定相等，3 个相单元之间会流过一定数值的环流，相电抗器可以起到限制环流的作用。

2. 相电抗器的特性

（1）相电抗器的设计和试验既要重点考虑基于电感分布的交流电流分配特性，又要考虑基于电阻分布的直流电流分配特性。柔性直流输电系统的输送容量越大，交、直流电流分配特性的平衡越困难并变得不可忽略。这表明相电抗器不是传统意义上的直流电抗器，在温升设计和试验方面需要满足交、直流复合大电流的要求。

（2）为了减少传送到系统侧的谐波，电抗器上的杂散电容应该越小越好。同时，换流器阀在每个开关过程中的电压变化率较大，受杂散电容的影响会产生一个电流脉冲，这个脉冲会对换流器阀产生很大的应力，因此在柔性直流输电系统中应该尽量使用干式空芯电抗器，而不能使用油浸式带铁芯的电抗器。

（3）换流器的高频谐波通过相电抗器可能会对周围设备产生电磁干扰，因此需要采取必要的屏蔽措施。当电抗器放在室外时，对其加以屏蔽还可以防止其他外界因素对相电抗器造成干扰和损坏。

相电抗器的结构如图2-28所示。

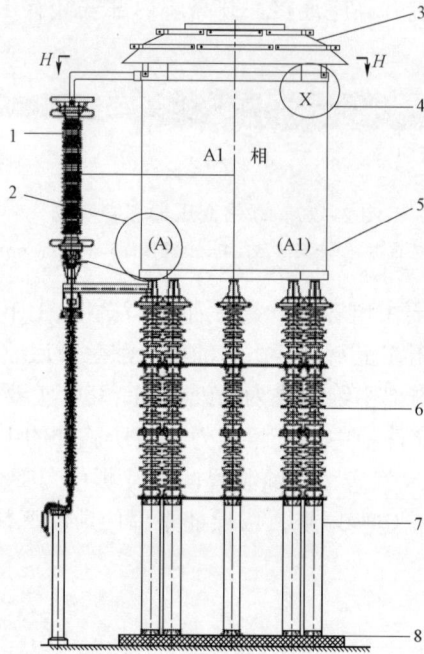

图2-28 相电抗器结构

1—避雷器；2—进线端子；3—防雨罩（玻璃钢顶中帽）；4—出线端子；
5—电抗器本体；6—支柱绝缘子（8件）；7—玻璃钢支架；8—基础底座

2.2.2.3　GIS 高压组合电器

1. GIS 高压组合电器的设备结构

GIS 高压组合电器的设备结构如图2-29所示。

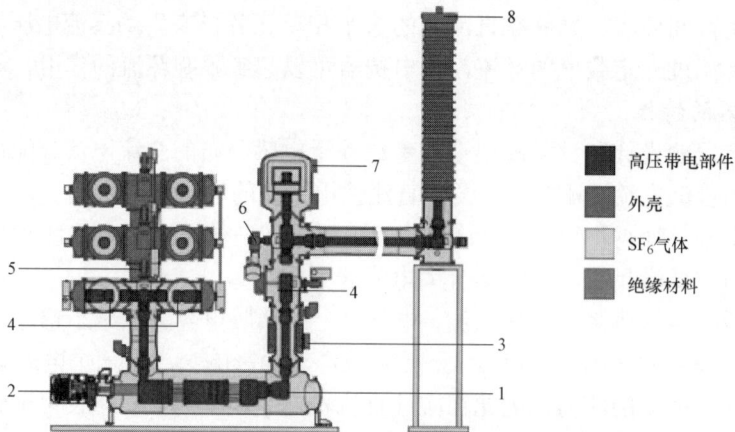

■ 高压带电部件

■ 外壳

□ SF₆气体

■ 绝缘材料

图2-29 GIS 高压组合电器设备结构

1—断路器；2—操动机构；3—电流互感器；4—隔离开关；5—工作接地开关；
6—快速接地开关；7—电压互感器；8—套管

GIS 高压组合电器由 4 个基本单元组成，即导体、金属壳体、绝缘子和 SF_6 气体。

（1）导体。GIS 高压组合电器导体实物如图 2-30 所示。

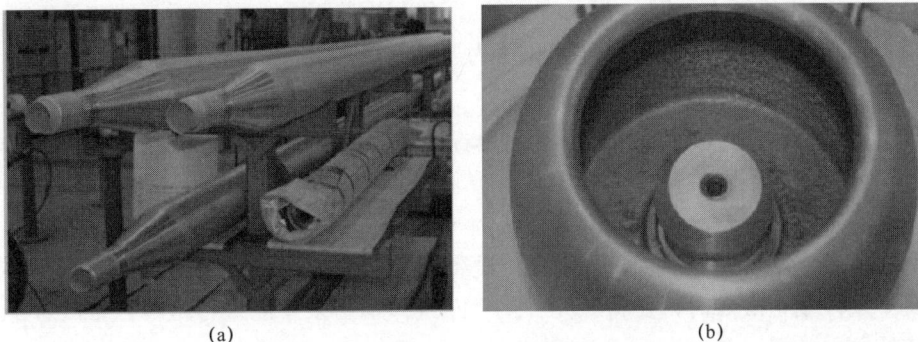

（a）　　　　　　　　　　　　　　　（b）

图 2-30　GIS 高压组合电器导体实物

（a）实物（一）；（b）实物（二）

（2）金属壳体。GIS 高压组合电器金属壳体实物如图 2-31 所示。

（a）　　　　　　　　　　　　　　　（b）

图 2-31　GIS 高压组合电器金属壳体实物

（a）实物（一）；（b）实物（二）

（3）绝缘子。GIS 高压组合电器绝缘子实物如图 2-32 所示。

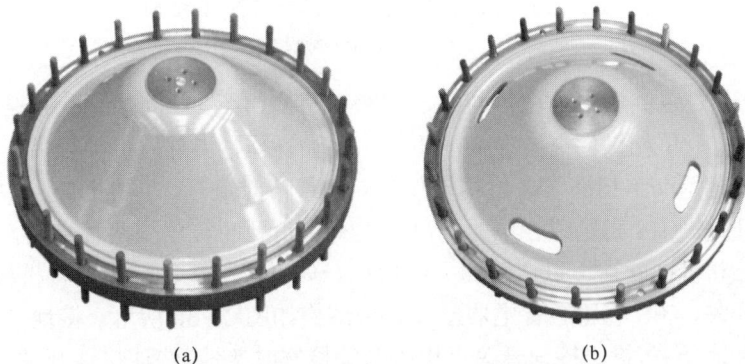

（a）　　　　　　　　　　　　　　　（b）

图 2-32　GIS 高压组合电器绝缘子实物

（a）隔板式盆式绝缘子；（b）支撑式盆式绝缘子

（4）SF_6 气体。

1）GIS 设备根据各个元件的不同作用，分成若干个气室，具体涉及以下 3 类。

a. 因 SF_6 气体的压力不同，要求将 GIS 设备分为若干个气室。断路器在开断电流时，要求电弧迅速熄灭，因此要求 SF_6 气体的压力要高。隔离开关切断的仅是电容电流，所以压力要低些。

b. 因绝缘介质的不同而将 GIS 设备分为若干个气室。因 GIS 设备必须与架空线、电缆、主变压器相连接，而不同的元件所用的绝缘介质不同，如与变压器的连接涉及油与 SF_6 两种绝缘介质，因而采用油气套管。

c. 因 GIS 设备检修的需要，要将 GIS 设备分为若干个气室。由于元件与母线要连接起来，当某一元件发生故障时，要将该元件的 SF_6 气体抽出来才能进行检修，分成若干气室能减小故障范围。

2）为了监视 GIS 设备各气室中的 SF_6 气体是否泄漏，根据各厂家的不同设计装有压力表或密度计，密度计装有温度补偿装置，因而它一般不受环境温度的影响。为防止 SF_6 压力过高而超出正常压力，还装有防爆装置。

2. GIS 高压组合电器元件

GIS 高压组合电器元件包括母线、断路器、隔离开关、接地开关、电压互感器、电流互感器、避雷器。

（1）母线。母线设计为金属封闭式，所采用的铝合金导体具有较高的通流能力，铝合金外壳无涡流损耗。GIS 高压组合电器母线实物和结构如图 2-33 所示。

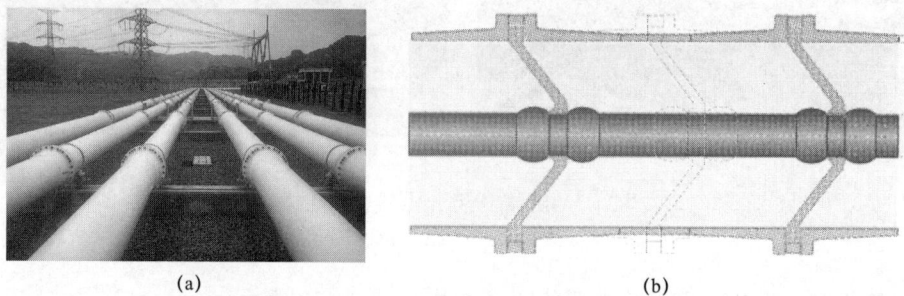

(a)　　　　　　　　　　　　　　　(b)

图 2-33　GIS 高压组合电器母线实物和结构

(a) 实物；(b) 结构

（2）断路器。GIS 高压组合电器断路器实物和结构如图 2-34 所示。断路器可以三相联动，也可单相操作。单相操作需要在操动机构上手动操作，当外壳拆掉以后，断路器可以通过分级前缀阀进行手动单相操作。单相操作只能在维修时进行，正常情况下决不可以使用。

（3）隔离开关。GIS 高压组合电器隔离开关有直角型和转角型两种结构，如图 2-35 所示。隔离开关三相机械联动可以电动和手动操作。如需单相操作，需要将机械连杆取下。

（4）接地开关。GIS 高压组合电器接地开关结构如图 2-36 所示。接地开关分为检修接地开关和快速接地开关。检修接地开关仅用于开关检修时接地。快速接地开关用于线路接地，可以在开合其他线路时感应到本线路的感应电流。接地开关均通过接地板与 GIS 外壳连接，再通过 GIS 外壳接地。

 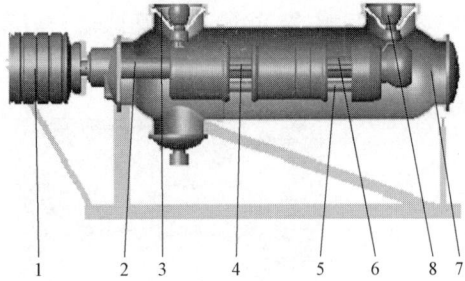

(a)　　　　　　　　　　　　　　　　　　(b)

图 2-34　GIS 高压组合电器断路器实物和结构

（a）实物；（b）结构

1—液压操动机构；2—支持绝缘子；3—盆式绝缘子；4—绝缘拉杆；

5—并联电容器；6—灭弧室；7—罐体；8—连接触头

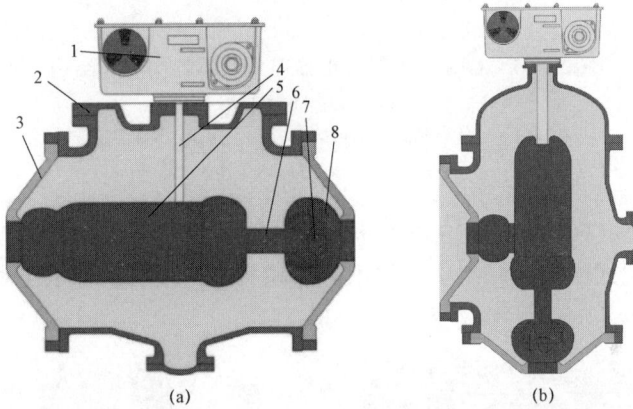

(a)　　　　　　　　　　　　　　　　　(b)

图 2-35　GIS 高压组合电器隔离开关结构

（a）直角型；（b）转角型

1—电动机构；2—外壳；3—盆式绝缘子；4—操动绝缘机构；

5—触头支持机构；6—动触头；7—静触头；8—屏蔽罩

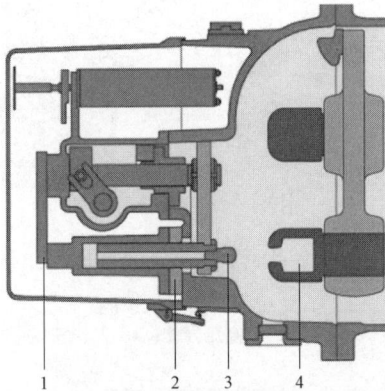

图 2-36　GIS 高压组合电器接地开关结构

1—接地板；2—绝缘片；3—动触头；4—静触头

（5）电压互感器。GIS 电压互感器一般采用竖直或者水平安装，适应性强，且为紧凑型设计，基本不需要维护。

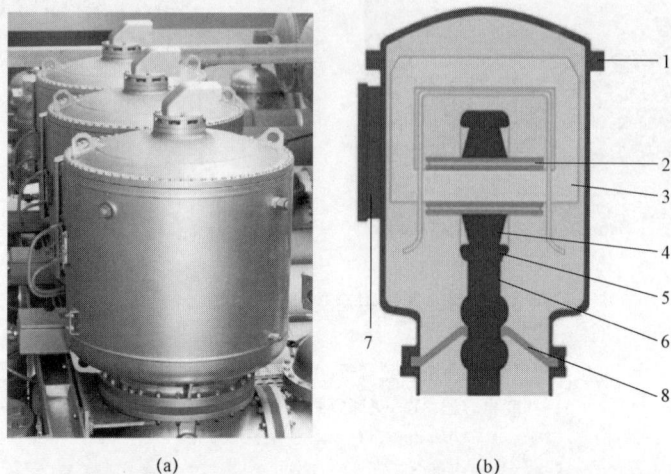

图 2-37　GIS 高压组合电器电压互感器实物和结构

（a）实物；（b）结构

1—外壳；2—二次绕组；3—铁芯；4—一次绕组；5—高压屏蔽；

6—高压导体；7—端子箱；8—盆式绝缘子

（6）电流互感器。GIS 高压组合电器电流互感器实物和结构如图 2-38 所示。GIS 电流互感器一般采用外置式结构，二次引出线不必穿越气室，没有局部放电和 SF_6 泄漏的风险，可方便布置在断路器两侧，且不改变整体尺寸。

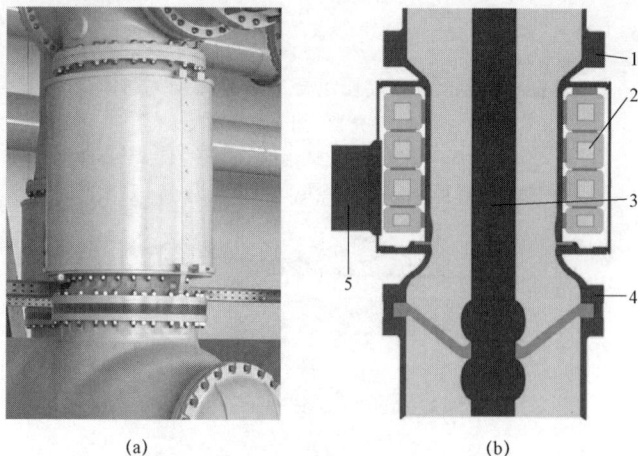

图 2-38　GIS 高压组合电器电流互感器实物和结构

（a）实物；（b）结构

1—铁芯座；2—铁芯；3—高压导体；4—基座法兰；5—端子盒

（7）避雷器。GIS 高压组合电器避雷器实物和结构如图 2-39 所示。避雷器为独立单元，阀芯为性能优良的金属 ZnO 阀片，无串联火花放电间隙，配置有在线监测放电计数器。

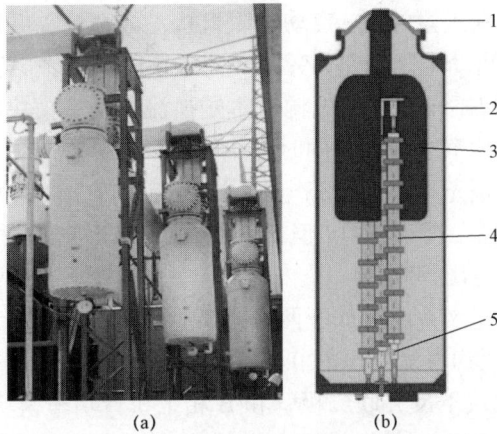

图 2-39　GIS 高压组合电器避雷器实物和结构

（a）实物；（b）结构

1—盆式绝缘子；2—外壳；3—屏蔽罩；4—电阻片；5—绝缘杆

2.2.2.4　启动电阻

柔性直流输电系统在启动时由交流系统通过换流器中的二极管向直流侧电容充电。由于 MMC 换流器中电容量较大，当交流侧断路器合闸时相当于向一个容性回路送电的过程，在各个电容器上可能会产生较大的冲击电流及冲击电压。因此，在柔性直流

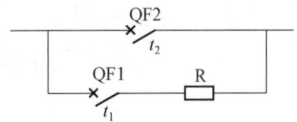

图 2-40　启动回路电路图

输电系统的启动过程中，需要加装一个缓冲电路。通常考虑在断路器上并联一个启动电阻，这个电阻可以降低电容的充电电流，减小柔性直流系统上通电时对交流系统造成的扰动和对换流器阀上二极管的应力。当系统启动时，先通过启动电阻充电，直流充电结束后再启动电阻旁路。

启动回路的典型电路如图 2-40 所示。当系统进行启动时，在 t_1 时刻先合上断路器 QF1，经过一定的延迟时间 t_2 再合上断路器 QF2，此时电阻被旁路，断路器 QF1 也随之断开，直流充电过程结束。

启动电阻的作用为限制阀侧电网对功率模块直流储能电容的充电电流，使换流器相关设备免受冲击电流与冲击电压的影响，保证设备的安全运行；限制充电速度，避免充电过程中功率模块电容器电压不平衡。启动电阻结构如图 2-41 所示。

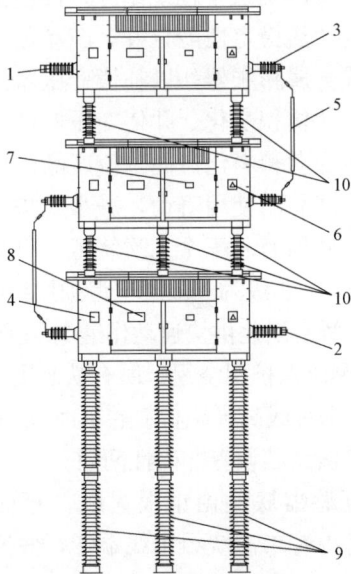

图 2-41　启动电阻结构

1—进线绝缘子；2—出线绝缘子；3—穿墙套管；

4—高压警示牌；5—连接钢管；6—高温警示牌；7—铭牌；

8—生产厂家信息；9—底部支撑绝缘子；10—层间支撑绝缘子

启动回路设置在联络变压器阀侧，启动电阻直接与隔离开关并联，启动电阻仅在系统启动时工作，启动结束后将启动电阻旁路，旁路开关采用隔离开关。启动电阻应满足各种运行方式下的不同启动要求，包括一端交流电源对本端换流器功率模块电容充电，以及一端换流站交流电源对两端换流器功率模块电容同时充电等。

换流阀功率模块电容预充电方式：充电时闭锁所有的IGBT，所有功率模块电容同时充电，此过程相当于通过不控二极管充电，但电容电压不能在这一过程中达到稳定工作时的电压值，随后需要转入直流电压控制。

功率模块电容电压的建立方法有如下两种：① 自励充电模式，利用交流电网对换流站进行不控整流充电，可充至约直流电压的0.7p.u.。当A相电压瞬时值高于B相电压瞬时值，电源经A相上桥臂功率模块下反并联二极管和B相上桥臂功率模块上反并联二极管给B相并联电容充电。各时刻充电回路可类推。② 他励充电模式，利用另一端柔性直流输电系统的直流电压对换流站进行充电，可充至约直流电压的0.35p.u.。直流电压通过功率模块上反并联二极管对上、下桥臂所有模块的并联电容同时充电。

2.2.2.5 交流互感器

1. 电流互感器

电流互感器多采用倒立式结构，由底座、瓷套、储油柜、器身等部分组成，一、二次绕组均设置在产品上部的壳体内，如图2-42所示。

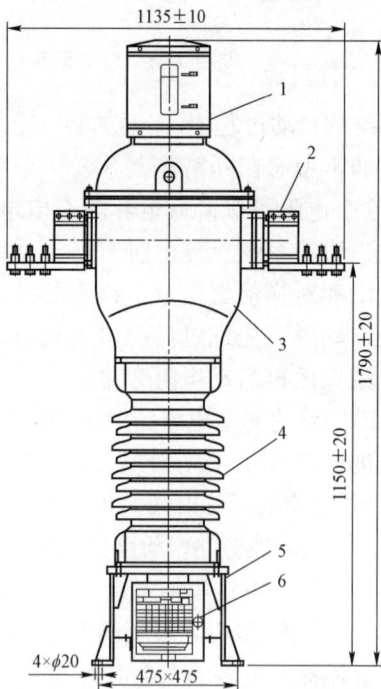

图2-42 电流互感器结构（单位：mm）
1—膨胀器；2—接线端子；3—壳体；
4—瓷套；5—底座；6—二次出线盒

产品的一次绕组为贯穿式，使该一次绕组大大缩短，减少了漏抗。主绝缘包绕在二次绕组组件及其引线上，一次绕组不包绕绝缘，因而散热好、温升低，抗动热稳定性能也好。产品顶部装有不锈钢波纹式金属膨胀器，以补偿变压器油因温度不同而产生的体积变化，并使变压器油与大气隔离，防止油受潮和老化，同时使产品内部与空气隔离，延长产品的使用寿命，减少维护工作量。

电流互感器有若干个二次绕组，供测量、保护和计量使用，P级为一般继电保护用绕组，TPY级是为保证暂态误差供快速动作继电保护用绕组，PR表示低剩磁保护用绕组。所有铁心用优质冷轧晶粒取向硅钢片或高导磁材料卷制而成，并经退火处理。TPY级铁芯设有非磁性间隙。

电流互感器底座由钢板焊成，正面有接线盒，接线盒内有二次绕组出线端子，底座下部设有放油阀阀门及地屏引出线端子。底座上焊有接地板，供产品运行时接地用，还有4个吊孔供产品起吊用。

2. 电压互感器

110kV及以上电压等级多采用电容式电压互感器，电容式电压互感器是由串联电容器抽取电压，再经变压器变压作为表计、继电保护等的电压源的电压互感器，电容式电压互感器是在电容分压后通过电磁式电压互感器二次分压将二次额定电压规范到100V的装置。

电容式电压互感器由电容分压器和电磁单元两部分组成。电容分压器由一节或几节电容器串联组成，线路端子在电容分压器顶端。电容式电压互感器结构如图2-43所示。

叠装式互感器的中压端子和低压端子是由最下一节电容器底盖上的小瓷套引出到电磁单元内与相应的端子相连。非叠装式互感器的中压端子和低压端子是由最下一节电容器底盖上的小瓷套引出到电容分压器底座后，并由底座上的相应套管引出。电磁单元由中压变压器、补偿

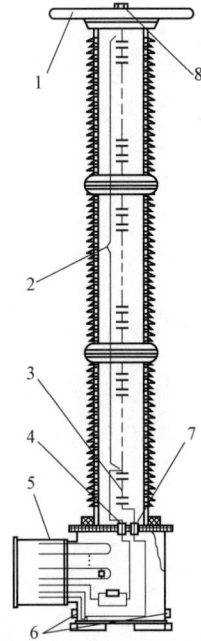

图2-43　电容式电压互感器结构
1—均压环；2—高压电容 C_1；3—中压电容 C_2；4—中压套管；
5—二次出线盒；6—接地板；7—低压套管；8—线路端子

电抗器和抑制铁磁谐振的阻尼装置装在油箱内组成，二次绕组端子及载波通信端子由油箱正面的出线端子盒引出。

2.2.2.6　交流避雷器

换流站过电压由外部或内部的原因引起，引起换流站外过电压的主要因素有交流系统断路器操作、故障清除、雷击和甩负荷等。

换流站的雷害来源之一是雷直击换流站。通常换流站内出现的雷击过电压是从进线段侵入的，雷直击换流站的概率很小，且有换流站直击雷保护。沿交流线路侵入换流站的雷电过电压很常见，是对换流站电气设备构成威胁的主要方式之一。但是因为交流场有多路进线段、交流场避雷器和变压器等阻击雷电波的设备，所以雷电过电压的情况一般不太严重。因为联络变压器具有屏蔽作用，可阻断雷电波侵入换流阀侧，所以一般不考虑交流场线路雷电侵入波的影响。

交流侧故障包含交流侧母线及联络变压器阀侧接地故障。送端发生交流侧母线三相接地故障后，整流站换流器失去电源，直流电压下降。故障清除后，电压快速上升，受控制器响应的限制而产生超调，并引起过电压。单相接地故障和三相接地故障类似，但前者在故障期间的功率损失较后者小，故障清除后的超调量也小。当受端换流站发生交流侧三相接地故障后，换流站失电压导致功率无法送出，而此时送端仍在向单元模块充电，则会引起直流侧过电压。联络变压器阀侧接地故障会在桥臂电抗器和直流侧产生严重的过电压。

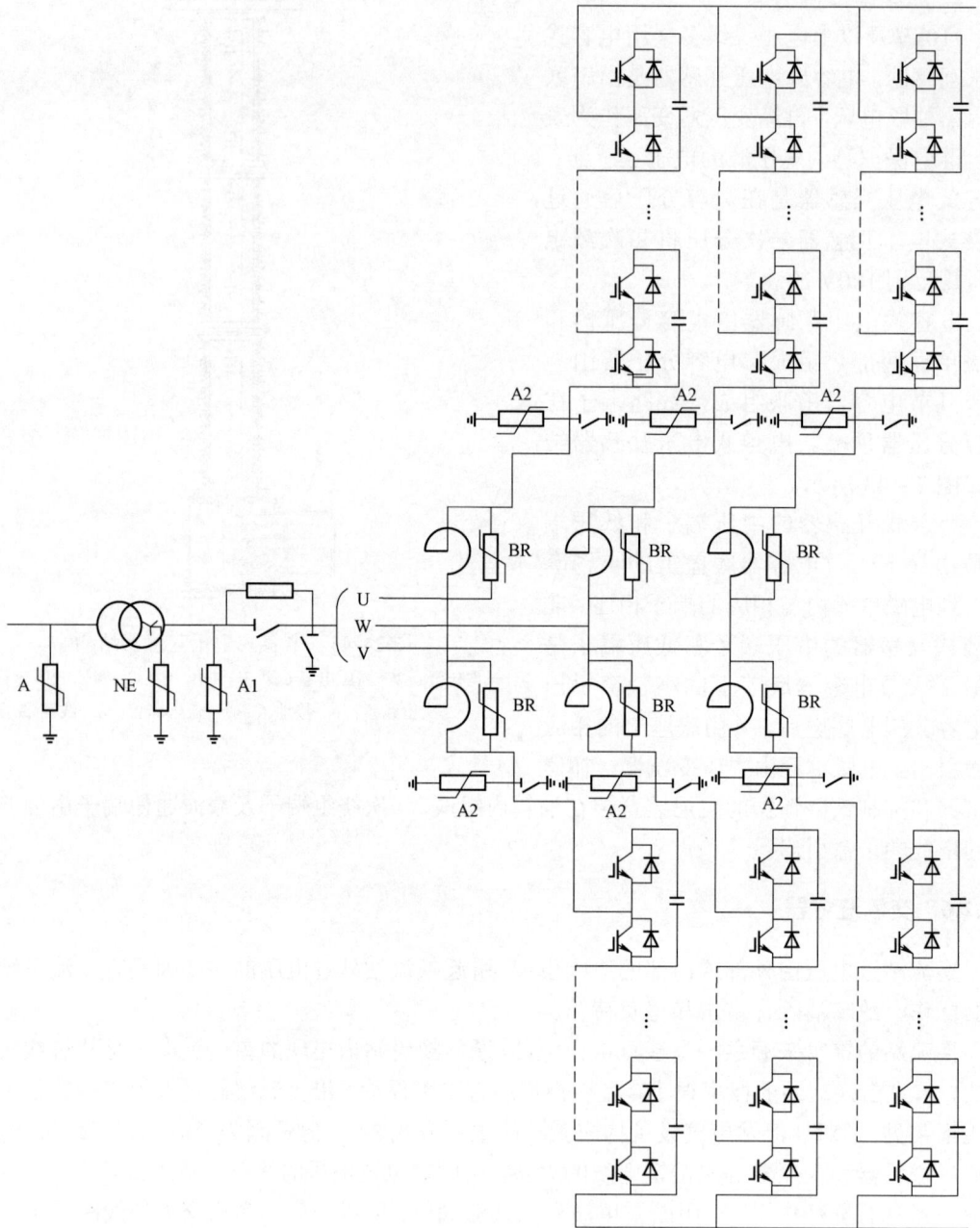

图 2-44　背靠背柔性直流换流站交流
侧避雷器配置（另一侧相同）

　　换流站内设备的主要保护装置为 ZnO 避雷器，根据绝缘配合原则确定换流站避雷器布置方案，其布置方案如图 2-44 所示（两端换流站对称布置）。其中，桥臂电抗器由桥臂电抗器避雷器 BR 保护；联络变压器阀侧及相关设备由阀侧交流母线避雷器 A1 保护；联络变压器交流侧母线及设备由交流避雷器 A 保护。

2.2.3　背靠背柔性直流输电系统直流侧接线

背靠背柔性直流输电系统直流侧接线如图2-45所示。

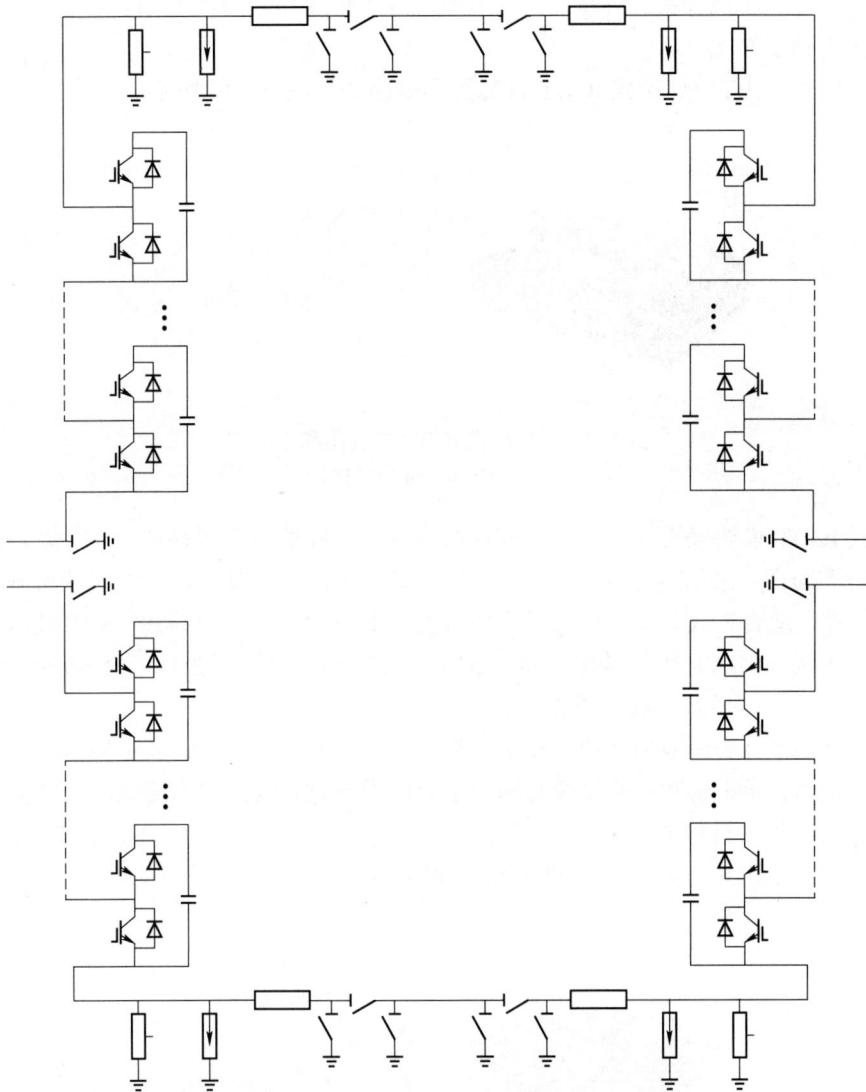

图2-45　背靠背柔性直流输电系统直流侧接线图

2.2.3.1　柔性直流换流阀

1. 柔性直流换流阀简介

MMC功率模块的主体结构由两个IGBT串联组成一个半桥换流器,同时并联一个直流支撑电容,辅助元件包括快速旁路开关、短路保护晶闸管、均压电阻,以及控制板卡和直流电容取能回路。与三相两电平换流器相比,这种结构的主要优点是避免了器件的直接串联运行,降低了主电路的设计难度,但是开关状态的增加会使控制系统更加复杂。功率模块中的快速旁路开关实现冗余功率模块和故障功率模块的快速投切。在某一功率模块发生故障时将其旁路，而其余模块继续工作；当功率模块发生故障后，两只 IGBT 均被闭锁，功率模块输出的电压取决于电流方向且无法控制，因此需要加入快速开关，以便实现功率模块旁路。旁路开关采用不可逆机械开关。目前，国内柔性直流工程使用较多的 IGBT 主要有两种封装型式，即焊接式和压接式。

（1）焊接式 IGBT。焊接式 IGBT 封装图和电路图如图 2-46 所示。

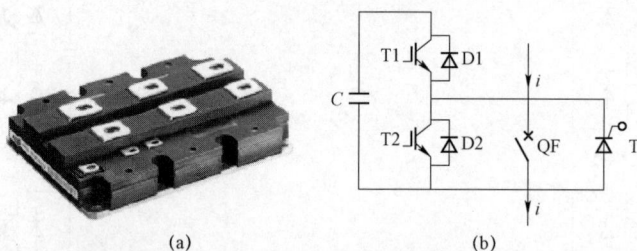

图 2-46　焊接式 IGBT 封装图和电路图
(a) 封装图；(b) 电路图

焊接式 IGBT 模块采用专门的内部连线和布线，这样能减少振荡的发生，以及避免芯片之间电流的不均衡。采用软穿通（SPT）芯片技术，芯片厚度减小，SPT 缓冲层确保元件维持软关断特性，适合在大功率、高电压这种有很大寄生电感的场合应用。SPT 技术还可使模块的安全工作区（SOA）明显增加。通过 SPT IGBT 输入电容的设计，可以使 IGBT 的通态电压延迟时间缩短，显著降低开通损耗。

焊接式 IGBT 一般在 MMC 功率模块中加入一个压封式晶闸管，其主要作用是在直流侧短路故障发生后，断路器断开前这段时间内进行触发导通，以承担本应该流过续流二极管的过电流，起到保护二极管的作用。

（2）压接式 IGBT。压接式 IGBT 封装图和电路图如图 2-47 所示。

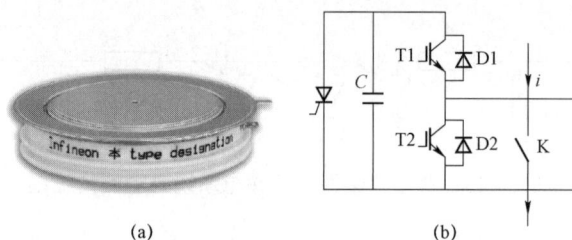

图 2-47　压接式 IGBT 封装图和电路图
（a）封装图；（b）电路图

压接式 IGBT 采用平面封装的方式，易于进行串联和冷却，压接式器件没有引线连接，提高了器件可靠性，与模块器件相比，两者在电气和热特性上还有很多区别。因为焊接式 IGBT 模块的芯片和基板之间是用引线连接的，所以在引线损坏后会发生断路。此时换流器的桥臂开路，必须在损坏的 IGBT 两端并联一个回路使换流器可以继续运行。如果不采取这样的措施，则整个系统就将停运，会极大地影响柔性直流输电的可靠性和可用率要求。而压接式的芯片和基板之间是直接接触，在发生失效后会进入短路运行模式，这样就避免了外接电路的使用，不仅节省了成本和体积，也提高了可靠性。因此，严格来说压接式 IGBT 不需要配备旁路开关或者晶闸管，但为了冗余旁路试验的顺利进行，也可增加机械开关。

此外压接式 IGBT 的二极管一般为单独配置，完全满足极间故障的短路电流通流能力，不需要单独配备晶闸管为二极管分流。

（3）直流电容器。对于 MMC 拓扑结构的换流器，直流电容器支撑功率模块电压，通过控制系统控制功率模块电压的投入和切除，叠加形成近似正弦的多电平波形，为换流器提供直流电压，同时可以缓冲系统故障时引起的直流侧电压波动、减小直流侧电压纹波，并为受端站提供直流电压支撑。

由于开关器件的快速开关导致的高频脉冲电流会经过油阀、直流电容、直流母线形成的回路，若这个回路中杂散电感过大，尤其在故障时电流变化率增加，会在阀上产生一个很大的电压应力，甚至导致阀的损坏。因此，直流电容上的杂散电感要尽量小，一般选用干式金属化膜电容，这种电容具有自愈、耐腐蚀（使用金属或塑料外壳封装）、电感较低等特点。

2. 柔性直流换流阀结构

（1）压接式功率模块结构。

1）压接式功率模块单元主回路图如图 2-48 所示。每个功率模块由两个压装式 IEGT、一个直流储能电容器、两个压装式电力二极管、一个压装式旁路晶闸管、一个快速旁路机械开关和放电电阻组成。每个功率模块单元通过一对光纤接到阀控单元装置上，实现功率模块的触发、电容电压检测和功率模块检测。

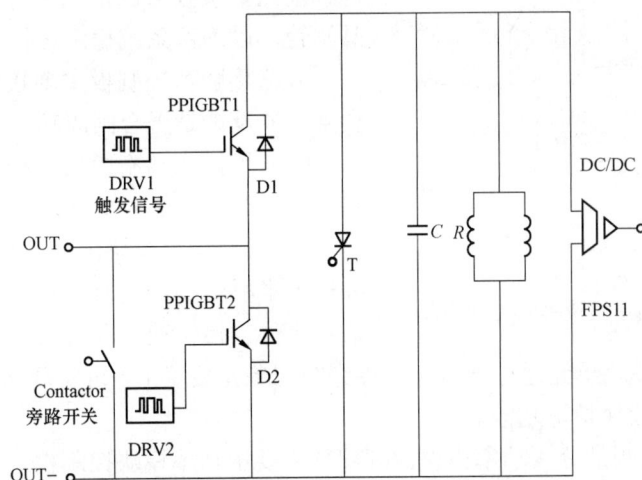

图 2-48　压接式功率模块单元主回路图

2）功率模块控制部分主要由单元控制板、采样触发板、IEGT 驱动板和高位取能电源组成。控制部分的功能：接收装置控制器的控制指令和数据，经过解析处理后，下发给 IEGT 驱动板和触发板等受控系统；收集单元的直流电压、IEGT 的状态以及直流电容和取能电源的状态并发送给装置控制器。

3）高位取能电源将直流电容上的电压转换成低电压，给控制板卡、驱动板、采样触发板供电。

4）旁路晶闸管：压装式IEGT本身并没有反并联二极管，二极管为单独配置，完全满足极间故障的短路电流通流能力，不需要单独配备晶闸管为二极管分流；IEGT为短路失效型IEGT，严格来说不需要配备旁路开关或者晶闸管；由于机械开关动作性能的限制，在南方电网南澳±160kV多端柔性直流输电示范工程中只配置了晶闸管，由于晶闸管是短路失效模式，在后期做冗余旁路试验存在很大困难，因此在500kV鲁西背靠背换流站项目中增加了旁路开关。

5）单元控制板是整个功率模块的核心控制部分，主要功能如下：

a. 监测功率模块的直流电压。

b. 监测直流电容的状态。

c. 监测高位取能电源的状态。

d. 接收控制数据并解析下发，控制IEGT的导通和关断。

e. 控制旁路接触器可靠导通。

f. 检测模块内部是否漏水。

IEGT驱动板将单元控制板的控制命令处理成可以驱动IEGT导通和关断的控制信号，还可检测IEGT的状态信号，并将其反馈给单元控制板。

采样触发板将电容器的直流电压处理成单元控制板可以接收的信号，便于控制板对直流电压进行检测，接收旁路晶闸管开通命令并触发旁路晶闸管，以确保系统稳定运行。

旁路接触器控制板主要接收命令控制接触器合闸，并反馈是否合闸成功。

（2）焊接式功率模块结构。焊接式功率模块单元主回路如图2-49所示。

1）每个功率模块由两个焊接式IGBT串联组成一个半桥结构，同时并联一个直流支撑电容，辅助元件包括快速旁路开关、旁路晶闸管、放电

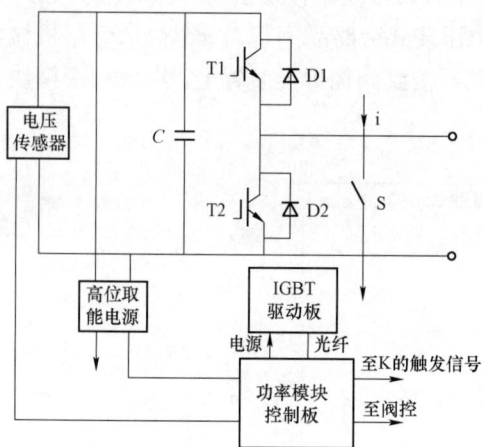

图2-49 焊接式功率模块单元主回路图

电阻等。每个功率模块单元通过一对光纤接到阀控单元装置上，可实现功率模块的触发、电容电压检测和功率模块检测功能。

2）功率模块控制部分。功率模块控制部分主要由功率模块控制板、开关器件驱动、自取能电源组成。控制部分的功能：接收装置控制器的控制指令和数据，经过解析处理后，下发给IGBT驱动板等受控系统；收集单元的直流电压、IGBT的状态反馈，以及直流电容和取能电源的状态，并发送给装置控制器。

3）高位自取能电源。高位自取能电源主要用于功率模块中控制板卡的供电。高位自取能电源是相对于外供电而言的，当功率模块运行在高电位时，如果采用外供电电源，特别是

当级联数目较多时，外供电电源会用到大量引线，结构复杂，增加了故障环节，并且在高电位运行时，外供电电源应进行必要的隔离，外供电还需要配备大容量的隔离变压器，所以可采用高位自取能电源，该电源一次侧直接从功率模块内部直流电容两端取电，一次侧支持宽范围输入，断电后有直流电容支撑，系统有足够时间采取相应动作。二次侧输出可以直接为功率模块控制板提供所需电源，且此次电源集成了滤波功能，可以有效抑制因为电源工作而引起的局部放电问题。

4）旁路晶闸管。当系统发生严重故障时，旁路晶闸管分担功率模块内部续流二级管的电流。与晶闸管相比，一般 IGBT 内部都有反并联二极管，如图 2-49 中的 D1 和 D2，两者的瞬间过电流能力较小。500kV 鲁西背靠背换流站选用的 IGBT 型号为 FZ1500R33HL3，其额定直流电流为 1500A，而其内部二极管最大的正向电流瞬时值为 3000A（最大持续时间 1ms）。IGBT 中反并联二极管不能满足柔性直流输电系统的短路等故障状态下的过电流，晶闸管的主要作用是当直流侧极间短路时，与 D2 共同承担过大的故障电流，从而启动对 D2 过电流保护的作用。

5）旁路机械开关。当一功率模块发生故障时将其旁路，而让其余模块继续工作。由于晶闸管触发电路的电源来自功率模块内部电容 C，当功率模块发送故障后，经过一定时间，晶闸管驱动电路将无法获得电能。同时，当功率模块发生故障后，两只 IGBT 均被闭锁，功率模块输出的电压取决于电流方向且无法控制，因此需要加入快速开关，以实现功率模块旁路。旁路开关采用不可逆机械开关（开关时间小于 5ms）。

6）单元控制板。单元控制板是整个功率模块的核心控制部分，主要功能有：监测功率模块的直流电压，监测直流电容的状态，监测高位取能电源的状态，接收控制数据并解析下发，控制 IGBT 的导通和关断，控制旁路晶闸管的可靠导通。

7）IGBT 驱动板将单元控制板的控制命令处理成可以驱动 IGBT 导通和关断的控制信号，还要检测 IGBT 的状态信号，并将其反馈给单元控制板。

3. 柔性直流换流阀布置

以 500kV 鲁西背靠背换流站为例，其阀塔布局（广西侧和云南侧）如图 2-50 所示。广西侧每个桥臂有 5 个阀塔，每个阀塔有 4 层，每层有 4 个阀段，每个阀段有 6 个功率模块，每个桥臂有 468 个功率模块（有 12 个空位未装功率模块），每个桥臂冗余 30 个功率模块，换流阀总共有 2808 个功率模块，冗余度 6.9%。

云南侧每个桥臂有 6 个阀塔，每个阀塔由 8 个阀段串联组成，每个阀段有 7 个功率模块，每个桥臂有 335 个功率模块（有 1 个空位未装功率模块），每个桥臂冗余 25 个功率模块，换流阀总共有 2010 个功率模块，冗余度 8%。

（1）功率模块。功率模块结构如图 2-51 所示。功率模块壳体主要由底板、钣金支撑件、水冷板、外壳等组成，电气连接件主要由复合母线排和晶闸管压装装置组成。

（2）阀段。阀段结构如图 2-52 所示。阀段由数个功率模块组成，阀塔底部由工字型绝缘梁支撑，阀段之间再通过铜母线排相互连接，功率模块顶部放置阀段水管，功率模块本体设计有收集漏水装置，阀塔底部安装漏水检测装置。阀段光缆槽安装在正视第一根工字梁上。每个模块底部安装有导轨，导轨上安装有滚珠，在更换功率模块中，减小模块和阀段之间摩擦力。

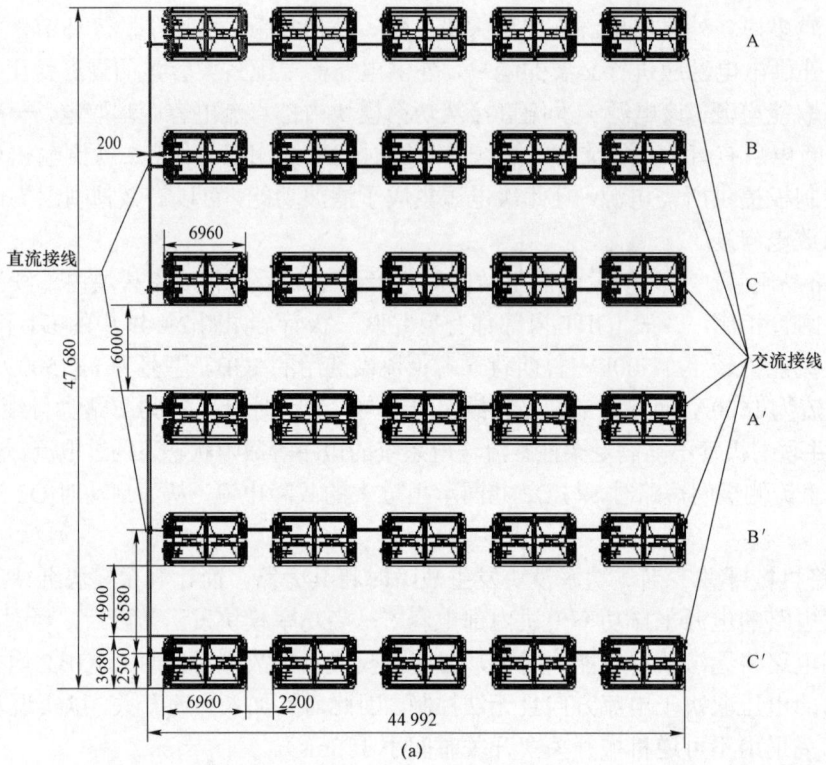

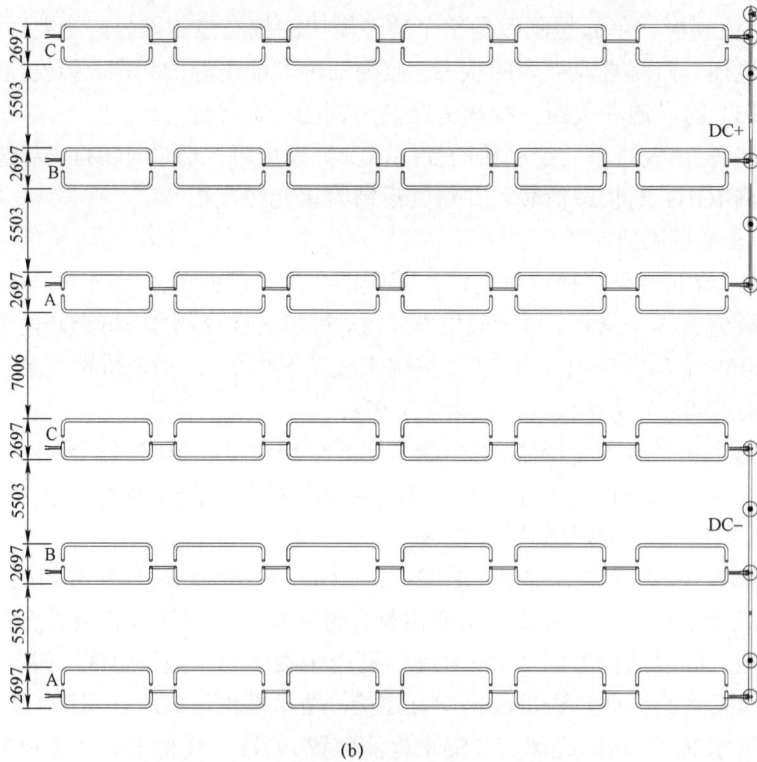

图 2-50　500kV 鲁西背靠背换流站阀塔布局

（a）广西侧阀塔布局；（b）云南侧阀塔布局

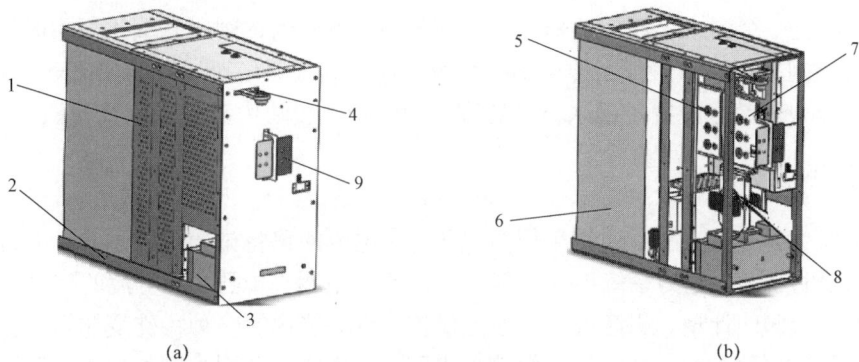

图 2-51 功率模块结构

(a) 壳体；(b) 连接件

1—外壳；2—底板；3—真空接触器；4—接水槽；5—复合母线排；6—电容；7—IGBT；8—晶闸管压装装置

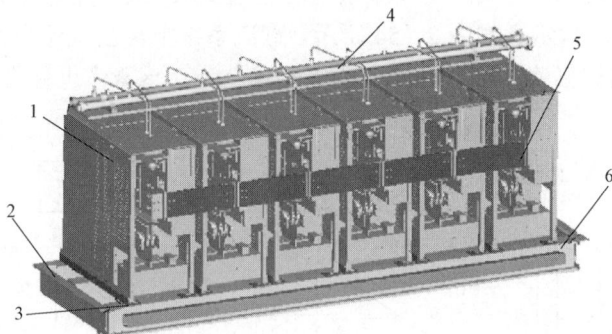

图 2-52 阀段结构

1—功率模块；2—支撑梁；3—工字型绝缘梁；4—阀段水管；5—连接母线排；6—光缆槽

（3）阀塔。支撑式阀塔结构如图 2-53 所示。换流阀阀塔由双分裂结构组成，每个分裂结构底部由 6 根 350kV 复合支柱绝缘子支撑，层间使用 80kV 复合支柱绝缘子支撑 4 层阀段。第一层阀段到地之间的支柱复合绝缘子高度为 3650mm，层间支柱复合绝缘子高度为 600mm。复合支柱绝缘子之间安装有斜拉绝缘子，以保证阀塔的强度和抗震性。两个分裂间和层间的功率模块在电气上是通过螺旋式串联在一起。阀塔第一层与顶层处均压管母线以环形对抱方式安装。阀塔屏蔽罩为整体板型，屏蔽罩将阀塔整体统一环绕。光纤槽及水管采用 S 形从地面引入阀塔底层功率单元，以确保足够的爬电距离。

4. 阀塔漏水检测

内冷水在阀塔内部主要对 IGBT、晶闸管、二极管、电阻进行冷却。换流阀每个阀段下面安装一个集

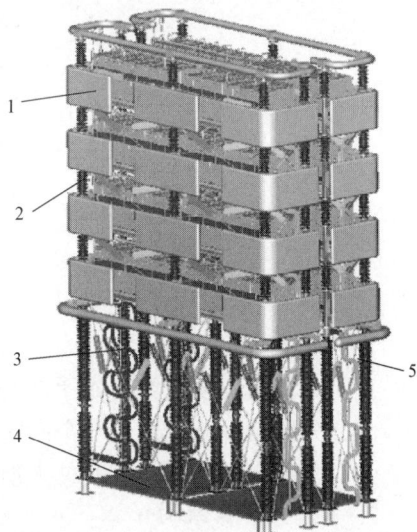

图 2-53 支撑式阀塔结构

1—屏蔽罩；2—复合绝缘子；3—主水管；
4—接水槽；5—光缆槽

水盒，里面配置一个漏水检测传感器用于检测阀段漏水，当该阀段有漏水发生时，漏水检测传感器通过控制板将漏水信号上传至阀控系统，通过阀控系统可以判断出哪一个阀段漏水。每一个功率模块内部也配置了漏水检测装置，用于检测模块内部的漏水情况。

2.2.3.2　直流测量元件

电力系统为了传输电能，通常采用高电压、大电流回路将电力送往用户，电力参数无法直接用仪表进行测量。电力系统用互感器是按比例将电网高电压、大电流的信息传递到低电压、小电流二次侧的计量、测量仪表及继电保护、自动装置的一种特殊变压器，也是一次系统和二次系统的联络元件，其一次绕组接入电网，二次绕组分别与测量仪表、保护装置等互相连接，实现了一次设备与二次设备的隔离。

由于直流参数与交流参数不同，前者不发生周期性的变化，在直流输电系统中，采用互感器电磁式、电容式互感器无法满足直流系统的测量要求，因此用电子式直流互感器对直流参数进行测量。直流测量示意如图 2-54 所示。直流系统中常用直流参数测量设备为直流电子式电压互感器（也称直流分压器）和直流电子式电流互感器（也称直流分流器）。

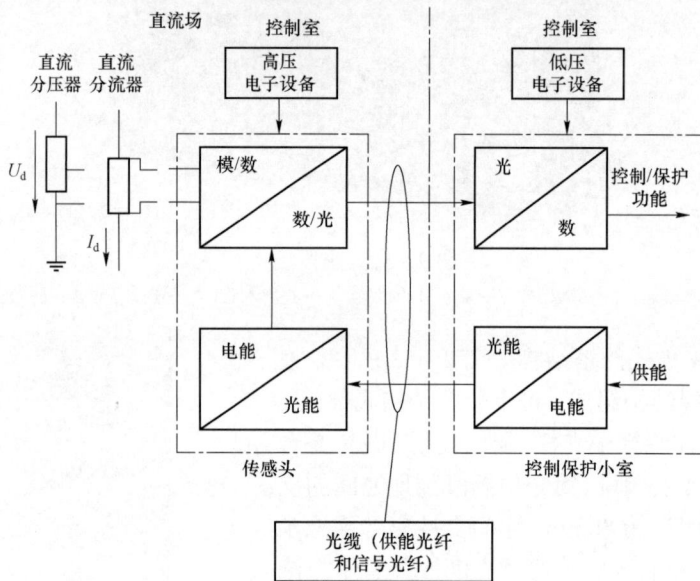

图 2-54　直流测量示意图

1. 直流分流器结构

直流分流器实物和结构如图 2-55 所示。

（1）分流器。分流器是一个高精度的电阻，通过测量电阻两侧的电压得到直流电流量。

（2）罗戈夫斯基线圈。罗戈夫斯基线圈是用来测量直流电流中的谐波电流。

2. 直流分压器结构

直流分压器结构如图 2-56 所示。直流分压器由有很多级的电阻和电容经过串、并联组成。这些电阻由环氧树脂密封处在真空的状态下，内部充绝缘油或者充满 SF_6 气体用来绝缘（500kV 鲁西背靠背换流站采用 SF_6 绝缘）。在其顶部安装有均压环用来均衡电压。分压器外有复合绝缘子，在其底部和顶部分别安装有法兰盘。高压部分是一些电阻和电容先并联，然后再串联在一起组成，低压部分的设计原理与高压部分相似，并配有保护放电间隙。

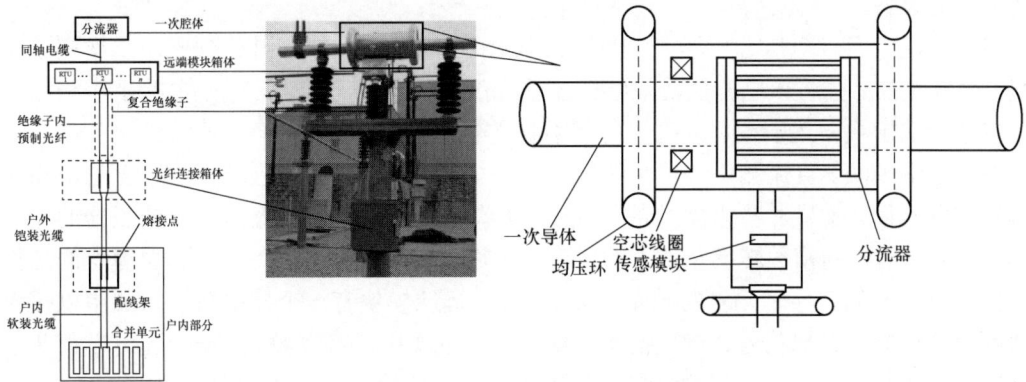

图 2-55 直流分流器实物和结构

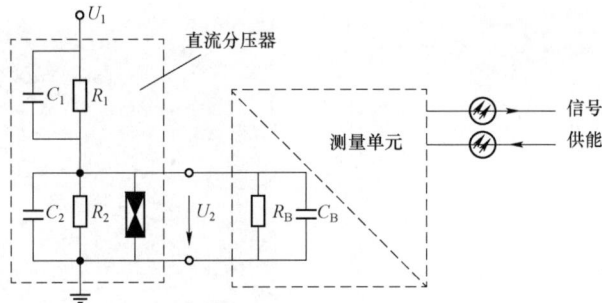

图 2-56 直流分流器结构

3. 从一次设备到二次设备

直流测量装置信号回路如图 2-57 所示。

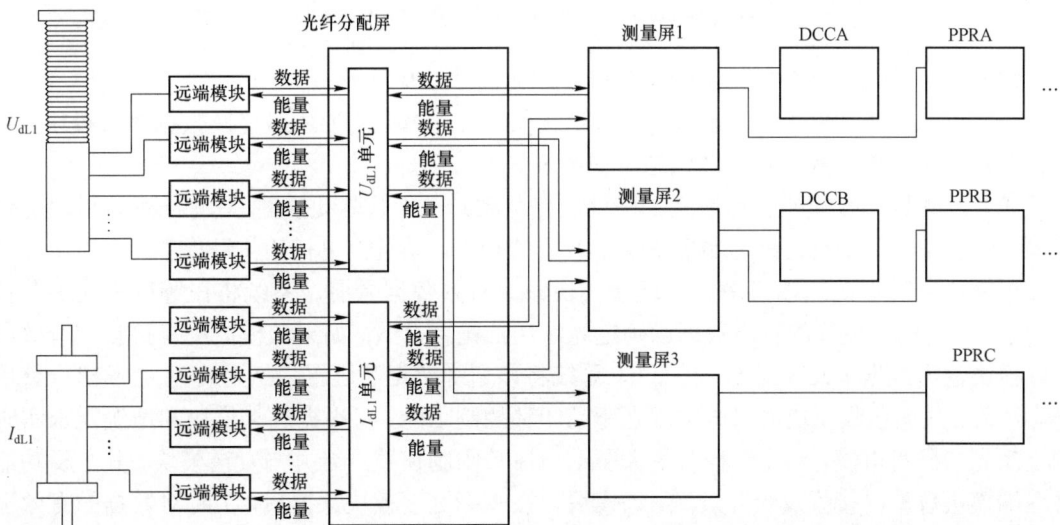

图 2-57 直流测量装置信号回路图

（1）一次设备（电流分流器）。电流分流器是通过一次传感头将采集到的电流发送给远端模块，远端模块通过光纤将数据传输给合并单元，并将测量数据按规定的协议输出供二次设备使用的设备。

（2）一次设备（电压分压器）。电压分压器采用两个串联电容进行分压，二次侧获得额定值的直流电压，并将该电压值传输给低压单元配置的一个电阻盒，电阻盒的多个输出端分别接多个远端模块，远端模块通过光纤将数据传输给合并单元。

（3）远端模块。直流测量装置中的远端模块如图2-58所示。远端模块远端位于高压直流测量装置本体，安装于屏蔽金属壳内，用于接收并处理直流分流器或直流分压器的输出信号，实现被测信号的模数转换及数据的发送，其输出为串行数字光信号。远端模块的工作电源由位于控制室的合并单元内的激光器提供。每个远端模块有一个模拟量输入端用以接收分流器或空芯线圈的输出信号，一个光纤接收头（FC头）用以接收激光，一个光纤发射头（ST头）用以发送数字信号。根据测量信号的不同，远端模块分为3种类型，即电流（RMDC）型、电压（RMDP）型及谐波（RMHC）型。

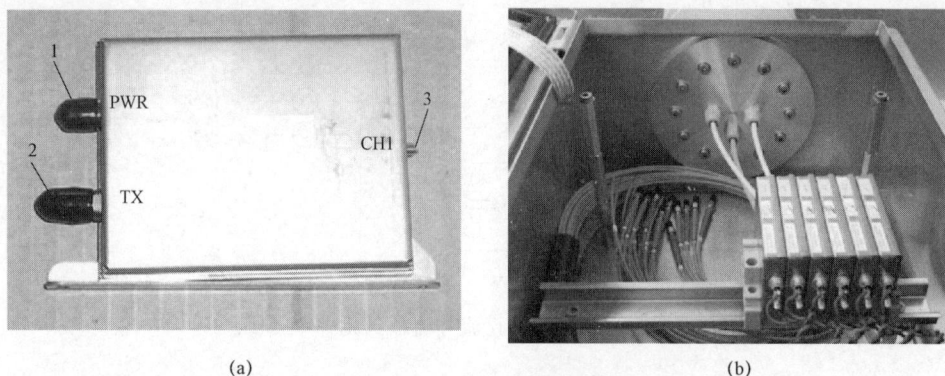

图2-58 远端模块
(a) 外观图；(b) 内部图
1—光纤接收头；2—光纤发射头；3—模拟量收入

（4）合并单元。合并单元结构及工作原理如图2-59所示。

合并单元安装于室内，可接入多个远端模块。合并单元主要由激光及数据接收模块、数据合并及发送模块、系统管理及状态监视模块等部分组成。

激光及数据接收模块包括激光二极管插件及激光二极管驱动插件，具有向远端模块提供能源及同步信号，以及接收远端模块输出数据的功能。系统上电初始化过程中，该模块打开激光以激活所连接的远端模块。在远端模块输出有效数据之前，系统将在等待模式下等待5s，随后分析远端模块的输出数据以确定光纤通信是否有效。如果该模块没有接收到有效的远端模块输出数据（或数据电平过低），系统将该通道数据品质置为"无效"，并发出告警信号。激光及数据接收模块内集成了激光驱动闭环控制功能，可根据远端模块的电源需求实时调整激光二极管电流，激光二极管最大驱动电流被限制在数据合并与发送模块，其主要功能是远端模块数据的接收及合并发送。该模块在接收到远端模块数据后，实时对数据的有效性进行判断，并完成数据计算处理，然后按规定协议组帧，然后将合并数据发出。系统管理及状态监视模块主要实现系统内各模块的配置管理、状态监视、告警及闭锁控制等功能。

　　合并单元是输电数据测量和数据处理的核心设备，若出现故障，该设备会将异常数据发送至直流保护系统和控制系统，如不及时对故障进行处理就可能导致直流系统异常运行甚至闭锁。合并单元为远端模块提供供能激光接收，并处理远端模块下发的数据。

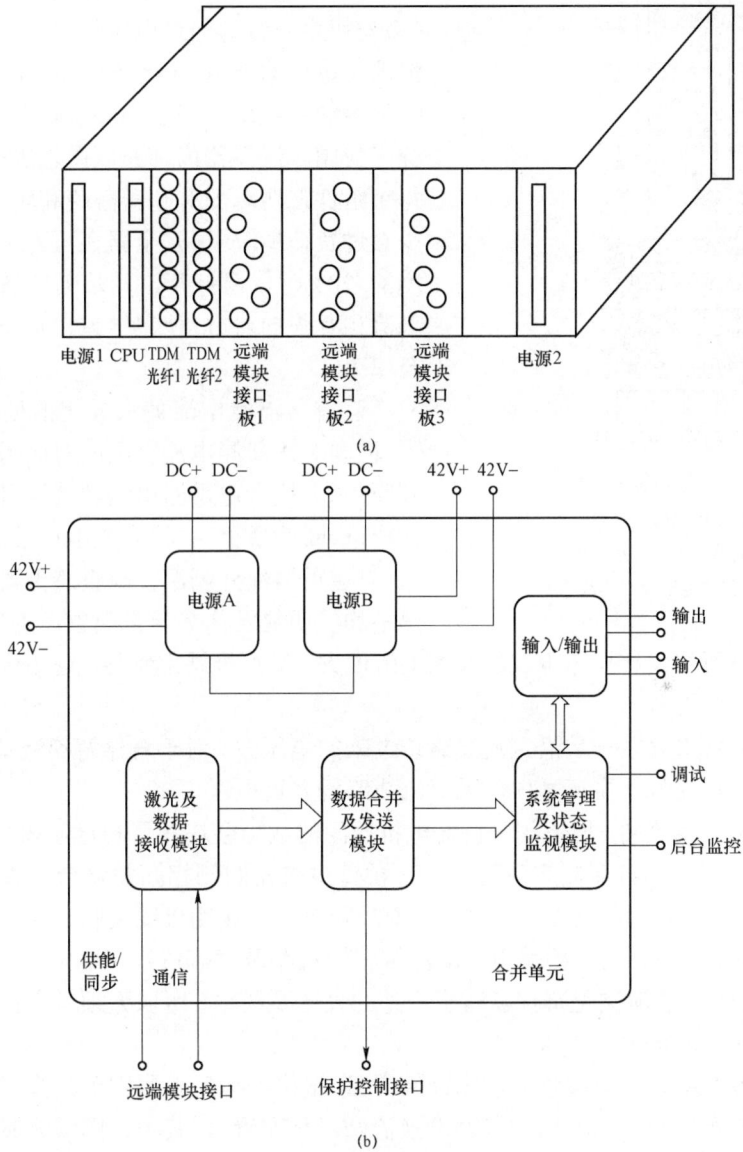

图 2-59　合并单元结构和工作原理图
（a）结构；（b）工作原理图

　　（5）光纤分配屏。一个光纤分配盒损坏将导致多组直流互感器的远端模块与直流测量屏之间数据、能量的传输失败，极保护系统和极控制系统接收不到相应的测量值，造成直流闭锁。因此，及时处理光纤分配盒的故障对保证直流系统的稳定运行十分必要。

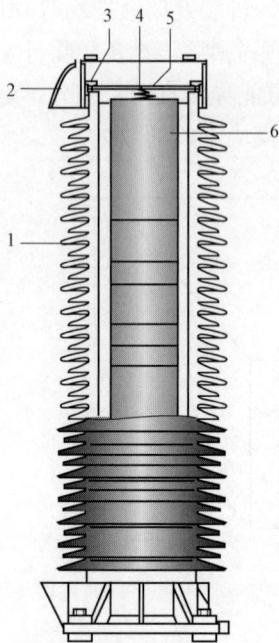

图 2-60　避雷器接线图

1—绝缘体；2—带转向喷气嘴的法兰；3—密封件；
4—超压薄膜；5—压力弹簧；
6—金属氧化物电阻片（非线性）

2.2.3.3　直流避雷器

避雷器结构如图 2-60 所示。避雷器的核心部分是金属氧化物电阻片，它利用 ZnO 非线性伏安特性，使在正常工作电压时流过避雷器的电流极小（微安或毫安级）；当过电压作用时，电阻急剧下降，泄放过电压的能量，以达到保护的效果。配有转向喷气嘴的法兰由适用于户外的轻金属合金制成，用瓷壳封闭。避雷器内部充以微正压干燥绝缘气体，每个组件在两端配有超压薄膜和转向喷气嘴。在极少数过负荷情况下，安全器在压力达到瓷壳抗压强度的 20% 时就已打开，两端喷气嘴的安装方式使气流相互喷向对方，使得电弧在瓷壳外继续燃烧直至熄灭。

避雷器泄漏电流偏大异常的处理方式如下：① 横向对比泄漏电流，纵向对比历史数据做初步判断；② 检查避雷器引线及接地引下线是否有烧伤痕迹、断股现象，并检查放电记录器的烧坏情况；③ 对避雷器红外测温，检查避雷器内部是否有发热不均、明显发热等异常现象；④ 若判断避雷器发生了内部故障而非表计损坏引起的泄漏电流偏大，需汇报站部领导，通知检修人员进场检查，并及时隔离避雷器。

换流站的雷害来源之一是沿直流线路传过来的电压波。对于背靠背换流站，两端换流设备及直流场设备都安装于换流站内，无直流线路侵入过电压。

对于柔性直流换流站，换流阀与桥臂电抗器间的故障会在阀臂和直流侧产生过电压，直流母线故障会在阀臂和直流侧产生过电压。桥臂电抗器阀侧相间短路会造成电抗器上过电压。对于柔性直流背靠背换流站，考虑的典型故障包括交流侧母线及联络变压器网侧和阀侧短路、桥臂电抗器阀侧接地、桥臂电抗器阀侧相间短路及直流母线接地短路故障等。因为换流站采用户内布置，直流侧无直接暴露于户外的设备及线路，所以无须考虑直流侧雷电过电压，仅需考虑交流侧雷击过电压。

直流侧设备的主要保护装置为氧化锌避雷器，根据绝缘配合原则确定换流站避雷器布置方案，其布置方案如图 2-61 所示（两端换流站对称布置）。其中，阀顶区域设备由直流母线避雷器 F 保护；换流阀与桥臂电抗器由 A2 型交流避雷器保护。

2.2.4　STATCOM 运行方式下的接线

根据系统要求，当背靠背柔性直流换流站处于 STATCOM 运行模式时，两端换流器能分别接入两侧电力系统，并且当一端换流器因检修或发生故障退出运行时，另一端换流器作为备用接入对其进行动态无功功率支撑。运行方式的转换不考虑在线切换。

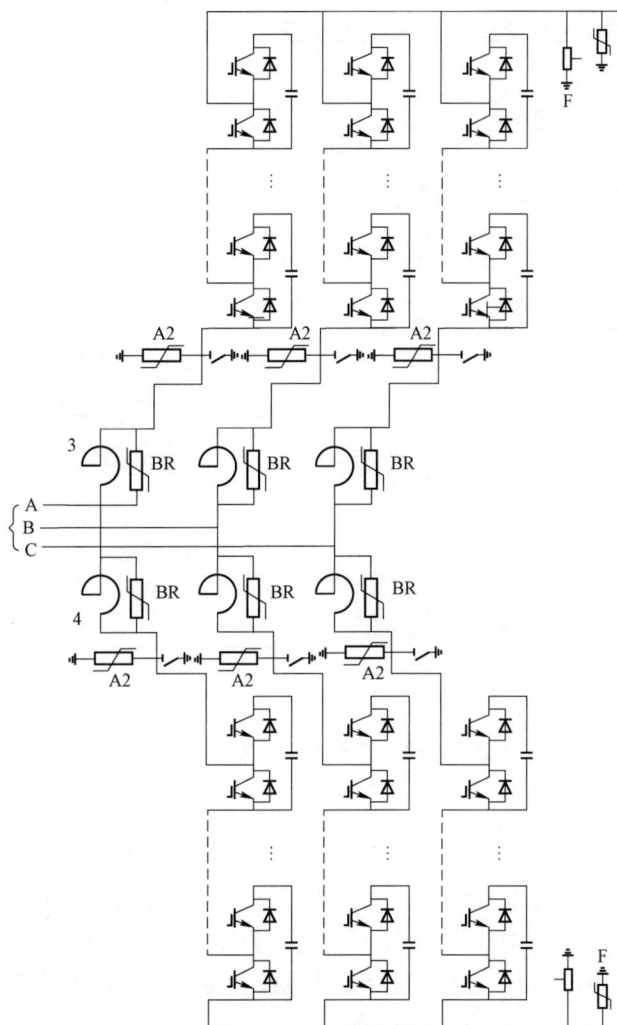

图 2-61　背靠背柔性直流换流站直流侧避雷器配置（另一侧相同）

1. 接线方式一

在直流极线上安装直流隔离开关能够使两端换流器单独作为 STATCOM 运行，对两侧电力系统进行动态无功功率支撑，半桥式 MMC 的 3 组桥臂可以作为 1 台 STATCOM 运行，因此可以将 1 组换流器通过接线方式的改变拆分为 2 组 STATCOM 互为备用，接线方式如图 2-62 所示。在该接线方式下，3 组桥臂组成的 STATCOM 有如下问题：

（1）三桥臂作为 STATCOM 单独运行，上、下桥臂中均需要增加隔离开关，并需要对两组 STATCOM 分别设置独立阀厅，需要增加连接套管、接地开关等设备。

（2）三桥臂 STATCOM 运行方式下会产生较大的交流二次谐波电流，控制保护需要考虑相应的谐波抑制控制策略，并且在控制保护系统的整体结构（包括阀控）方面需要考虑适应三桥臂 STATCOM 运行方式的配置。

（3）三桥臂无功功率输出能力仅为原换流器的一半。

（4）当一端换流器发生严重故障时，如上、下桥臂同时有部分发生故障时，换流器无法组成三桥臂 STATCOM 运行，因此无法满足运行要求。

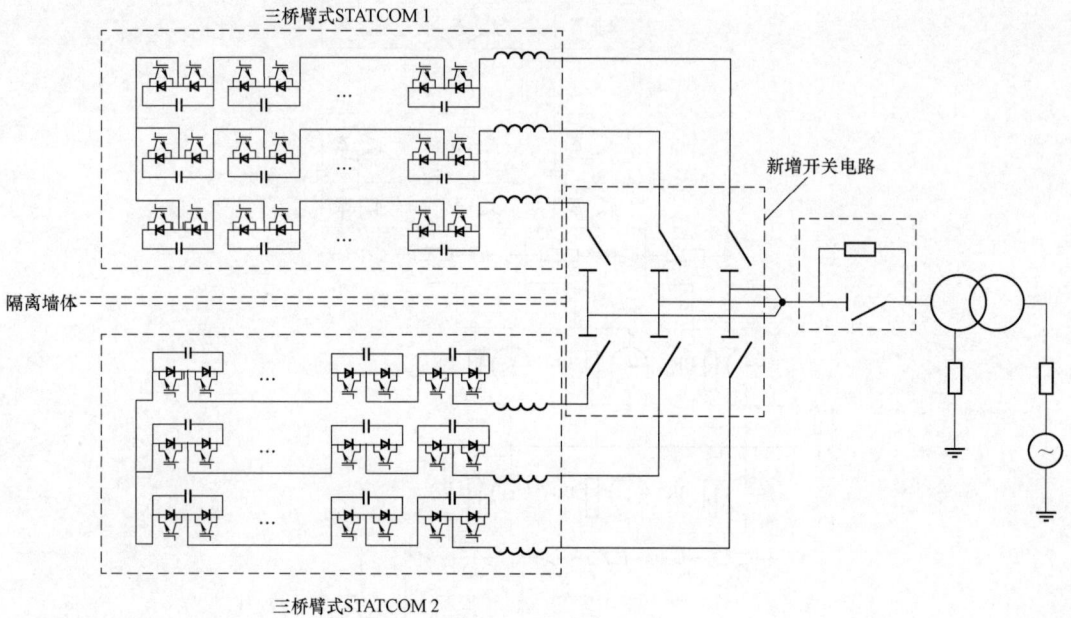

图 2-62　STATCOM 接线方式一

2. 接线方式二

通过在直流极线上安装直流隔离开关，可使两端换流器单独作为 STATCOM 运行，对两侧电力系统进行动态无功功率支撑。在现有的拓扑结构和接线条件下，在系统 A 联络变压器网侧接出一回出线至系统 B 联络变压器网侧。日常运行中该回线路处于开路状态，当一端换流器因检修或发生故障时，另一侧换流器可作为备用的动态无功功率补偿器投入运行。STATCOM 运行方式下的接线如图 2-63 所示。

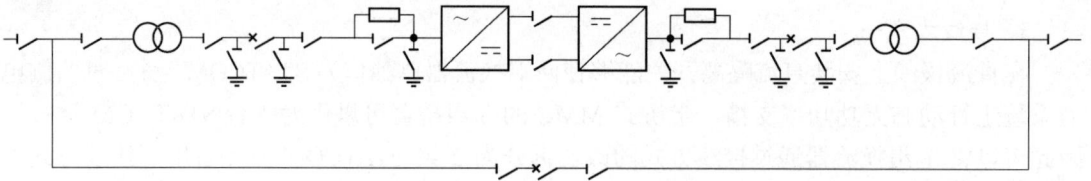

图 2-63　STATCOM 接线方式二

2.2.5　黑启动

柔性直流输电系统在传输有功功率时具备黑启动功能。在柔性直流输电系统中，当一侧（送端/受端）电网发生故障时，该侧从有源网络变成无源网络，换流器可通过无源逆变方式产生额定交流电压，只要在控制保护功能上加以考虑，就可实现该侧电网的快速恢复，从而实现黑启动功能。

当一侧（送端/受端）电网发生故障时，要实现黑启动，必须保证控制保护系统能正常工作。因此，站用电除了从本站取引之外，还应考虑从站外取引可靠电源，当任意一侧电网失电时，换流站内的站用电系统将不受影响，从而保证控制保护系统能正常工作。黑启动的步骤如下：

（1）有源侧和停电侧系统均在"备用"状态，断开两侧交流断路器，闭合直流线路隔离开关。

（2）有源侧交流断路器合闸，进行不控充电，并通过直流线路向停电侧充电，此时停电侧交流断路器不合闸。

（3）待直流电压达到阈值后，停电侧开始进行可控充电，将电容电压充到与有源侧相当的水平。

（4）有源侧下发解锁命令，直流电压抬升至额定值。

（5）停电侧下发解锁命令，投入定交流电压控制器，网侧交流断路器合闸，定交流电压控制器采用斜率控制方式使交流电压逐渐上升至额定值，柔性直流输电系统启动结束。

2.2.6 接地方式

接地方式选择是 MMC–HVDC 工程应用中的关键性问题，它为换流站系统提供参考电位，同时也是过电压水平计算、绝缘配合分析和避雷器保护设计的前提和基础，是整个系统设计非常重要的一个方面。

二电平、三电平换流器结构的直流侧存在独立的电容器，可直接从直流电容器中点引出接地。对称单极结构的 MMC 的直流电容器分布在各功率模块中，直流侧没有独立电容器，无法引出明显接地点。一般有两种方式设置直流侧接地点，一种是在直流侧单独设置直流平衡电阻或电容提供直流中性点，另一种则是在联络变压器阀侧设置接地点。目前工程应用上有以下几种接地方式。

（1）接地方式 1：联络变压器 YNd 联结＋直流接地电阻的接地方式如图 2–64 所示。

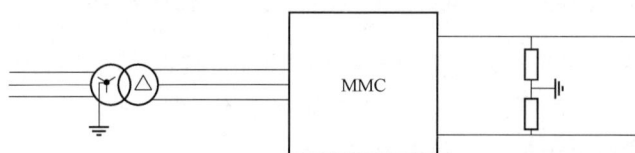

图 2–64　接地方式 1：联络变压器 YNd 联结＋直流接地电阻

采用接地方式 1（联络变压器 YNd 联结＋直流接地电阻的接地方式），联络变压器二次侧为△接线，可防止零序分量在换流器与交流系统间传递；直流侧通过直流接地电阻接地，会造成长期有功功率损耗，存在散热问题。为此，需要综合考虑稳态损耗和接地效果。由于直流接地电阻不够大将造成较大的稳态有功功率损耗，阻值太大时又近似不接地，无法保证接地效果。接地故障时对保护可靠性有影响。直流侧接地故障时无零序通路，故障检测量单一（仅电压信号）。任一极直流极线 TV 故障，必须停运。

（2）接地方式 2：联络变压器 YNd 联结＋阀侧星形电抗＋中性点接地电阻的接地方式如图 2–65 所示。

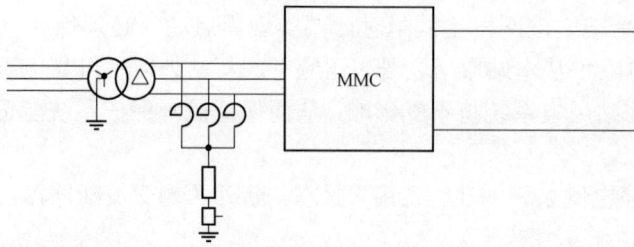

图 2-65　接地方式 2：联络变压器 YNd 联结＋阀侧星形电抗＋中性点接地电阻接地方式图

采用接地方式 2（联络变压器 YNd 联结＋阀侧星形电抗＋中性点接地电阻的接地方式），在直流接地故障时可提供通路，以提供直流接地故障保护检测信号。单极直流线路 TV 故障时，也不需停运。在星形电抗中性点处串联一个电阻，可有效抑制零序分量电流。但星形电抗会造成长期无功损耗，电抗值小时无功功率损耗大，电抗值大时设备制造难度大，需要考虑无功功率影响及电抗器设备制造问题。

为尽量降低运行中的无功功率损耗，稳态时的电感值要尽量大。如采用干抗，电感值很难做到较大，且占地面积大，损耗也较大。对于更高电感值的电抗器制造，需要改变内部线圈的绕制方式，难度也较大。因此，不推荐采用干式空芯电抗器方式。如采用电磁式电压互感器方式或接地变压器方式，电感值可做到很大，电抗器回路参数的设计是并联电抗器在工频时等效为一个大阻抗，无功功率消耗很小，对系统基本无影响。

（3）接线方式 3：联络变压器 Dyn＋阀侧中性点接地电阻的接地方式如图 2-66 所示。

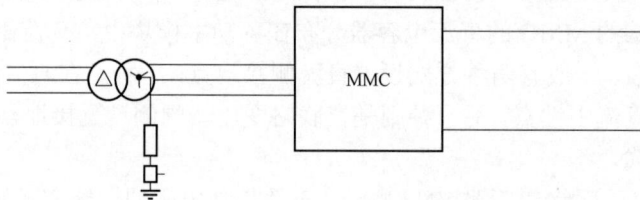

图 2-66　接地方式 3：联络变压器 Dyn＋阀侧中性点接地电阻接地方式图

采用接地方式 3（联联络变压器 Dyn＋阀侧中性点接地电阻的接地方式），运行过程中稳态损耗相对较低，制造难度低，同时可限制短路电流。但交流侧需有其他接地点，需要着重考虑保护配置与变压器中性点绝缘水平。

此外，由于联络变压器网侧为高电压等级交流系统，采用△接线将提高绕组绝缘水平，提高联络变压器制造难度和造价，运输尺寸可能无法满足运输界限要求。有载分接开关配置复杂，变压器结构复杂，经济性差。

（4）接地方式 4：联络变压器 YNynd＋阀侧中性点接地电阻的接地方式。为解决以上问题，考虑在网侧和阀侧都采用 YN 绕组，网侧中性点直接接地，阀侧采用中性点经高电电阻接地，并采取增加平衡绕组（三角形联结）的措施控制零序分量的传递，此时联络变压器的联结组别为 YNynd，如图 2-67 所示。但增加平衡绕组对变压器尺寸和造价都有影响。若取消平衡绕组，由于在零序通路上存在阀侧中性点高阻，实际网侧、阀侧间相互传递的零序电流也较小。此外，YNyn 接法相对 YNd 接法的阀侧绝缘要求较低，具有一定优势。

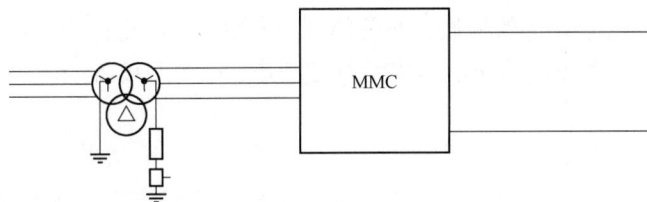

图 2 – 67　接地方式 4：联络变压器 YNynd + 阀侧中性点接地电阻接地方式图

（5）接地方式 5：联络变压器 Yyn + 阀侧中性点接地电阻 + 网侧中性点避雷器的接地方式，即在网侧采用星形绕组，中性点引出接避雷器，阀侧采用 YN 绕组，中性点经高电阻接地。此时联络变压器的联结组别为 Yyn，如图 2 – 68 所示。该接法相对 YNd 接法阀侧绝缘要求相对较低。网侧中性点避雷器采用低参考电压，正常工作状态下中性点不接地，可隔绝三次谐波，故障情况下避雷器击穿，可将变压器网侧中性点绝缘水平限制在较低水平，降低设备制造难度和造价。

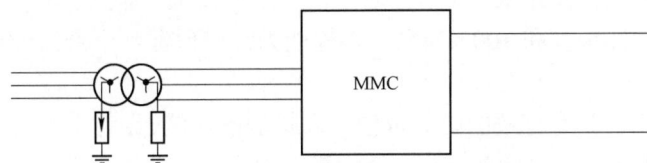

图 2 – 68　接地方式 5：联络变压器 Yyn + 阀侧中性点接地电阻 +
网侧中性点避雷器接地方式图

2.3　背靠背柔性直流换流站的控制保护系统及辅助设备

2.3.1　背靠背柔性直流换流站的控制保护系统

2.3.1.1　直流输电系统的控制保护系统概述

背靠背柔性直流输电系统的单元控制装置位于换流站的间隔层，向上通过以太网与换流站层的监控、远动、故障信息子站等设备进行通信，向下通过现场总线与过程层的合并单元、智能单元等设备进行通信。

1. 直流输电系统的控制保护系统的主要设计原则

直流输电系统的控制保护系统的设备能够满足整个换流站控制保护系统的双重化交叉冗余设计，即 I/O 单元、直流控制保护系统柜、辅助系统、现场总线网、站 LAN 网、系统服务器和所有相关的直流输电系统的控制保护装置均为双重化设计，直流保护也可采用三取二的配置方案。

控制保护系统设计的总体原则如下：

（1）各种直流输电系统的控制方式（交流电压控制、无功功率控制、有功功率控制、频率控制、直流电压控制）的控制指令（交流电压指令、无功功率指令、有功功率指令、频率控制指令和直流电压指令）可在运行人员界面上手动设定。

（2）系统采用按对象设计的原则，即关闭某一对象 I/O 的电源不影响系统的运行。当该间隔一次设备检修时，其控制系统能退出运行并断电，该单元设备的断电不会对换流站的运行设备和二次系统产生任何影响。

（3）直流输电系统的控制系统按双重化冗余结构配置，即从采样单元、传送数据总线、主设备到控制出口按完全双重化原则配置。监控系统中的服务器、站 LAN 网等按双重化冗余结构配置，其余设备要具备足够的串行冗余度，并确保任何单一设备故障不影响直流输电系统的正常运行。

（4）为了提高系统的安全性和保护的可靠性，直流保护采用双重化或三取二模式，并且可允许任意一套保护退出运行而不影响直流系统功率的输送。每重保护采用不同测量器件、通道、电源、出口的配置原则。

（5）每一个装置或保护区域在任何运行方式下都能被正确保护，任何单一元件的故障不应导致保护的误动。

（6）系统设计满足换流站 RAM 指标对二次系统的要求，即高度的可靠性、可用率和可维护性，具有足够的冗余度和 100%的系统自检能力，以保证整个直流输电系统的正常和安全运行。

（7）控制保护系统具有有效的防病毒侵入和扩散的措施。硬件上配置防火墙等有效的网络隔离装置；软件上采用完善的防、查、杀病毒的程序，严格防止病毒在控制保护系统网络上的传播和扩散。网络体系结构满足二次系统安全防护的要求。

2. 直流输电系统的控制保护系统分层

（1）远方调度控制层。远方调度中心依靠电力数据网或专线通道，通过站内的远动工作站对换流站的设备实施远方监视与控制。

（2）换流站运行人员控制层。控制保护系统通过站内运行人员工作站对换流站的所有设备实施监视与控制。

（3）换流站控制保护层。该层包括双重化配置的交/直流站控、柔性直流单元控制、站用电控制、辅助系统控制和柔性直流单元保护等设备。

（4）就地测控单元（I/O 单元）层：执行其他控制层的指令，完成对应设备的操作控制。

控制系统从功能上可分为如下几层，如图 2-69 所示。

1）监控层。监控层包括运行人员控制系统、远动系统、保护信息子站和培训系统。

2）站控层。站控层包括直流站控设备和交流站控设备，主要有以下两种功能。

a. 交流站控：完成对交流场的控制，包括 3/2 串的联锁控制、站用电控制、辅助系统接口等。

b. 直流站控：直流系统控制模式控制、柔性直流场的联锁控制、全站有功功率和无功功率的联合控制、联络变压器最后线路/最后断路器保护、分裂母线检测等。

3）单元控制层。单元控制层主要实现与直流站控的接口功能、系统级控制功能、换流器级控制功能、换流器与阀级的接口功能。

4）阀控层。阀控层是直流控制系统的最低一级。阀控层设备接收单元控制层发出的 6 个桥臂的调制电压，自身根据 MMC 模块的运行状态，通过模块电容均压、环流抑制、逐次电平逼近等算法，产生每个 MMC 模块的控制信号。此外，阀控设备还承担完成一部分阀组保护功能。

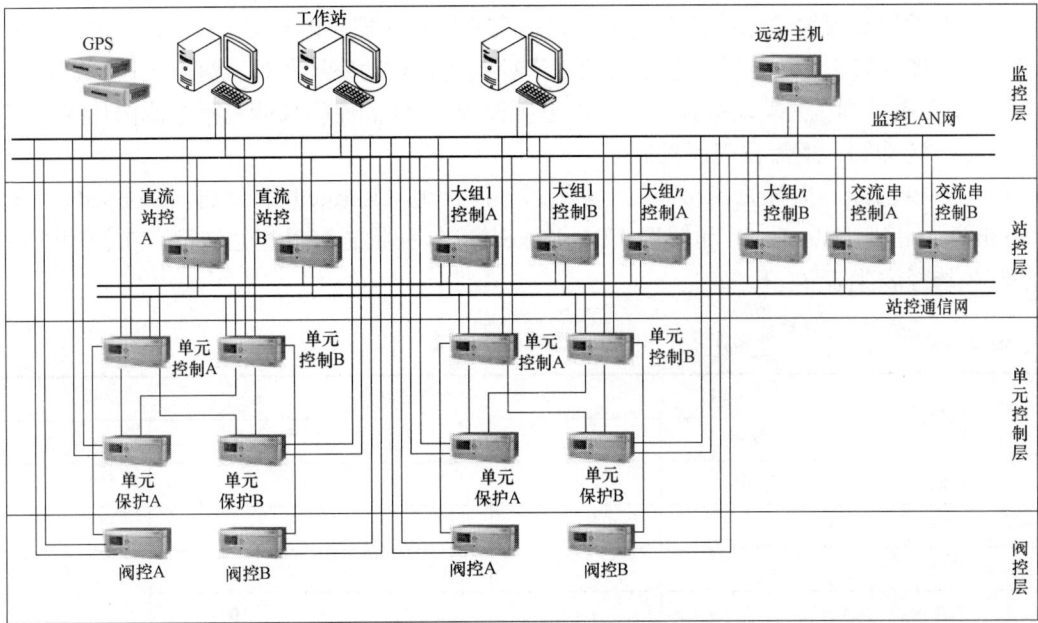

图 2-69　控制保护系统功能分层示意图

2.3.1.2　直流输电系统的控制系统

背靠背柔性直流输电系统的单元控制系统主要实现与直流站控的接口功能、系统级控制功能、换流器级控制功能、换流器与阀级的接口功能，各层功能分配如图 2-70 所示。

背靠背柔性直流输电系统的单元控制层的基本功能包括启停控制、顺序控制、功率综合控制、换流器级控制功能、单元层系统监视、紧急闭锁控制、冗余切换控制、故障录波及站内通信接口等功能。

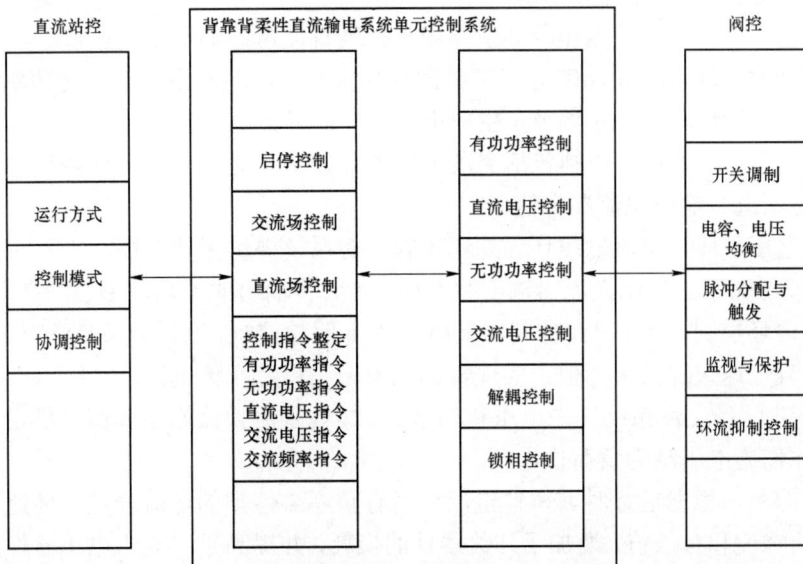

图 2-70　背靠背柔性直流输电系统单元控制功能分配图

背靠背柔性直流输电系统的单元控制层是直流控制保护层的核心，主要具备顺控功能和解耦控制功能。其中，顺控功能包括有功功率控制（有功功率控制、直流电压控制、频率控制）、无功功率控制（无功功率控制、交流电压控制），解耦控制功能包括电流闭环控制、锁相、桥臂环流抑制、换流器限流控制。

（1）顺控功能。柔性直流极有 5 种状态，即接地（Earthed）、停运（Stopped）、备用（Standby）、闭锁（Blocked）和解锁（Deblocked）。5 种状态可以相互转换，在自动顺序下状态转换选择表见表 2-3。

表 2-3　　　　　　　　　　　　　　　极状态转换选择表

实际状态	可选择状态				
	接地	停运	备用	闭锁	解锁
接地	0	1	0	0	0
停运	1	0	1	1	0
备用	0	1	0	1	0
闭锁	0	1	1	0	1
解锁	0	0	1	0	0

注　表中"1"表示可选；"0"表示不可选。

（2）解耦功能。该部分控制分为功率外环控制、电流内环控制、VF 控制及环流抑制。其整体控制框图如图 2-71 所示。

1）外环控制。外环控制器可根据有功功率、无功功率、直流电压等参考值，计算内环电流控制器的 d、q 轴电流参考值。

a. 有功类控制。有功类控制包括直流电压外环控制和有功功率外环控制，根据不同运行模式，两者二选一输出电流参考值。

a）直流电压外环。直流电压外环主要用于控制直流母线的输出电压。

b）有功功率闭环。有功功率外环主要控制联络变压器网侧系统的有功功率，属于外环控制。对换流器的功率进行 PI 调节，生成电流内环的目标电流值。

b. 无功类控制。无功类控制包括交流电压外环控制和无功功率外环控制，根据不同运行模式，两者二选一输出电流参考值。

a）交流电压外环。交流电压环为外环控制，对系统提供无功支撑。

b）无功功率外环。控制换流器输出的无功功率，将输出的无功功率控制在期望值附近。

2）电流内环控制。内环电流控制器采用双 d、q 解耦控制，通过调节换流器的输出电压，使 d、q 轴电流快速跟踪其参考值，实现输出电流无差跟踪目标电流。

3）VF 控制。当交流系统失去电压和频率后，柔性直流换流站逆变侧可稳定控制输出电压和频率，并作为电压源为负荷供电。

4）环流抑制。稳态运行时，桥臂电流里会有负序二倍频的环流分量，环流的存在将增大桥臂电流的峰值和有效值，增加了开关器件的损耗，并提高了对电力电子器件及储能电容电流容量的要求。该功能可以有效抑制环流分量。

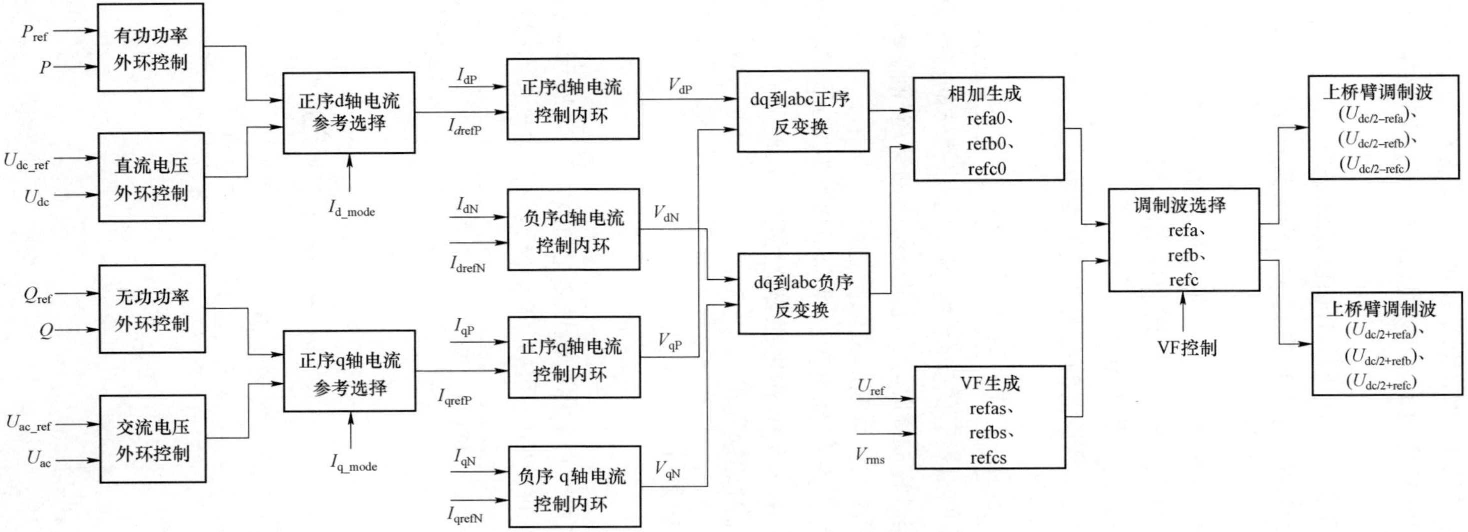

图 2-71 解耦控制整体控制框图

（3）交流故障情况下的控制策略。交流故障情况下，因故障电流较大，交流电压畸变，阀组最大容量设置为额定容量的 120%，为了保证故障过程中不影响阀组设备的安全性，必须采取特殊的控制措施来限制故障电流。在交流故障情况下抑制故障电流的控制方法主要有如下两种。

1）通过对外环控制产生的指令值进行 100Hz 滤波处理，消除 2 次谐波后，作为内环电流控制的参考值与交流电流依靠正序变换得到的 i_d 和 i_q 进行比较，通过内环电流控制即可消除输出交流电流的负序分量。

2）利用负序电压控制抑制故障电流，针对交流系统故障电压不平衡的情况，采用对称分量法建立正序与负序控制分量，利用故障时负序电压叠加的方法，消除网侧发生故障时阀侧电流中的负序成分，从而抑制故障电流。

交流故障情况下，柔性直流换流器的主要功能是为系统提供一定的无功功率支撑，并尽量保证换流器不脱网运行。

交流故障情况下，因故障电流较大，交流电压畸变，柔性直流换流器过电流能力有限，为了保证故障过程中不影响阀组设备的安全性，必须采取特殊的控制措施来限制故障电流。在交流系统出现对称或者非对称故障时，通过采取特殊的穿越控制策略，利用换流器的快速响应能力，可以提高柔性直流输电系统的故障穿越能力。

进入故障穿越功能判据分为高/低电压穿越和电压变化率/电压幅值越限。两者之间高/低电压穿越的优先级别高于电压变化率/电压幅值越限。同时，为了配合低电压穿越逻辑，阀控设备和 PCP 均配置了短时闭锁逻辑。

2.3.1.3　直流输电系统的保护系统

1. 保护系统分区

背靠背柔性直流输电系统一侧的保护区域划分如图 2-72 所示（另一侧对称配置）。其中，区域 1 为交流保护区。直流输电系统的保护区域包括交流母线保护区（区域 2）、换流

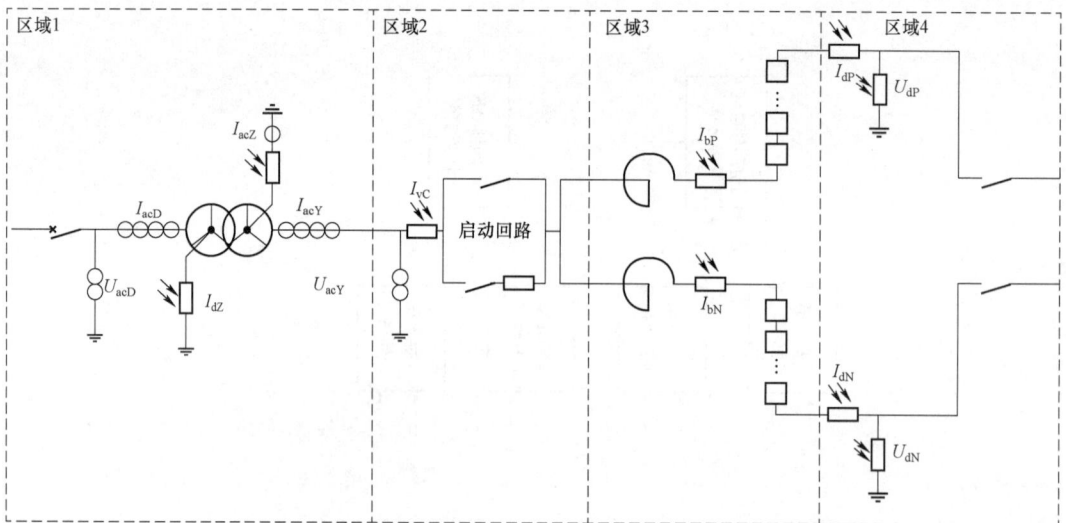

图 2-72　背靠背柔性直流输电系统保护区域划分图（一侧）

器保护区（区域 3）、直流极保护区（区域 4）。交流母线保护（也称启动回路保护）区域包括联络变压器阀侧套管至桥臂电抗器网侧区域。换流器保护区域包括桥臂电抗器网侧至换流器正、负极线电流互感器之间的区域。直流极保护区域包括两侧换流器高、低压极线电流互感器之间的区域。

柔性直流输电系统的保护系统特点如下：

（1）具有完善的系统自监视功能，防止由于保护系统装置本身的故障而引起不必要的系统停运。

（2）每一个设备或保护区的保护采用双重化设计，并且任意一套保护退出运行均不影响直流系统功率的输送。每重保护采用不同测量器件、通道、电源、出口的配置原则。

（3）方便的定值修改功能。可以随时对保护定值进行检查和必要的修改。

（4）采用独立的数据采集和处理单元模块。

（5）采用动作矩阵出口方式。

（6）所有保护的告警和跳闸都在运行人员工作站上的事件列表中显示。

（7）保护有各自准确的保护算法和跳闸、告警判据，以及各自的动作处理策略。根据故障程度的不同、发展趋势的不同，某些保护具有分段的执行动作。

（8）所有直流保护有软件投退的功能，每套保护屏装设有独立的跳闸出口压板。

（9）保护装置上、下电时，保护不会误动作。

（10）保护系统具备在线测试功能。保护自检系统检测到系统本身存在严重故障时，闭锁部分保护功能；在检测到紧急故障时，闭锁保护出口。

保护系统根据不同的故障类型，采取不同的故障清除措施，具体的出口动作处理策略类型如下：

（1）报警。

（2）请求控制系统切换至备用控制系统。

（3）闭锁换流器（永久性和暂时性）。

（4）触发晶闸管。

（5）跳交流进线断路器（同时锁定交流断路器，并启动断路器失灵保护）。

（6）禁止解锁。

2. 保护系统的功能

两套独立的换流单元保护系统的动作出口采取二取一方式，任何一套系统出口都将执行其相应的出口策略。每套换流单元保护系统中，设计两个保护逻辑处理单元，每个单元测量接口完全独立。只有当两个保护逻辑处理单元的相同保护元件动作时，该套换流单元保护系统才会执行相应的保护出口策略。

在出现测量回路故障时，为满足"杜绝拒动，尽可能避免误动"的要求，双重化的两套保护系统根据测量回路的故障情况采用不同的出口方式，出口方式的切换描述如下：

（1）在两套保护系统的所有测量回路正常的情况下，两套保护系统内均采取二取二出口方式。两套保护中任意一套出口均可停运直流系统。此时，保护出口逻辑如图 2-73 所示。

（2）某套保护系统在仅检测到一个保护逻辑处理单元出现测量回路故障时，退出测量回路故障的保护处理单元，出口逻辑仅采用测量回路正常的保护处理单元的判别结果。此时，双重化保护中另一套保护的出口方式仍保持其原状态。以保护系统 A 的保护处理单元 1 故障为例，保护出口逻辑如图 2-74 所示。

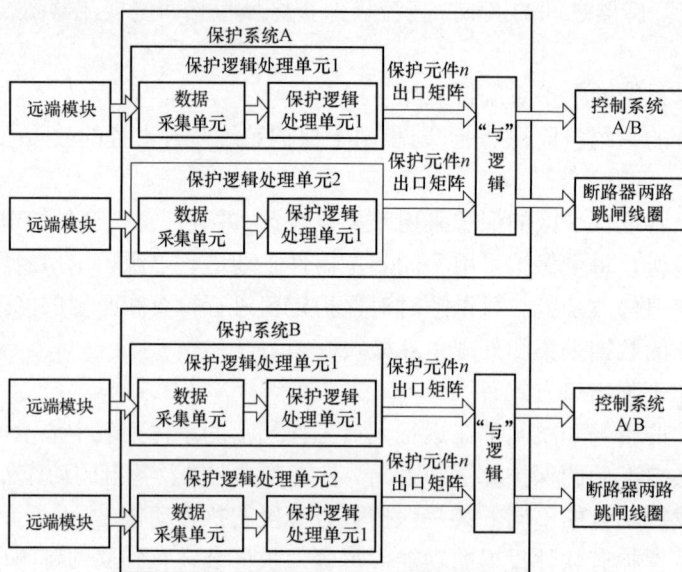

图 2-73　所有测量回路正常时的保护出口逻辑

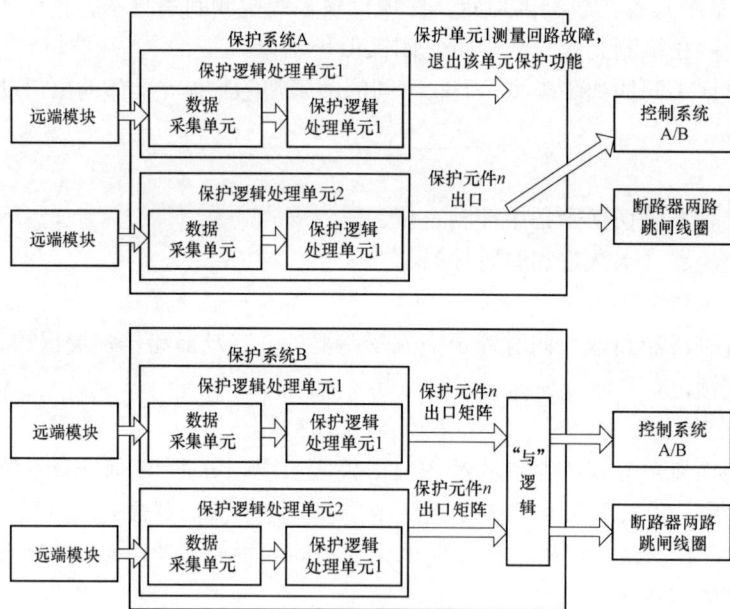

图 2-74　一路测量回路故障时的保护出口逻辑

（3）某套保护系统检测到两个保护逻辑处理单元均出现测量回路故障或被人为退出运行状态时，该套保护功能退出。同时，通过两套保护系统间的通信方式通知另一套保护。如果另一套保护系统内两个保护逻辑处理单元原本为"与"逻辑出口方式，则此时变为"或逻辑"出口方式。以保护系统两个保护逻辑测量单元均出现故障为例，保护出口逻辑如图 2-75 所示。

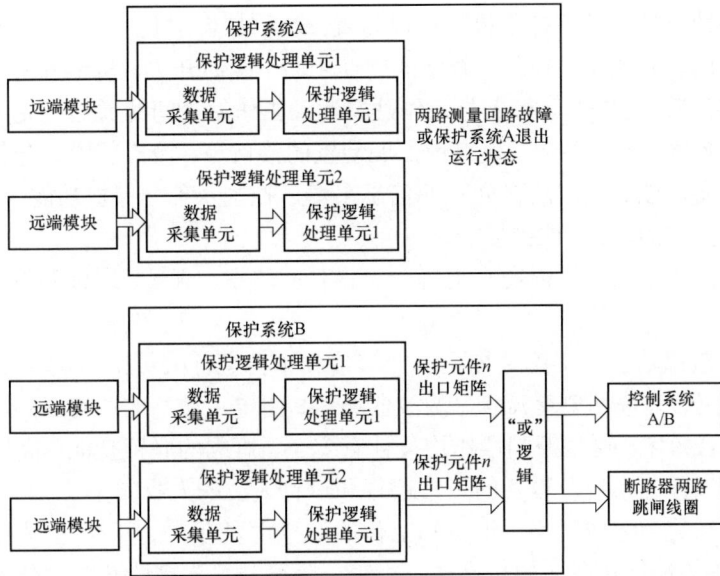

图 2-75　一套保护内两路测量回路故障时的保护出口逻辑

2.3.1.4　交流站控系统

交流站控系统示意如图 2-76 所示。交流站控装置位于换流站的间隔层，向上能通过双以太网按照 IEC 61850 与换流站层的监控、远动、故障信息子站等设备通信，向下能与过程层的合并单元、智能终端等设备进行通信。

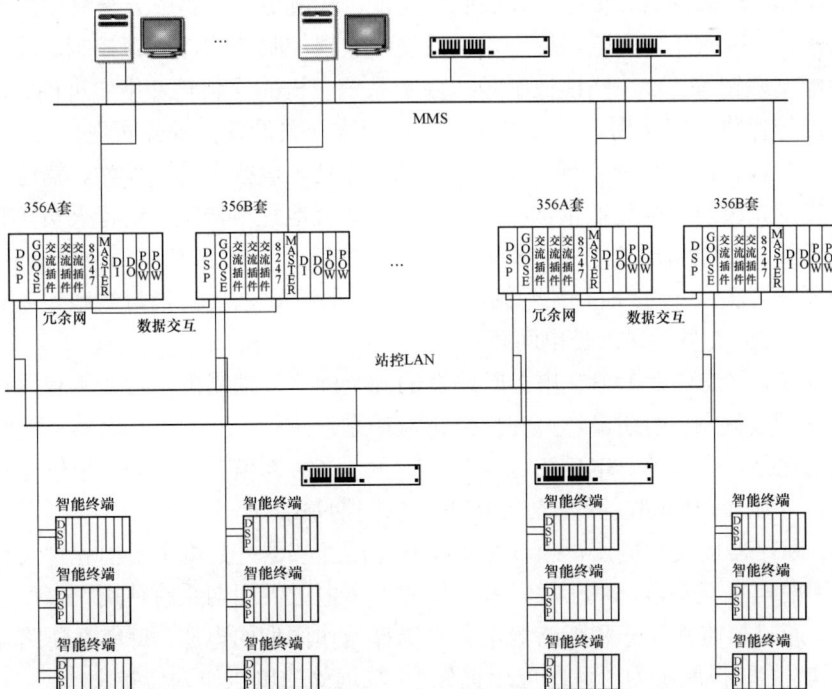

图 2-76　交流站控系统示意图

交流站控系统包括交流站控主机和接口装置。交流站控主机主要用于交流场断路器及站用电断路器的合闸、分闸联锁判断；断路器同期判断；隔离开关、接地开关联锁判断；完成与站控LAN的接口；完成与运行人员工作站及远动工作站之间的通信；完成与单元控制、故障录波、时钟装置、智能终端、模拟量扩展装置的接口等。接口装置为分相断路器智能终端，属过程层设备，能够完成所在间隔的信息采集、控制及部分保护功能，包括对断路器、隔离开关、接地开关的监视和控制。

交流站控系统主要用于站内所有交流一次设备的监视、测量、联锁和控制，具体表现为以下几点。

（1）控制、监视功能。交流站控系统能够接收来自运行人员工作站（OWS）或远动系统的控制命令信号，完成两侧交流场、滤波器场、站用电工作站的所有断路器、隔离开关和接地开关的分、合操作。这些控制操作均设计有安全、可靠的联锁功能，高压断路器设置有单相同期功能，以保证系统及设备的正常运行和运行人员的人身安全。

在交流站控系统中完成采集、汇总和上传的信号主要有：① 所有上述控制操作指令；② 所有一次设备的运行状态（如断路器、小车、隔离开关、接地开关的分、合）；③ 所有一次系统回路、支路的运行参数（如电压、电流、功率等）；④ 系统内部所产生的事件（包括告警和故障）和通过采集单元采集到的系统和设备的所有预先定义好的事件；⑤ UPS、直流电源系统的运行状态和运行参数。所有这些上传到OWS和GWS的被监视信号，均具有完整的时间标记，其时间分辨率达到1ms。交流站控系统将这些信号和事件即时上传至运行人员控制系统的顺序事件记录（SER），在运行人员工作站上刷新显示，并在系统数据库进行存储。

（2）断路器、隔离开关、接地开关的联锁功能。联锁功能主要用于交流站控系统内的断路器、隔离开关、接地开关的联锁控制，包括硬件联锁控制和软件联锁控制。硬件联锁包括机械联锁和电气联锁等。软件联锁控制是在控制系统主机的控制软件中实现的，在控制系统对开关设备进行操作时起作用。一般机械联锁由一次开关设备自身来实现。

联锁在各个操作层次均能实现，包括远方调度中心、运行人员工作站、就地继电器室及设备就地。其优先级别从高到低依次为：设备就地、就地继电器室、运行人员工作站、远方调度中心。开关的联锁满足"五防"要求，主要原则有：① 不带负荷闭合隔离开关；② 不带负荷拉开隔离开关；③ 接地开关合闸时，不闭合隔离开关；④ 当母线或设备带电时，不操作接地开关；⑤ 人员不误入带电间隔。

（3）同期功能（交流串）。3/2串上断路器的控制配置同期功能，允许所有线路及联络变压器进线实现同步联网。同期操作可在换流站监控系统进行，也可在继电器室的测控屏上进行。同期检测包括电压幅值、电压相位及频率检测，当频率偏差、压差、相位差均在预设定值范围内时，才能实现同期联网，取A相电压为同期基准。

根据3/2断路器接线的特点，除母线上设有电压互感器外，每个引出元件（线路或变压器）还有专用的电压互感器，即在每一串上将有4个电压供同期系统使用，对每个电压都设有监视信号，通过该监视信号和断路器位置来选择用作同期的电压。每串上断路器的同期比较电压 U_1、U_2 的取得原则为"近区电压优先"，较远处的电压作为后备。

（4）站用电系统的备用进线自动投入功能。为保证站用电系统的可靠性，站用电系统应具有备用进线自动投入功能,运行人员可以在工作站或站用电控制屏上选择投入或退出备用进线自动投入功能。

（5）数据采集、处理功能。交流站控系统能通过数据采集（I/O）单元采集有关信息,检测出事件、故障、状态、变位信号及模拟量正常、越限信息等,对数据合理性校验等进行各种预处理,实时更新数据库,其范围包括模拟量、开关量、状态量,具体内容如下:

1）模拟量:交流系统电流、电压,有功功率、无功功率、频率、功率因数等电参数和温度等非电参数。数据采集采用交流采样方式,对不能实现交流采集的模拟量采用直流采样方式。

2）开关量:断路器、隔离开关及接地开关的位置信号、保护动作信号和运行监视信号等。开关变位数据优先主动上传。

3）状态量:变压器温度、分接头位置、远方就地操作和消防告警等信号。

（6）通信。因为直流控制保护系统规模庞大,所以采用分层分布式结构,具体介绍如下:

1）运行人员控制层与交、直流站控,交、直流保护,以及换流单元控制、其他控制保护设备之间采用交叉冗余的 LAN 连接;直流控制保护主机之间、各个直流控制保护主机与装置层之间采用冗余的点对点光纤通信总线连接。

2）控制保护系统间完全采用光纤通信,完全的电气隔离,抗干扰能力力强。

3）冗余的控制系统设计及极快的控制系统切换,采用冗余的光纤连接,此功能在加入对照表（现场可编程门阵列）中实现。

4）主机和 I/O 具有大量的自监视功能,可监视温度、通信、程序运行状态等,可完全实现系统的自诊断。

5）现场总线的通信系统采用高可靠性的校验方式,具有高度安全性。

（7）事件的生成与上送。交流站控系统能够采集站控系统内部产生的和通过站控采集单元采集到的其他系统和设备所有预先定义好的事件,并将这些事件即时上传至运行人员控制系统,以汇总为一个统一的文档——SER,并送 OWS 在线刷新显示和送系统数据库进行存储。该功能是集成到站控主机中来完成的。每一个事件包括下述内容:

1）时间:年/月/日/时/分/秒/毫秒格式的完整时间标记。

2）对象:生成事件的设备及其所属的区域或子系统。

3）描述:事件的具体描述。

4）等级:如正常、一般故障、严重故障等。

（8）系统监视与切换。交流站控系统采用双重化的配置方案,即配置独立的双重化控制主机,每一套控制主机的测量回路、电源回路及通信接口回路均依照完全独立的原则设计。系统独立完成自身监视和相互监视,自动实现故障监视后的处理。两套控制主机之间通过主CPU 插件的两路冗余网络进行数据交换。

双重化的交流站控系统之间可以进行系统切换,系统切换所遵循的原则为:在任何时候运行的有效系统是双重化系统中较为完好的那一重系统。切换因素包括:① 运行人员控制系统（OWS）发出的遥控切换指令;② 就地屏柜按钮操作发出的切换指令;③ 外部信号产生的系统切换操作,如保护信号;④ 系统自检异常故障产生的切换操作。

（9）就地控制。

（10）与交流场、站用电设备、保护装置等的接口。

2.3.1.5 运行人员控制系统

运行人员控制系统（SCADA 系统）能够实现站内柔性直流单元的启停控制、顺序控制，全站所有断路器、隔离开关等设备的控制、监视、测量、告警、记录、远传，以及参数、定值的设定等。

SCADA 系统采用分层分布式结构，由运行人员控制层、控制层、就地层组成，并通过冗余的计算机网络将不同控制层的控制保护设备统一连接起来。SCADA 系统按双重化和互为备用的原则配置，分层控制，硬件积木化、软件模块化，并具有良好的开放性和兼容性，满足换流站对监控系统的可靠性、实用性、安全性和可扩充性的要求，同时具有与站内其他智能化设备接口及处理的能力。

远动工作站信息的接收和传送应遵循"直采直送"的原则，远动信息不取自服务器。站内重要告警信息及其他实时信息应直接上传至调度中心。整个系统具有较强的开放式结构，网络通信规约采用标准的国际通用协议，以便与其他系统进行连接和数据传输。SCADA 系统通过站 LAN 与交流站控、直流控制保护系统、辅助控制系统连接在一起，并对这些控制保护系统进行监视和控制。

1. 功能配置

换流站的控制室是柔性直流单元和相关交流系统运行控制的主要位置。运行人员的监控将通过站 SCADA 系统的人机界面——工作站实现。运行人员工作站提供运行操作人和运行操作监护人的人机界面。换流站控制室的运行人员工作站的主要功能如下：

（1）测量监视。测量监视的具体内容如下：

1）模拟量测量。对所有受控站的变压器、电容器、线路、母线等主要设备的电压、电流、有功功率、无功功率，主变压器温度，直流电压，馈出线频率、相位、功率因数等进行采集和处理。

2）状态量测量。接入开关、隔离开关、变压器分接头等位置信息；小电流接地选线动作信号、同期检测的位置状态、直流系统故障信号、设备运行告警信号，如压力低、油温高、油位低等。

3）SOE。毫秒级记录线路断路器或继电保护的动作，事件顺序记录保存在历史事件库中。

4）监视。对所采集的电压、电流、主变压器温度等进行判断，若有越限，则发出告警信号；监视开关、隔离开关、变压器分接头等位置信息；接入显示 SOE 信息、保护信号、防盗信号、火灾告警信号等。能够输出中央告警信号，并支持事件信息的自动打印、语音输出。

5）记录。自动记录 SOE 事件、模拟量数据值、模拟量越限信息、状态量变化、继电保护动作信息、故障数据、运行操作信息（包括操作人、操作对象、操作时间、操作结果）等。

（2）数据处理。数据处理包括遥信处理、遥测处理、电能量处理。

（3）分析统计。分析统计功能如下：① 主变压器、输电线路有功功率、无功功率的最大值、最小值及相应时间；② 母线电压最大值、最小值及合格率统计；③ 计算受配电电能平衡率；④ 统计断路器动作次数、断路器切除故障电流及跳闸次数；⑤ 用户控制操作次数及定值修改记录；⑥ 功率总和、功率因数、负荷率计算；⑦ 所用电率计算、安全运行天数累计等。

（4）操作控制。操作控制包括遥控、遥调、变压器分接头升/降/急停、保护压板投入/退出、保护定值整定、信号复归、序列控制等。

（5）事件告警。事件告警包括断路器跳闸、保护动作、开关变位、状态量异常、模拟量越限及恢复、间隔层单元的状态变化、本位系统运行状态异常等。

（6）保护及故障信息管理。通过多种通信方式、多种通信规约接入不同厂家的保护装置，包括接入装置的模拟量、开关量、定值信息、事件信息、故障数据；采集继电保护、录波器、安全自动装置等变电站内智能装置的实时、非实时的运行、配置和故障信息。

（7）人机接口。系统支持以接线图、工况图、保护设备配置图、遥测表、遥信表等不同的画面显示所有测量信息，支持潮流、着色、动画、闪烁及文字告警，支持历史、实时趋势曲线，支持棒图、饼图、数字表计等多种显示方式。

（8）历史数据管理。历史数据处理能够提供完善的历史数据备份、转储机制。实时采样数据、实时统计数据、越限、变位、瞬变、SOE、停电记录、保护启动出口、操作记录及其他作为历史数据需要长期保存的信息，均可保存到历史数据库。历史存储能够最少保存最近两年的实时数据，月统计数据保存10年，年统计数据能够长期保存。历史数据库能够将两年以前的实时数据或10年以前的月统计数据导出为压缩的文本文件进行保存，或转储到备份数据库中。

（9）报表。报表功能包括报表制作、报表显示、报表发布、报表打印。

（10）打印。报表和运行日志定时打印、开关操作记录打印、SOE自动打印、越限信息打印、召唤打印、画面拷屏打印、事故追忆打印、保护定值表打印等。

（11）安全管理。安全管理包括网络安全、用户权限控制等方面。

（12）顺序控制。直流换流站的顺序控制是指为实现直流系统各状态之间的平稳转换，对相关断路器、隔离开关的分/合操作和换流阀的解锁/闭锁提供自动执行功能，以达到平稳启动和停运柔性直流输电系统和转换运行方式的功能。HMI的顺序控制操作界面向运行人员提供顺序控制过程中的直流系统的运行状态、受控隔离开关和断路器的操作步骤及执行情况信息。

（13）防误闭锁功能。所有操作控制均经防误闭锁和权限等级管理，并相应有出错告警和判断信息输出。系统具有紧急解锁功能。系统提供人机界面，对防误闭锁及闭锁逻辑进行编辑组合，系统具有逻辑正确性自动校验功能，以保证符合"五防"相关规程，即防止带负荷拉、合隔离开关，防止误入带电间隔，防止误分、合断路器，防止带电挂接地，以及防止带电线合隔离开关。

（14）辅助系统联动。辅助系统（包括视频系统）监测变电站运行环境、运行于安全Ⅲ区；信息一体化平台位于安全Ⅰ区，辅助系统将部分信息传输给信息一体化平台，用于实现信息的集中显示。

运行人员工作站除上述功能外，还包括电能量测量、公式计算和时钟同步系统维护等功能。

2. 运行规定

（1）正常监盘及查看信号时，不得登录工作站，值班人员交班前应检查确无登录，严禁使用其他人的用户名及密码登录工作站。

（2）运行人员工作站是运行人员首选的操作平台及监控地点。正常状况下，应在工作站上进行操作，如无法操作，经站部领导许可后，可在就地控制屏上进行操作。运行人员值班期间，应按照规定在自己的权限内进行操作并对工作站的安全负责，不得在工作站上进行不正常操作，不得随意移动鼠标或进行键盘输入，以免发生程序故障，甚至设备停运。

（3）运行人员控制台上的紧急停运 ESOF 按钮仅在紧急情况下才能使用，正常情况下，紧急停运 ESOF 按钮的盖子应合上。

（4）运行人员值班期间，须对工作站的正常运行负责，不得在工作站上随意进行操作。

（5）进行工作站操作时，必须由两人执行，一人操作，一人监护。严格履行唱票复诵制度，确认无误后，方可执行本项操作。

（6）监盘人员应定期与不定期检查各个监控界面及设备的运行状态和参数，定期查看 SER 信号及告警列表中的系统告警信息，确保无信息遗漏。

（7）工作站禁止使用 U 盘。

（8）交接班时，接班值应对工作站 SER 信号进行全面检查。

（9）站长工作站、事件顺序记录工作站和工程师工作站应在锁定界面，无运行人员许可不得登录工作站。

2.3.1.6 就地监控系统

直流就地控制系统作为控制保护系统的一部分，供运行人员在交流继电保护小室和主控楼站公用二次设备室内监视和操作该就地控制系统管辖范围内的相关设备和系统。直流就地运行人员控制系统包括交、直流场中基本的运行人员控制功能、监视功能和设备标示，其显示的相关交流场界面与运行人员操作系统的人机界面相同。

1. 就地监控系统功能概述

针对直流换流站控制保护系统分布在主控楼不同的设备间和多个交流继电保护小室的特点，在主控楼设备间和各个继电保护小室配置分布式就地运行人员控制系统，分别对主控楼和各个交流继电保护小室内的控制保护系统及其所辖一次设备进行监视和控制，实现就地监视和控制功能。

该分布式就地运行人员控制系统与换流站运行人员控制系统完全独立，每一套就地运行人员控制系统包括与站 LAN 完全独立的分布式就地控制 LAN 和一台就地控制工作站，控制保护系统通过独立的网络接口接入就地控制 LAN 与就地控制工作站进行通信。

该分布式就地运行人员控制系统既能满足小室内就地监视和控制操作的需求，也可以作为站 LAN 瘫痪时直流控制保护系统的备用控制系统。同时，就地监控系统提供一种硬切换按钮的方法来实现运行人员控制系统与就地运行人员控制系统之间控制位置的转移。

交流场继电器室就地控制系统结构图如图 2-77 所示。

就地监控屏柜中设置一个"就地/远方"控制的切换把手，按照设备间隔需求设置若干个"就地联锁/就地解锁"切换把手：① 当"就地/远方"把手旋转到"远方"位置时，就地运行人员控制系统只能对其管辖的交、直流场设备及控制保护系统进行监视而不能进行控制，只有运行人员控制系统才可以对其进行控制；② 当"就地/远方"把手旋转到"就地"位置时，就地运行人员控制系统可以对其管辖的交、直流场设备及控制保护系统进行控制操作，但运行人员控制系统不能对直流控制保护系统进行控制操作。

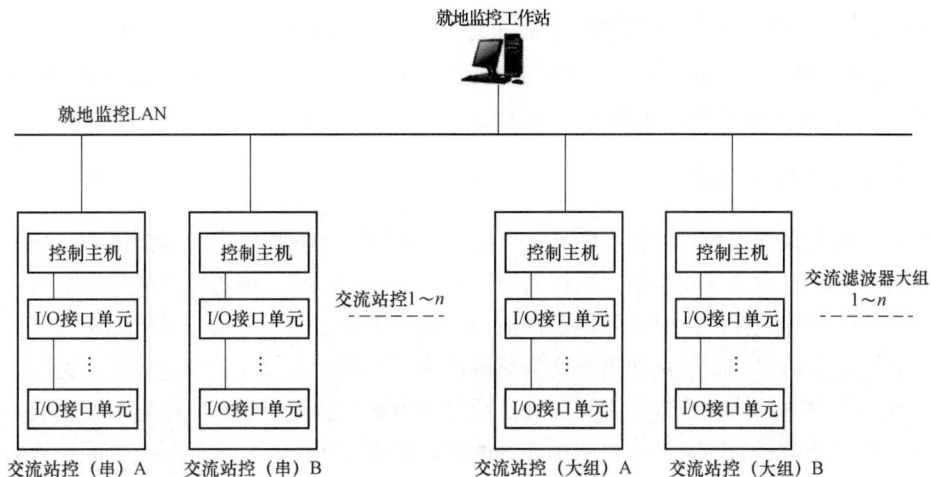

图 2-77 交流场继电器室就地控制系统结构图

只有当"就地/远方"把手旋转到"就地"位置时，再操作"就地联锁/就地解锁"切换把手，其功能才有效：① 当"就地联锁/就地解锁"切换把手切换至"就地联锁"位置时，就地运行人员控制系统可以对解锁串内的交、直流场设备及控制保护系统进行控制操作、而且对断路器/隔离开关/接地开关的操作严格检查其联锁条件；② 当"就地联锁/就地解锁"切换把手切换至"就地解锁"位置时，就地运行人员控制系统可以对解锁串内（滤波器大组内）的交、直流场设备及控制保护系统进行控制操作，但不检查其联锁条件。

2. 就地监控系统组成

（1）就地控制工作站。每个就地控制工作站中安装与换流站运行人员控制系统相同的平台软件，并配置与运行人员控制系统相同的数据库和人机界面。每个就地控制工作站中也安装与换流站运行人员控制系统相同的事件告警系统，显示相应控制保护系统的事件告警信息。每个就地控制工作站的监控系统相互独立，并且与全站的运行人员控制系统完全独立。

就地控制工作站的基本功能如下：

1）基本的监视功能。就地运行人员控制系统具有类似于运行人员工作站上的人机界面，能够显示所辖范围内的断路器、隔离开关的状态和模拟量测量值，以及相应的控制保护主机的运行状态和故障信息。就地运行人员控制系统的事件告警系统界面与运行人员工作站上的事件告警系统界面类似，可以显示所辖控制系统的事件告警信息。

2）基本的控制功能。运行人员在就地运行人员控制系统的人机界面上可以对所辖范围内的交、直流场的设备（如断路器、隔离开关、接地开关）进行就地控制操作。系统包含基本的防误操作功能，包括满足联锁条件下的隔离开关分/合、满足联锁条件下的断路器分/合、满足联锁条件下的接地开关分/合。同时，也可对相应间隔设备进行解联锁操作。

3）就地连锁控制。若运行人员需要通过就地运行人员控制系统的人机界面进行一个或多个操作，必须先将就地控制屏上相应间隔的控制把手从"远方"切换成"就地控制"，否则无法进行任何控制操作。

（2）接口。就地控制系统的接口主要是指与交、直流站控系统、直流换流单元控制保护系统的接口。接口内容包括相关的控制和监视信号，接口形式采用就地控制 LAN。

各个交流场继电器室内的交流站控系统通过独立于站 LAN 的一个网络接口接入各小室内的就地控制 LAN 交换机，并与本地的就地控制工作站进行通信，通过本地的就地控制工作站实现这些控制系统的就地监视和控制功能。

2.3.1.7　安全稳定控制系统

安全稳定控制系统（简称稳控系统）是当电力系统发生大面积停电时保护电力系统稳定运行的自动装置。保护电力系统安全稳定运行的防线主要有三道：第一道防线是故障发生时由继电保护装置快速切除故障元件，从而有效地保护电力系统暂态稳定运行；第二道防线是当系统发生大扰动时，通过安全稳定控制装置切机或切负荷等措施保护电力系统安全稳定运行；第三道防线是当系统遭受多重严重故障并导致稳定破坏时，通过失步解列装置和频率电压紧急控制装置将失步电网解列，并保持解列后的两部分电网功率平衡，防止事故进一步扩大而导致大面积停电。

稳控系统装置包括主机和从机。稳控主机的装置闭锁信号、装置异常信号经站公用控制保护室的辅助系统控制柜传至运行人员工作站发 SER 信号，稳控从机的装置闭锁信号、装置异常信号、装置动作总信号和通道告警总信号经站公用控制保护室的辅助系统控制柜传至运行人员工作站发 SER 信号。稳控系统装置的状态有如下四种。

（1）投入状态。投入状态指本控制站稳控装置工作电源投入，装置正常运行且对外通信正常，本站装置能够进行就地或远方出口。具有就地出口控制（跳闸）功能的控制站，所有出口控制（跳闸）压板应投入。

（2）投信号状态。投信号状态指本控制站稳控装置工作电源投入，装置正常运行且对外通信正常，但本站装置不能进行就地出口控制或向远方发切机或切负荷命令。具有就地出口控制（跳闸）功能的控制站，所有出口控制（跳闸）压板应退出。

（3）退出状态。退出状态指本控制站稳控装置工作电源投入，装置对外通信全部断开，将通信接口屏上同轴电缆的数字端子由"连通"位置切换到"断开"位置。具有就地出口控制（跳闸）功能的控制站，所有出口控制（跳闸）压板应退出。

（4）停用状态。停用状态指本控制站稳控装置的工作电源退出。装置对外通信全部断开，将通信接口屏上同轴电缆的数字端子由"连通"位置切换到"断开"位置。具有就地出口控制（跳闸）功能的控制站，所有出口控制（跳闸）压板应退出。

2.3.1.8　监测诊断及计量系统

监测诊断及计量系统包括如下几种。

（1）保护及故障录波信息系统。保护及故障录波信息系统包含暂态故障录波系统和保护及故障信息管理子站系统两部分。暂态故障录波系统是分布式布置在各个设备间，采集全站的故障录波数据。保护及故障信息管理子站系统负责采集全站继电保护的相关信息和故障录波装置的相关数据，并上传至保护及故障录波信息工作站。

（2）保护及信息管理子站。保护及信息管理子站系统采集变电站内继电保护、录波装置的运行、配置和故障信息，并将信息上传到调度中心主站。在故障时，提供详细的保护动作报告、录波文件等信息，对保护的动作行为分析提供必要的支持。保护及信息管理子站系统由各小室的子站采集屏、站公用控制保护设备室的子站主机屏，以及主控室的保护及故障录波信息工作站组成。子站采集屏负责本站继电保护装置、故障录波装置的信息采集，通过网络将信息上传到主机屏，主机屏用于对所有继电保护装置、故障录波装置的运行管理。

（3）直流测量系统。直流测量系统可完成多个测点电气量的同步测量，并在确定的时延内，测量数据由测量屏内合并单元经尾缆送至相应控制、保护及录波系统。

（4）事件顺序记录系统（SER）。该系统是数字化控制和保护系统的重要组成部分，其任务是记录事件、选择来自站内各区域的过程信号。SER 实时采集所有的告警信号和重要的过程信号，并对信息进行记录、显示和处理。事件顺序记录系统属于计算机监视系统的站控层，计算机监视系统为分层分布式系统，由站控层、控制层、就地层和网络设备构成。事件顺序记录系统的主要功能有：① 运行操作记录；② 所有告警信号和重要过程信号的实时采集记录；③ 确定事件的状态、来源，并进行简明描述。

（5）在线监测系统。该系统指针对联络变压器、高压站用变压器、降压变压器和高抗油色谱在线监测，以及 GIS、HGIS 的 SF_6 气体密度、温度、微水在线监测。

（6）环境和视频监控系统。该系统由站内监控工作站、站端处理单元、视频监控设备、环境信息采集设备、网络设备、电子围栏等组成，具有对站端现场视频及各种环境信息进行采集、处理、监控等功能，同时用于换流站的安全警卫。

（7）交流线路故障定位系统。

（8）电能计量系统。

2.3.1.9　网络及通信系统

站内通信系统主要包含 LAN、现场总线、主时钟（用于同步站内的所有系统时钟）、光纤通信系统、调度交换机等。LAN 实现换流站控制与检测单元之间的通信，并延伸至远端，实现远方控制。现场总线主要完成控制层和现场层之间的通信。光纤通信系统包括 A、B 两套光传输设备，调度数据网设备、调度交换机、综合业务数据网设备等。调度交换机与调度部门、生产主管部门等互联，从而实现与外部的语音通话。

1. LAN 系统

LAN 系统是全站控制保护系统与运行人员控制系统的连接枢纽。LAN 系统包括 MMS 网（监控 LAN）、就地监控 LAN、保护及故障录波网、远动通信网及培训 LAN。直流站控系统、交流站控系统、直流单元控制系统、直流保护系统等直接通过站 LAN 网与运行人员控制系统进行信息交互，具有对其进行监视和控制的功能。联络变压器保护设备及其余交流保护设备通过保护及故障录波网接入保护与故障信息系统，不直接接入运行人员控制系统。阀冷却控制保护系统、VBC、直流电源、UPS 等辅助系统及电能计量系统等通过规约转换器与运行人员控制系统进行信息交互。500kV 鲁西背靠背换流站 LAN 网结构如图 2-78 所示。

MMS 网用于运行人员工作站与直流站控、柔性直流换流单元控制、分布式交流站控等控制主机的通信，主要由站公用二次设备室的直流就地控制屏内的交换机来实现 MMS 的通信功能。500kV 鲁西背靠背换流站 MMS 网络结构如图 2-79 所示。

就地控制 LAN 用于实现本继电器室或设备间内的控制保护与就地控制工作站之间的通信，与 MMS 网完全相互独立。就地控制系统用于满足各个继电器或设备间内就地监视和控制的要求，并作为 MMS 网瘫痪时的备用操作地点。

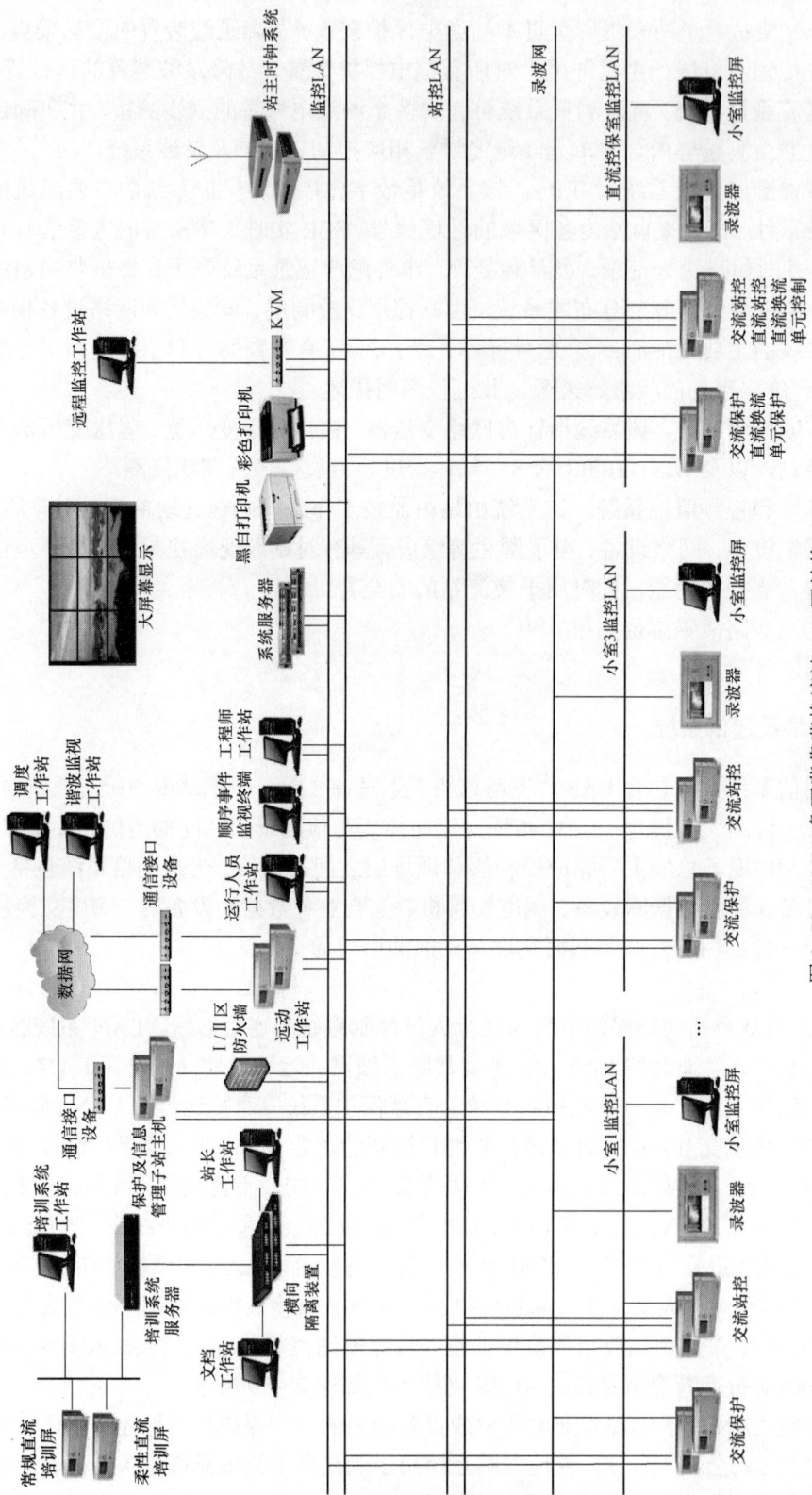

图 2-78　500kV鲁西背靠背换流站站LAN网结构

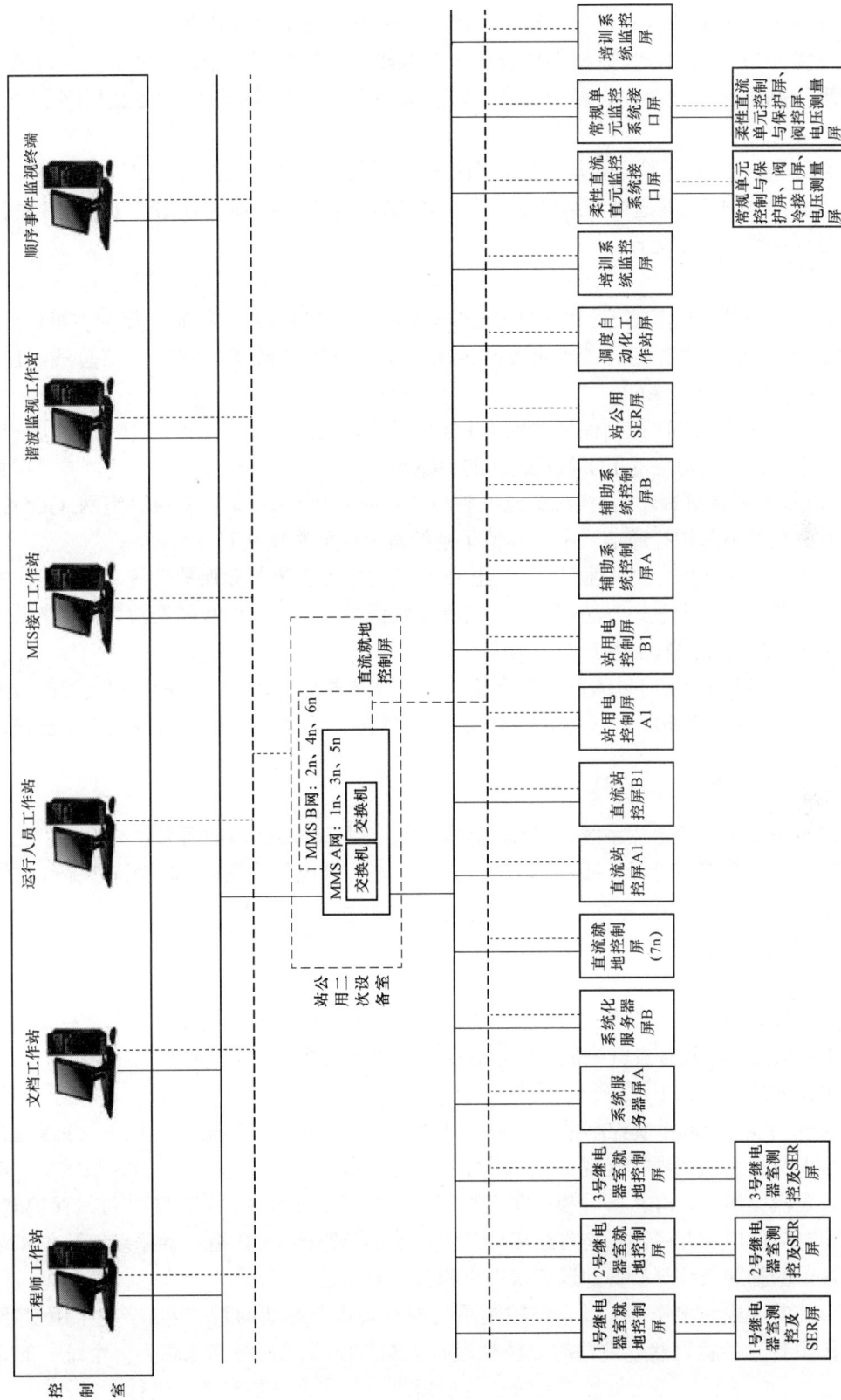

图 2-79 500kV鲁西背靠背换流站MMS网络结构

—— MMS A网；　-------- MMSB网

保护及故障录波单独组网，全站的交、直流故障录波系统通过各小室的故障录波专网交换机的以太网口将故障录波数据上传至保护及故障录波信息管理子站，由保护及故障录波信息管理子站进行故障录波装置的信息管理及故障分析。故障录波经调度数据网上传至调度中心。

培训 LAN 实现培训系统监控屏、培训系统模拟控制屏、站长工作站、培训工作站等设备之间的通信，与 MMS 网通过网络安全隔离设备实现正向隔离，确保在培训工作站上的所有操作不影响系统的正常运行。

2. 现场总线

现场总线作为整个换流站控制保护系统的一部分，完成换流站内控制、保护主机之间，控制保护主机与 I/O 扩展装置之间的数据传输，现场总线包括 GOOSE 通信总线、IEC 6044－8/FT3 总线、站控 LAN。

控制保护子系统内部的控制保护主机与 I/O 扩展装置之间通过 GOOSE 通信方式进行数据交互。交流主机与其对应的 I/O 单元之间的 GOOSE 网络采用"一对一"方式，通过屏柜内的 GOOSE 板卡直接进行通信。换流单元控制与其对应的 I/O 单元采用交换机组网，GOOSE 通信仅在对应系统内部进行通信，不与其他子系统发生任何数据交互。

控制保护子系统之间（如柔性直流单元控制系统与柔性直流单元保护系统之间、直流控制保护系统与测量系统电子式互感器之间、直流控制保护系统与集中故障录波之间）都采用 IEC 60044－8/FT3 总线进行点对点的数据交互。

站控 LAN 通过光纤实时以太网实现直流站控与分布式交流站控、单元控制之间的数据交互。该网络采用双网架构，通过两套完全独立的交换机进行组网，每一套控制系统都接入这两个网络中。

3. 主时钟

时钟同步系统由全球定位系统（GPS）信号控制，用于同步站内的所有系统时钟，在控制楼配置时间同步系统主机屏，而扩展时钟屏则分布在各继电器小室内。时钟同步系统结构如图 2－80 所示。

2.3.1.10 辅助系统控制系统

辅助系统控制系统作为整个换流站控制系统的一部分，用于本站测控、一次设备等的遥信接入，并对部分一次设备进行控制，具有对换流站内辅助系统设备进行监视的功能。辅助系统控制系统的功能有如下几种。

（1）监视功能。辅助系统控制系统完成全站所有辅助系统信号的采集、汇总，并将信息上传至运行人员控制系统进行监视。这些信息包括功角测量屏、充电机屏、UPS 系统屏、培训系统屏、直流站控屏、SER 屏、换流单元控制屏、故障录波系统、阀冷屏、母线保护屏、各测控屏和对应的电压互感器、与母线接地开关相连的断路器 LCP 柜、融冰接地开关和隔离开关、备用的辅助系统等设备的运行状态及相关告警信息。

（2）事件的生成和上送。辅助系统控制系统能够采集全站辅助系统内部产生的所有预先定义好的事件，并将这些事件即时上传至运行人员控制系统，将其汇总为一个统一的文档——SER 之后，送至运行人员控制系统在线刷新显示及在系统数据库中进行存储。

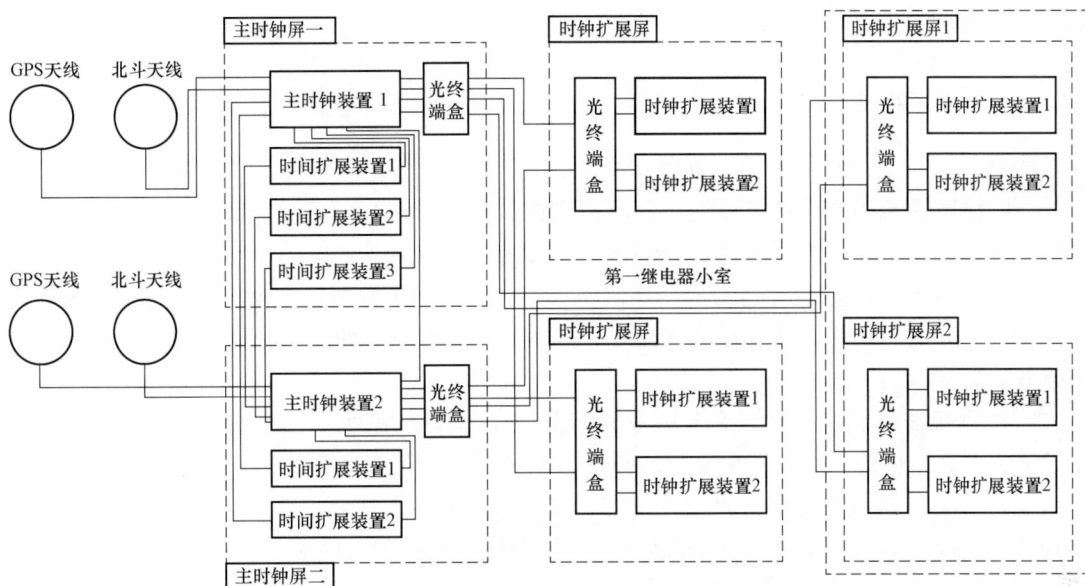

图 2-80 时钟同步系统结构

（3）接口使用。辅助系统控制装置通过光纤与系统内的其他装置（如直流站控系统等）进行数据交换。各装置全部接入全站时钟同步系统，通过光纤接收同步时钟信号，均为改进的完全双重化配置，每套控制的 I/O 接口均相同。

（4）自我诊断。辅助系统控制系统具有监视与自诊断功能，监视与自诊断功能覆盖信号 I/O 回路、总线、主机、微处理器板和所有相关设备，能检测出上述设备内发生的所有故障，并根据不同的故障等级做出相应的响应。

（5）系统同步。控制主机有 4 种工作状态：测试、退出、备用和运行。两套控制主机之间通过统一的时钟同步信号来保证两套主机中断运行节拍的一致性，两套控制主机按 10kHz 的同步频率进行数据交互和判断。控制装置从请求切换到切换成功所需的时间为 400μs，在保证主、备时钟同步的情况下，不会出现双主或者双备的情形。两套控制主机都与监控系统和其他设备进行数据交换，只有处于"运行"状态的控制主机接收监控系统的遥控、遥调指令，备机听从主机的同步数据。两套控制主机都与控制目标交互数据，并将自己的冗余状态发送给控制目标。

（6）系统切换。运行人员可以通过运行人员控制系统发出遥控命令，也可以就地通过状态指示面板在 4 种工作状态间进行切换。切换原因：① 监控系统或切换按钮发出的自动切换命令；② 外部信号产生的系统切换操作；③ 系统自检异常故障产生的切换操作。

（7）系统交互。控制主机之间的交互数据有静态握手数据和实时数据两种。控制主机收到对方的静态握手数据后，将其与本机数据进行比较，若校验不通过，则禁止进入冗余方式运行。控制主机收到对方的实时数据后，进行相关校验（做绝对差或相对差比较）来确定当前控制系统中的双机是否处于互备状态。若超过阈值，则发送告警信号，禁止冗余系统切换。

2.3.2 背靠背柔性直流换流站辅助设备

2.3.2.1 阀冷却系统

阀冷却系统是换流阀的一个重要组成部分,它将阀体上各元器件的功耗发热量排放到阀厅外,以保证换流阀的运行温度处在正常范围内。阀冷却系统直接影响换流阀的安全、可靠运行,因此要求它既要有足够的冷却容量,又要有较高的可靠性。

阀冷系统按回路作用可分为主循环回路、内冷水去离子回路、内冷水稳压回路、内冷水补水回路、外冷水回路、外冷水补水回路、外冷水软化回路、外冷水旁滤回路、外冷水加药回路等。

阀冷系统按功能可分为如下 3 种系统。① 内冷水循环系统。该系统主要由主循环泵、主过滤器、电加热器、电动三通阀、电动蝶阀、脱气罐、离子交换器、精密过滤器构成。② 外冷水循环系统。该系统主要由闭式冷却塔、砂滤器、外冷循环泵、软化装置、反渗透装置、加药装置、反洗装置构成。③ 冷控制系统。该系统主要由动力供配电系统、S7 冗余控制系统、冗余仪表采样、HMI 屏构成。

(1)阀冷系统电源。正常运行时,阀冷电源若有一路故障,应能自动切换至无故障回路运行,也可以在触摸屏上通过切换按钮手动切换到冗余配置的交流电源。

(2)主循环泵。主循环泵外形如图 2-81 所示。主循环冷却回路配置包括互为备用的两台主循环泵,一主一备。每台主泵具有两个独立的工作回路,即工频旁路和软启动回路,可以实现自动或手动切换。为监视主循环泵的运行状态,每台主循环泵配置一套检漏装置,并在其电动机中预埋一个 PTC 以监视电动机运行时的温度变化情况。为减轻主泵启动、切换对系统的冲击,每台主泵均配备有软启动器。正常运行时,主循环泵经软启动器启动,启动结束后自动切换到主泵工频旁路长期运行,软启动器退出运行;如果软启动回路故障,但工频旁路正常,则直接从工频旁路启动;如果软启动启动回路正常,但工频旁路故障,则从软启动回路启动,并长期运行。

图 2-81 主循环泵外形

主循环泵正常运行时，可以在运行人员工作站对主泵进行切换，也可以通过阀冷控制系统 HMI 触控屏进行切换。工作循环泵运行超过设定时间后，自动切换到备用泵运行，阀冷控制系统对主循环泵运行时间重新计时。主循环泵故障时，若备用泵无故障，则投入备用泵。主泵故障包括主泵软启动器故障、主泵交流电源故障、主循环泵过热。

若在进阀流量低且进阀压力低时进行切换，如果备用泵无故障，则切换到备用泵运行；如果切换后仍然存在进阀流量低且进阀压力低的情况，则间隔一定时间后再切换到之前的主循环泵运行。

（3）主过滤器。主过滤器结构如图 2-82 所示。主循环回路设置有过滤精度为微米级的不锈钢机械过滤器。为监测主过滤器的污堵程度，在主过滤器上设置了电接点差压表。同时，主过滤器设有检修蝶阀、手动排气阀及放空阀，以便对过滤器进行在线更换或清洗。

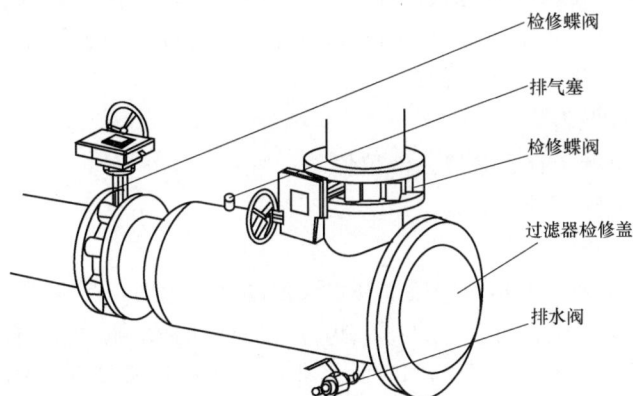

图 2-82 主过滤器结构

（4）电加热器。为了防止在冬季因冷却水温度过低而导致的管道结露，冷却系统在脱气罐入口处设置有电加热器，并将其分成两组进行控制。电加热器可启动的条件为主泵运行，冷却水流量无超低告警，进阀温度无高告警，电加热器回路无故障，电加热器无过热告警，以及进阀温度仪表有效。

（5）脱气罐。主循环回路配置一个脱气罐，将其置于主循环泵进水口处，罐顶设有自动排气阀，与阀冷系统高端管路上设置的自动排气阀共同完成排气功能。

（6）三通回路。三通回路电动开关阀为冗余配置，若其中一个故障，另外一个会自动打开。电动开关阀具有手动切换功能，切换时先打开备用回路的开关阀，只有在它打开成功后才能关闭主回路的开关阀（系统运行过程中不建议手动切换）。在运行模式下，根据进阀温度值自动同步调节电动比例阀开度。

（7）内冷水去离子回路。该回路由离子交换器、精密过滤器、流量传感器、电导率传感器等组成。去离子回路并联于主回路运行，从主循环泵出口高压段引出的小流量冷却介质通过本回路被净化成超纯水后进入主循环泵进口管路，完成并联循环回路的运行。

（8）离子交换器。内冷水处理回路应配置精密混床离子交换器，一用一备，手动切换。系统运行时，部分内冷却水将从主循环回路旁通进入水处理装置进行去离子处理，去离子后的内冷却水的电导率将会降低，处理后的内冷却水再流回至主循环回路。通过水处理装置的不间断运行，内冷却水的电导率将会被控制在换流阀所要求的范围之内。

（9）精密过滤器。为了避免磨损的树脂颗粒流进主回路，离子交换器的进、出口设置有过滤精度为数微米的精密过滤器和就地压力指示表。

（10）内冷水稳压回路。该回路由高位水箱、液位传感器等组成。为保证内冷却水回路中压力的恒定，设置高位水箱以维持整个冷却系统的压力。高位水箱应配置电容式液位传感器或磁翻板液位传感器。

（11）内冷却水补水回路。该回路主要由补水泵、补水过滤器及离子交换器等组成。冷却系统运行中，当高位水箱的水位低于设定值时，PLC指令告警，补充水泵会自动启动进行补水。补充水为外购的纯水，补充水经补水泵驱动先经过补水过滤器，再经过离子交换器，以保证补充水的电导率满足换流阀的要求。

补水泵采用一用一备的配置方式，当工作泵故障时自动切换至备用泵运行。当补水电动开关阀无故障且需要满足以下条件时，阀冷系统才能启动补水泵进行补水，否则补水泵不能启动。补水泵启动需要满足以下条件：

1）补水罐无液位低告警。

2）高位水箱液位低于补水泵停止液位值。

3）补水电动开关阀打开。

4）补水泵回路无故障。

在运行模式下，当高位水箱液位低于补水泵启动液位值时，首先打开补水电动开关阀和补水罐电磁阀，将电动开关阀开到位且电磁阀打开后启动补水泵。当高位水箱液位高于补水泵停止液位值时，停止工作补水泵的同时关闭补水电动开关阀和补水罐电磁阀。

打开补水电动阀时，若一定时间后未收到开到位信号，则认为补水电动阀故障；关闭补水电动阀时，若一定时间后未收到关到位信号，则认为补水电动阀故障。对于上述两种故障，均可按相应故障复归按钮进行故障复归，如果电动开关阀既没有开到位信号，也没有关到位信号，则故障无法复归。

（12）冷却塔。冷却塔实物如图2-83所示。外冷水回路应配置多台闭式冷却塔，冷却

(a)   (b)

图2-83　冷却塔实物

（a）实物（一）；（b）实物（二）

塔一般有顶部引风式和侧面引风式两种，每台冷却塔均配置有变频风机，每台风机单独配置一台电机，换流阀水冷控制系统根据冷却水进阀温度与设定目标温度间的偏差进行 PID 控制，自动调节冷却风机的投入组数与运行频率，以使冷却水进阀温度稳定在设定目标值附近，且将温度控制在稳定状态。

风机的变频调速控制：风机的转速通过目标温度设定值及当前冷却水进阀温度来控制，目标温度可在换热设备控制系统人机界面上进行设定，控制器根据当前冷却水的进阀温度与目标温度间的偏差变化，进行 PID 运算后，输出模拟量信号作为变频器输出频率给定信号，从而控制风机转速，改变系统散热量，使冷却水进阀温度最终稳定在目标温度附近，达到准确控制冷却水进阀温度的目的。

（13）喷淋泵。喷淋泵实物如图 2-84 所示。

外冷却水回路配置有多台喷淋泵，每两台为一组，一用一备，当运行喷淋泵故障时，将切换到备用喷淋泵运行。为了实时在线监测泵的运行状态，在每组泵的出水口前安装有一只电接点压力表。在运行模式下，阀冷系统自动控制喷淋泵的运行，当进阀水温度高于某一定值时，每组喷淋泵以一定时间间隔依次启动一台喷淋泵；当进阀水温度低于某一定值时，每组喷淋泵以一定时间间隔依次停止喷淋泵的运行。当进阀温度仪表全部故障时，将强制每组喷淋泵启动一台。

图 2-84　喷淋泵实物

（14）缓冲水池。缓冲水池外形如图 2-85 所示。外冷却水回路配置一个缓冲水池（内置一个软水水池），通过顶部不至顶的隔墙将水池隔成"U"形，从而引导水流路径，提高热交换效率。

（15）外冷水补水系统。外冷水补水系统主要由互为备用的两台工业泵、稳压罐、活性炭过滤器、软水器等构成。当缓冲水池液位低于定值时，工业泵自动向缓冲水池补水。工业水先流经碳滤装置进行过滤，过滤后的工业水进入软化器进行软化，从软化器出来的工业水流入反渗透装置，经过反渗透装置后，流入软化水池，最终漫过软化水池进入缓冲水池，当缓冲水池液位高于定值时，自动停止对缓冲水池补水。

（16）活性炭过滤器实物如图 2-86 所示。活性炭过滤器是利用活性炭的吸附与截留性质去除前端预处理工艺出水中残存的余氯、有机物、悬浮物等杂质，为后续深度处理提供良好条件。阀冷系统中，在全自动软水器前设置一台活性炭过滤器，对喷淋水池补充水进行预处理，以满足全自动软水器进水的水质要求。为了方便设备及设备附件的安装检修，在罐体设置上、下两个人孔，上部人孔用于装填活性炭，底部人孔用于取出和更换活性炭。

（17）软水器。全自动软水器主要由集中控制系统、离子交换器、再生系统及管路系统等部分组成。全自动软化水装置采用双台配置，根据补水量的大小可以两台同时工作，或一用一备，保证出水水质硬度达标，这作为防止喷淋水结垢的第一道把关措施。

（18）反渗透系统。反渗透系统配置有高压泵、加药泵及多个电动开关阀。当反渗透系统出现严重故障时，禁止启动高压泵，高压泵运行时启动加药泵，加药泵运行一定时间后停止。高压泵运行中，当出水电导率大于一定值时，打开排水电动阀对浓水进行弃水；当出水电导率小于一定值时，关闭排水电动阀。

图 2 – 85　缓冲水池外形

图 2 – 86　活性炭过滤器实物

（19）反洗泵。阀冷系统可设置两台反洗泵，一台变频，一台工频。其中，变频反洗泵可用于炭滤反洗和软水反洗，工频反洗泵只能用于炭滤反洗。炭滤反洗与软水反洗采用联锁控制，不能同时进行；在都需要反洗时，应优先进行软水反洗。

运行模式下，当活性炭过滤器给出的反洗启动信号有效时，打开外冷补水旁通电动开关阀，同时连通至炭滤反洗支路方向，且未出现软水水池液位低告警时，优先启动工频反洗泵，工频反洗泵故障时，可切换至变频反洗泵。

（20）旁滤循环泵。旁滤回路可配置两台旁路循环水泵，一主一备，由 PLC 系统控制水泵定期自动运行。当水质传感器检测到水池内水质的浓缩倍数达到 10 倍时，将信号反馈给控制系统，排水阀打开排水，浓缩倍数达到要求后关闭排水阀，以保证喷淋水水质处在要求的范围内。

（21）砂滤器。砂滤器外形如图 2 – 87 所示。外冷水旁滤回路配置一台砂滤器。将外冷水进行过滤，过滤后的水流进缓冲水池，污水则通过阀门排至集水池。当砂滤器进、出口压差达到某一定值或达到设定时间时，过滤系统将进行反洗。

（22）外冷水加药回路。外冷水加药装置实物和结构如图 2 – 88 所示。喷淋水运行一段时间后，内部细菌开始滋生，藻类等开始在冷却塔填料上滋生，喷淋水中的 Ca、Mg 离子等附着在冷却塔盘管上结垢，这些均严重影响了阀冷系统的换热效率。因此，阀冷系统配置了自动加药装置，通过杀菌剂和阻垢缓蚀剂的周期性投加来保证喷淋水的水质，以满足阀冷系统正常运行的要求。

外冷水加药回路可配置两台加药泵，一台所装药剂为杀菌灭藻剂，另一台所装药剂为缓蚀除垢剂。在运行模式下，杀菌灭藻剂加药泵将按照已设定的启动时间、运行时间和间隔时间进行自动启停，实现定期自动加药，缓蚀除垢剂加药泵不间断运行，旁滤循环泵不运行时不允许启动加药泵。外冷水加药回路设置一个电动排水阀，当喷淋水电导率值超过某一定值时，打开电动阀进行自动弃水；当喷淋水电导率值低于某一定值时，关闭电动排水阀，停止弃水，缓冲水池液位低时，禁止打开电动排水阀进行排水。

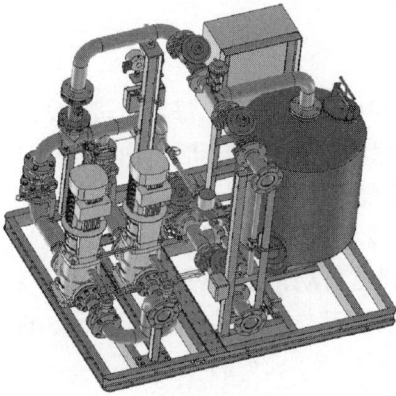

图 2-87 砂滤器外形

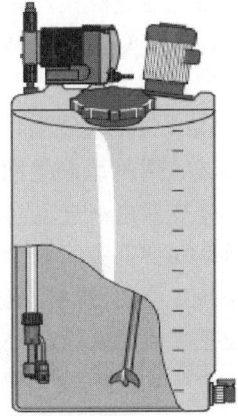

（a）　　　　　　　　　　　（b）

图 2-88 外冷水加药装置实物结构

（a）实物；（b）结构

（23）阀冷控制系统。在换流阀未解锁时，在人机界面上的"阀冷启动"和"阀冷停止"模块下，按自动启动后，水冷控制系统根据整定参数监控水冷系统的运行状况，并检测系统故障。在该模式下，PLC自动控制进阀温度，对阀冷系统参数的超标实时发出告警，当参数严重超标有可能影响换流阀安全运行时，自动发出跳闸请求信号。该模式下，主循环泵、电加热器、喷淋泵、冷却塔风机、旁滤泵、加药泵、外冷补水电动开关阀、内冷补水电动开关阀、反渗透高压泵等电气设备由PLC根据实际工作环境进行自动控制。此时，各设备控制柜面板自复式旋钮手动操作无效，阀冷控制系统与上位机的通信继续保持，通过两路总线向极控系统反映运行模式下电气设备的状态。

（24）喷淋泵集水池排水泵。喷淋泵集水池共设置两台排水泵，在运行模式下，根据集水池液位的高低对排水泵进行启停控制，当集水池液位高开关动作时，启动排水泵进行自动排水；当集水池液位低开关动作时，排水泵停止排水。两台排水泵具有故障切换的功能，且排水泵连续运行超过设定值后会出现排水泵运行时间过长而引发的告警。

2.3.2.2　站用电系统

站用电系统分为站用电交流系统、站用电直流系统和UPS电源系统。站用电交流系统提供照明、交流动力电源，站用电直流系统提供控制、保护电源，UPS电源系统为VBC风扇、工作站系统、远动及调度录音系统、二次安防等提供电源。

1. 站用电交流系统

站用电交流系统应从独立电源供电，可取自站内交流电源，为防止站内事故全停失去照明、动力电源，应考虑从站外引入可靠交流电源。同时，中、低压站用交流系统应投入备用进线自动投入功能。

2. 站用电直流系统

站用电直流系统为直流110V或220V不接地系统，每套直流电源系统按双重化配置，包括阀控密封胶体铅酸蓄电池组、充电装置、直流母线联络屏、直流负荷分配屏等。蓄电池应配备电池巡检仪，用于对每只蓄电池的电性能参数进行实时在线监视。通信电源为光传输设备、调度交换机、调度数据网等通信设备供电。

3. UPS 电源系统

UPS 电源系统由主机屏和馈线屏组成，采用并联冗余接线方式，每台主机接入一段馈电母线，两段母线之间设置联络开关，对负荷辐射状供电。正常运行时，由交流输入经整流—逆变输出；交流输入故障时，系统自动切换至直流经逆变输出；交、直流都故障时，系统自动切换至旁路输出。两套 UPS 对应的两段输出母线可通过母线联络开关互联。UPS 电源系统主要向主控楼监控系统站控层设备（如工作站、调度自动化工作站屏、系统服务器屏），以及图像监控系统、火灾告警系统、就地控制屏、录音系统等二次设备提供交流不停电电源。

背靠背柔性直流输电运行维护

3.1 难点与要点

3.1.1 背靠背柔性直流输电运行难点

背靠背柔性直流换流站运行维护检修的特殊性和难点在于设备和运行方式与常规换流站不同。一方面，背靠背柔性直流换流站具有常规换流站不具备的换流器元件、相电抗器和启动回路等一系列设备，这对设备巡视和检修提出了新的要求；另一方面，柔性直流的运行方式与背靠背的运行方式组合在一起，其运行方式和转换操作与常规换流站有很大不同，这要求运行维护人员熟练掌握相关原理和运行维护方法。

常规直流输电系统的建设和运行维护由来已久，运行维护技术体系已经较为成熟和完善，相较之下，背靠背柔性直流输电运行维护主要存在以下难点。

（1）需要进行维护的设备数量庞杂且种类繁多。背靠背柔性直流换流站将整流站与逆变站集中在一个站点，设备数量相当于一般柔性直流换流站的两倍，集中管理难度大。以500kV鲁西背靠背换流站为例，柔性直流阀厅包含4818个功率模块，联络变压器共有7台。

（2）柔性直流输电系统的技术难度高，设备制造难度大，相关设备性能有待实际运行检验，这给设备运行维护带来了一定难度和压力。

（3）背靠背柔性直流输电系统的技术较新，运行维护工作难度较大，对运行维护人员的素质提出了较高要求。

3.1.2 背靠背柔性直流输电运行维护的要点和提升措施

1. 维护要点

（1）要合理安排运行维护检修的周期。任何设备的运行使用都会造成内部零部件的老化磨损，当达到一定程度的时候就会诱发设备故障。因此，必须确定合理的运行维护检修周期，在合适的时间周期内对不同的电力设备进行运行维护检修，及时发现设备存在的故障并进行维护。在保障电力设备正常使用的前提下，要尽量延长检修的周期，减少检修次数，降低电力设备运行维护检修的成本，延长设备的使用寿命。

（2）要加强对重点项目的检测试验。电力系统的运行存在一些薄弱敏感环节，在日常运行过程中要加强对这些环节的重点检修。对重点项目的检修要执行更高的标准和要求，强化对薄弱环节的检修和维护。另外，可以针对关键环节进行针对性的检修试验。针对重点项目的检测试验能够更加全面、准确地了解设备运行的实际状况，将检修工作真正落实到位。

（3）要规范电力设备运行维护检修的流程。根据电力设备运行的具体情况制定合理的规范和操作流程，确保运行维护检修工作安全、平稳、有序进行。同时，要加强不同环节的联系，根据具体情况及时对检修流程进行优化，实现更好的效果。

2. 提升措施

现阶段，电力设备运行维护检修的主要问题：① 部分单位没有设立确切的评价小组，只是由其他部门中少数技术人员对运行维护检修工作进行评定；② 部分运行维护检修内容对电力设备起到加快消耗的副作用，不利于延长设备的使用年限；③ 设备的运行维护检修效率低导致人力资源的浪费；④ 在检修中，对待检设备的状态了解不多，造成盲目性检修。针对以上问题，要提升运行维护检修水平，应采取以下措施。

（1）提高对于准备工作的重视。根据检修工作的具体要求提前制订合理完善的工作计划和检修方案，综合考虑项目的目的、内容及相关要求。同时，要在日常做好培训，掌握必要的工作技能。另外，要对工作现场及设备提前进行勘察，在现场做好相关准备，确保检修工作的顺利开展。

（2）全面做好基础管理。首先，要建立并完善相关操作规章制度，确保检修作业有章可循。其次，要加强对技术档案、安全工具等的管理，同时要加强技术监督管理制度的落实。另外，要通过各种培训提高检修工作人员的整体素质，可以实行设备主人制提高检修人员的主人翁意识和工作积极性。

（3）应用先进的计算机监控系统，提升运行维护检修的安全性和准确性。当前，设备的运行维护检修以设备的监控数据为基础，为此必须建立全面的、多方位的电力设备监控系统。大多数的故障是日积月累才形成的，所以要历经数次或者数年的试验对电力设备的运行数据进行详细的掌握，把握检修技术中的数据变化，这样对设备的诊断才能更加准确。

（4）做好电力设备的状态统计。合理利用先进技术对设备状态进行检测，对设备运行状态进行科学统计与分析，从而有效保障设备安全。同时，要根据电力设备运行状态的实际统计结果对检修周期进行合理调整，以实现对于电力设备的适度检修，确保检修周期符合我国电力生产的实际国情。

3.2 运 行 操 作

本节以 500kV 鲁西背靠背换流站为例，说明了高压柔性直流系统在不同状态转换过程中的一次设备状态和变化顺序，以及阀冷却系统、联络变压器及其冷却系统等的投入/退出和状态变化顺序。如无特别说明，本章中一次设备编号均指该换流站设备。500kV 鲁西背靠背换流站云南侧交流场部分间隔如图 3-1 所示。500kV 鲁西背靠背换流站柔性直流单元接线如图 3-2 所示。

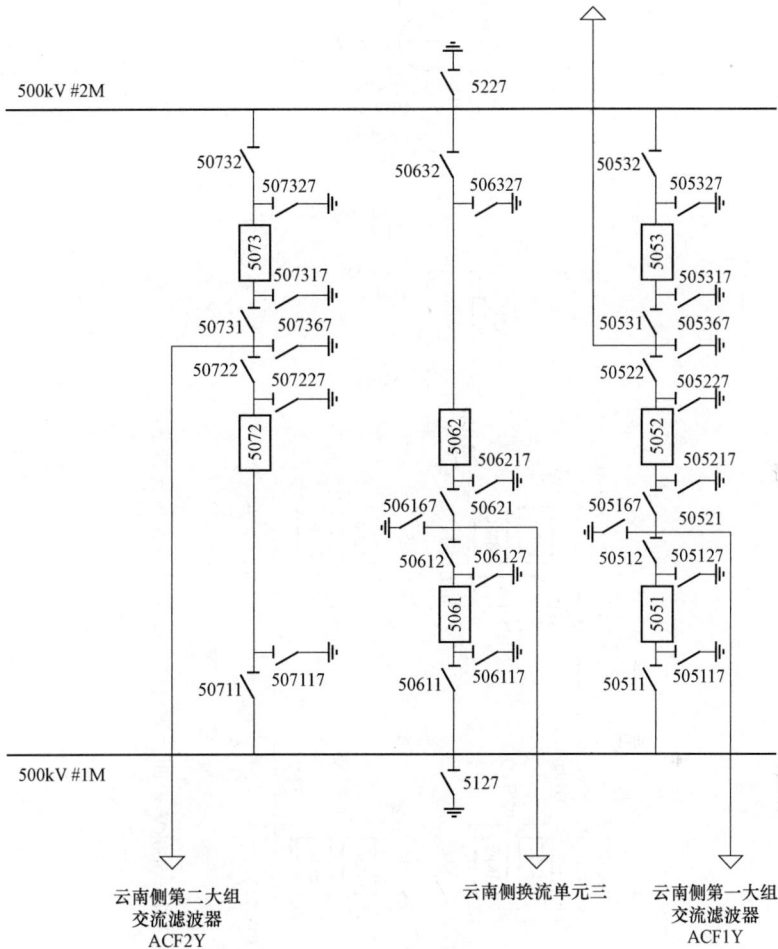

图 3-1　500kV 鲁西背靠背换流站云南侧交流场部分间隔

3.2.1　状态定义

柔性直流极有 5 种状态：接地（Earthed）、停运（Stopped）、备用（Standby）、闭锁（Blocked）和解锁（Deblocked）。除此之外，还包括线路开路试验（OLT）。

柔性直流单元有单端 STATCOM 运行方式和双端运行方式，柔性直流单元在不同方式下的各种设备和断路器装置的极状态（以云南侧为例）分别见表 3-1 和表 3-2，其中√表示合位，×表示分位。

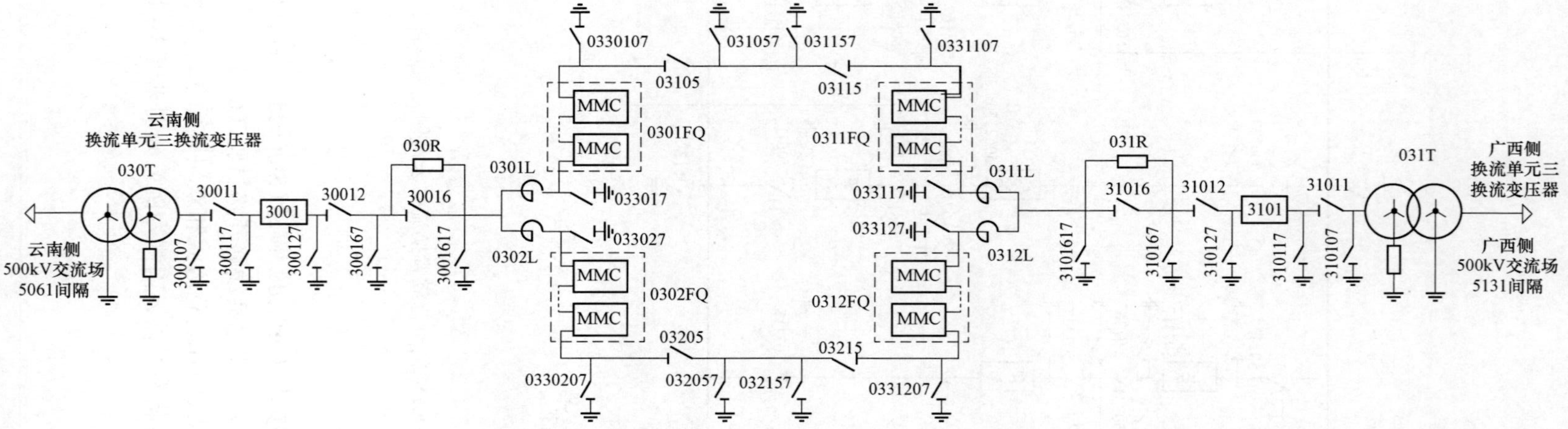

图 3-2　500kV 鲁西背靠背换流站柔性直流单元接线图

表 3–1 云南侧柔性直流单元极状态（单端 STATCOM 运行方式）

序号	设备名称		设备状态					
		接地	停运	备用	闭锁	解锁	OLT
1	5061 断路器	×	×	×	√	√	√
2	5062 断路器	×	×	×	√	√	√
3	3001 断路器	×	×	×	√	√	√
4	50611 隔离开关	×	×	√	√	√	√
5	50612 隔离开关	×	×	×	√	√	√
6	50621 隔离开关	×	×	√	√	√	√
7	50632 隔离开关	×	×	√	√	√	√
8	30011 隔离开关	×	×	√	√	√	√
9	30012 隔离开关	×	×	√	√	√	√
10	03205 隔离开关	×	×	×	×	×	×
11	03105 隔离开关	×	×	×	×	×	×
12	30016 隔离开关	×	×	×	√	√	√
13	506167 接地开关	√	×	×	×	×	×
14	300107 接地开关	√	×	×	×	×	×
15	300117 接地开关	√	×	×	×	×	×
16	300127 接地开关	√	×	×	×	×	×
17	3001617 接地开关	√	×	×	×	×	×
18	033017 接地开关	√	×	×	×	×	×
19	033027 接地开关	√	×	×	×	×	×
20	0330107 接地开关	√	×	×	×	×	×
21	0330207 接地开关	√	×	×	×	×	×
22	031057 接地开关	√	√	√	√	√	√
23	032057 接地开关	√	√	√	√	√	√
24	联络变压器 分接头	退出	退出	投入	投入	投入	投入
25	联络变压器 冷却器	退出	退出	退出	投入	投入	投入
26	阀冷系统	退出	退出	投入	投入	投入	投入

表 3–2 云南侧柔性直流单元极状态（双端运行方式）

序号	设备名称		设备状态					
		接地	停运	备用	闭锁	解锁	OLT
1	5061 断路器	×	×	×	√	√	√
2	5062 断路器	×	×	×	√	√	√
3	3001 断路器	×	×	×	√	√	√

序号	设备名称		设备状态					
			接地	停运	备用	闭锁	解锁	OLT
4	50611 隔离开关		×	×	√	√	√	√
5	50612 隔离开关		×	×	√	√	√	√
6	50621 隔离开关		×	×	√	√	√	√
7	50632 隔离开关		×	×	√	√	√	√
8	30011 隔离开关		×	×	√	√	√	√
9	30012 隔离开关		×	×	√	√	√	√
10	03205 隔离开关		×	×	√	√	√	√
11	03105 隔离开关		×	×	√	√	√	√
12	30016 隔离开关		×	×	×	√	√	√
13	506167 接地开关		√	×	×	×	×	×
14	300107 接地开关		√	×	×	×	×	×
15	300117 接地开关		√	×	×	×	×	×
16	300127 接地开关		√	×	×	×	×	×
17	3001617 接地开关		√	×	×	×	×	×
18	033017 接地开关		√	×	×	×	×	×
19	033027 接地开关		√	×	×	×	×	×
20	0330107 接地开关		√	×	×	×	×	×
21	0330207 接地开关		√	×	×	×	×	×
22	031057 接地开关		√	×	×	×	×	×
23	032057 接地开关		√	×	×	×	×	×
24	联络变压器	分接头	退出	退出	投入	投入	投入	投入
25		冷却器	退出	退出	退出	投入	投入	投入
26	阀冷系统		退出	退出	投入	投入	投入	投入

3.2.2 状态转换

5 种状态可以相互转换，在自动顺序下的极状态转换选择见表 3-3。

表 3-3 极 状 态 转 换 选 择 表

实际状态	可选择状态				
	接地	停运	备用	闭锁	解锁
接地	0	1	0	0	0
停运	1	0	1	0	0
备用	0	1	0	1	0

实际状态	可选择状态				
	接地	停运	备用	闭锁	解锁
闭锁	0	0	1	0	1
解锁	0	0	1	0	0

注 "1"表示可选;"0"表示不可选。

柔性直流单元的这 5 种状态的直接相互转换,有手动方式和自动方式。在"自动"方式下,顺序控制一旦开始则无法逆转,必须达到定义的状态或者顺序控制执行过程中存在异常,才能进行后续的操作。"手动"方式则不同,任何一步操作结束,都可选择是否继续进行后续的操作。下面以云南侧柔性直流单元为例对极状态转换进行说明。

3.2.2.1 接地→停运

云南侧柔性直流单元接地至停运流程如图 3-3 所示。

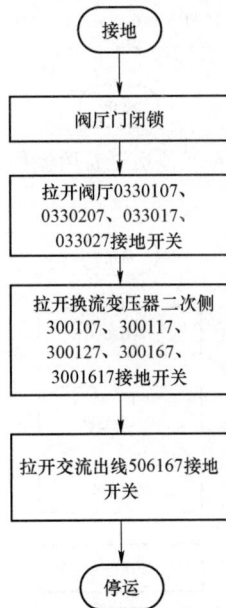

图 3-3 柔性直流单元接地至停运流程(以云南侧为例)

3.2.2.2 停运→备用

云南侧柔性直流单元停用至备用流程如图 3-4 所示。

3.2.2.3 备用→闭锁

若双端运行,两侧将同时进行备用至闭锁顺序控制流程;若单端运行,只在运行侧执行顺序控制流程。选择"闭锁"之前,必须完成直流系统的运行方式配置,其顺序如图 3-5 所示。

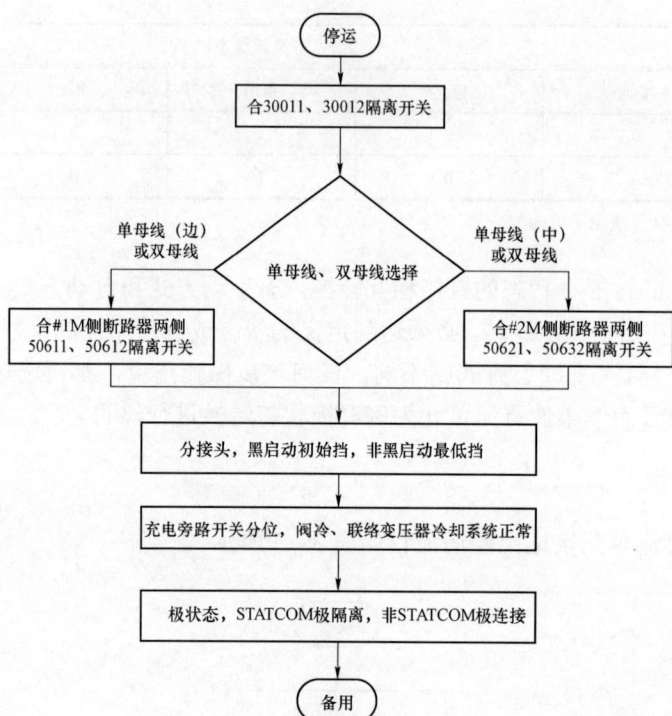

图 3-4　柔性直流单元停运至备用流程（以云南侧为例）

Flowchart 1 content:
- 停运
- 合30011、30012隔离开关
- 单母线、双母线选择
  - 单母线（边）或双母线 → 合#1M侧断路器两侧 50611、50612隔离开关
  - 单母线（中）或双母线 → 合#2M侧断路器两侧 50621、50632隔离开关
- 分接头，黑启动初始挡，非黑启动最低挡
- 充电旁路开关分位，阀冷、联络变压器冷却系统正常
- 极状态，STATCOM极隔离，非STATCOM极连接
- 备用

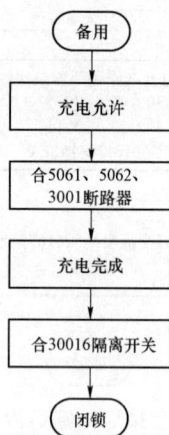

图 3-5　柔性直流单元备用至闭锁流程（以云南侧为例）

Flowchart 2 content:
- 备用
- 充电允许
- 合5061、5062、3001断路器
- 充电完成
- 合30016隔离开关
- 闭锁

3.2.2.4　闭锁→解锁

两端运行时，将协调两端的柔性直流单元控制的解锁请求，以使控直流电压侧先于控功率侧解锁。柔性直流单元在两种运行方式下的闭锁至解锁流程分别如图 3-6 和图 3-7 所示。

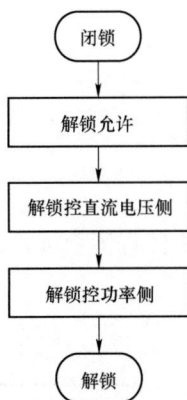

图 3-6　柔性直流单元闭锁至解锁流程
（两端运行方式）

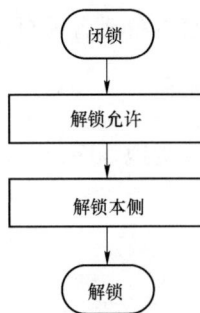

图 3-7　柔性直流单元闭锁至解锁流程
（单端 STATCOM 运行方式）

3.2.2.5　解锁→备用

与常规直流不同的是，柔性直流一般不设置解锁→闭锁的选项，而设置为闭锁→备用。系统级下，将协调两端的柔性直流单元控制的闭锁请求，以使控功率侧先于控直流电压侧闭锁。

云南侧柔性直流单元单端 STATCOM 运行方式下的解锁至备用流程如图 3-8 所示。柔性直流单元双端运行方式下的解锁及备用流程如图 3-9 所示。

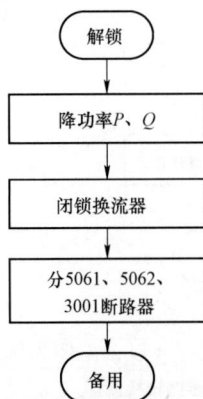

图 3-8　柔性直流单元解锁至备用流程
（单端 STATCOM 运行方式，以云南侧为例）

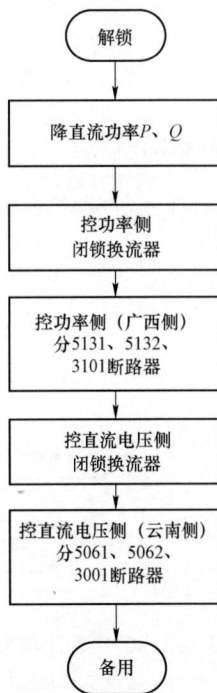

图 3-9　柔性直流单元解锁至备用流程
（双端运行方式，以云南送广西为例）

3.2.2.6 备用→停运

云南侧柔性直流单元备用至停运流程如图3－10所示。

3.2.2.7 停运→接地

在启动停运→接地顺序前，必须先隔离直流极。云南侧柔性直流单元停运至接地流程如图3－11所示。

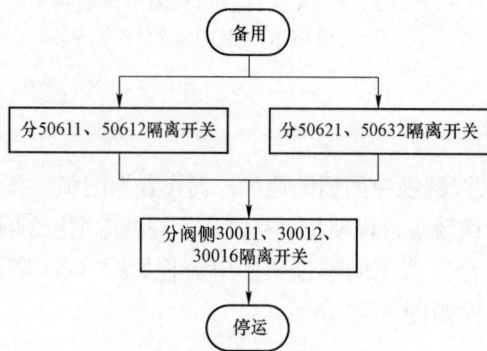

图3－10 柔性直流单元备用至
停运流程（以云南侧为例）

图3－11 柔性直流单元停运至
接地流程（以云南侧为例）

3.2.2.8 极连接→极隔离

云南侧柔性直流单元极连接与极隔离相互转换流程如图3－12所示。

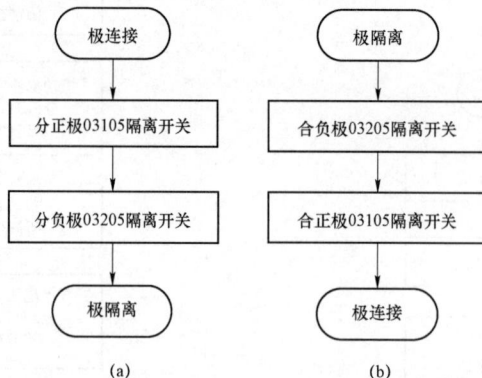

图3－12 柔性直流单元极连接与极隔离相互转换流程（以云南侧为例）
（a）极连接至极隔离转换流程；（b）极隔离至极连接转换流程

3.2.2.9 极隔离→极接地

云南侧柔性直流单元极隔离与极接地相互转换流程如图3－13所示。

3.2.2.10 两端联合运行启动

柔性直流单元两端联合运行启动流程如图 3-14 所示。

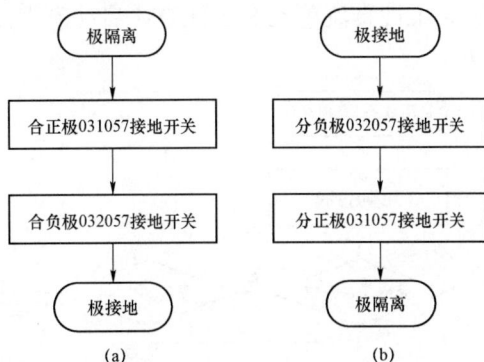

图 3-13 柔性直流单元极隔离与极接地相互转换流程（以云南侧为例）

（a）极隔离至极接地转移流程；（b）极接地至极隔离转换流程

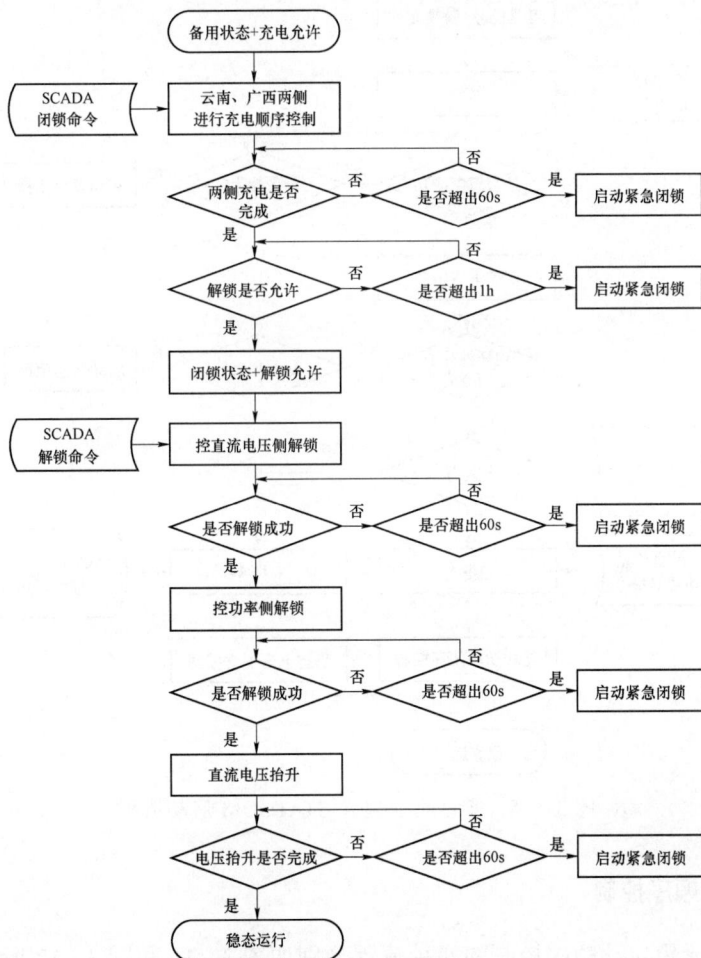

图 3-14 柔性直流单元两端联合运行启动流程

3.2.2.11 STATCOM 启动（OLT）

OLT 启动过程同 STATCOM 类似，但需要将直流侧设置成极连接状态，STATCOM 需要将直流侧设置成极隔离状态。柔性直流单元 STATCOM 启动流程如图 3–15 所示。

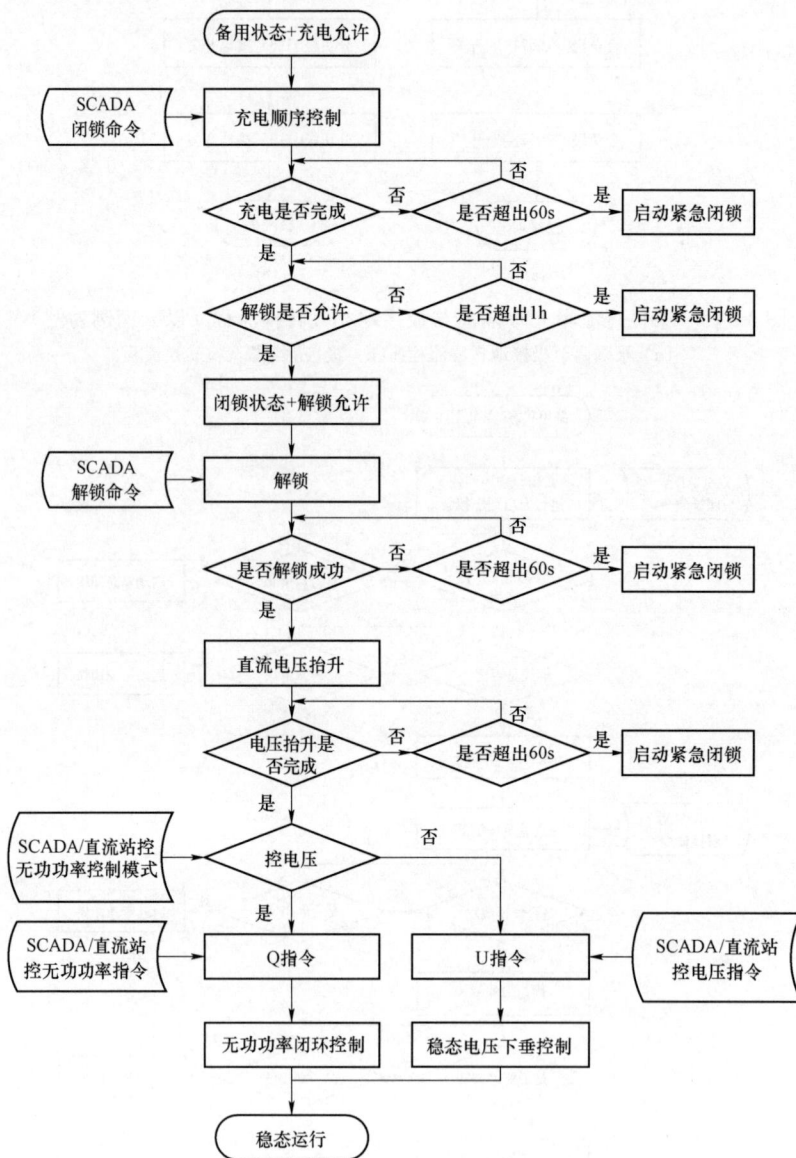

图 3–15　柔性直流单元 STATCOM 启动流程

3.2.2.12　黑启动顺序控制

柔性直流单元黑启动顺序控制的两种流程分别如图 3–16 和图 3–17 所示。

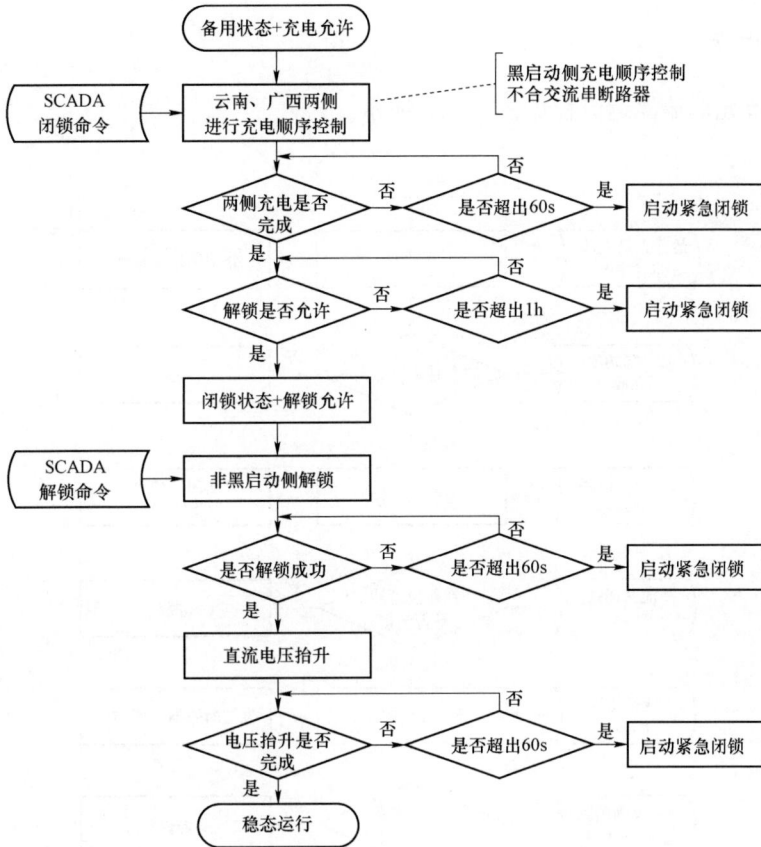

图 3-16 柔性直流单元黑启动顺序控制流程一

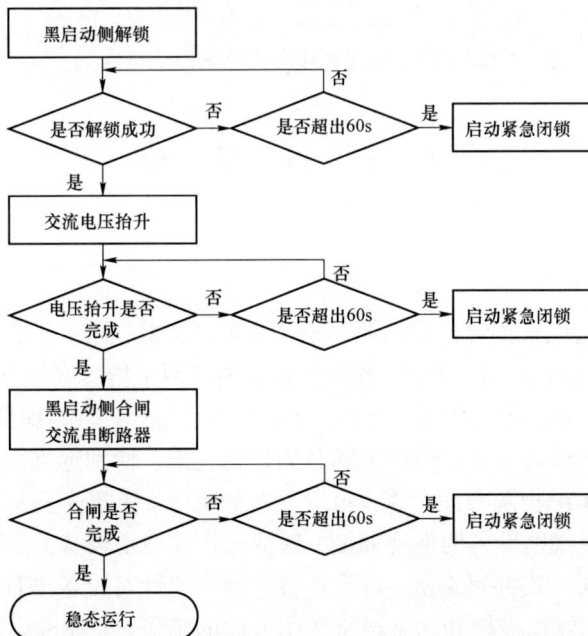

图 3-17 柔性直流单元黑启动顺序控制流程二

3.2.2.13　单端停运

柔性直流单元单端停运流程如图 3 – 18 所示。

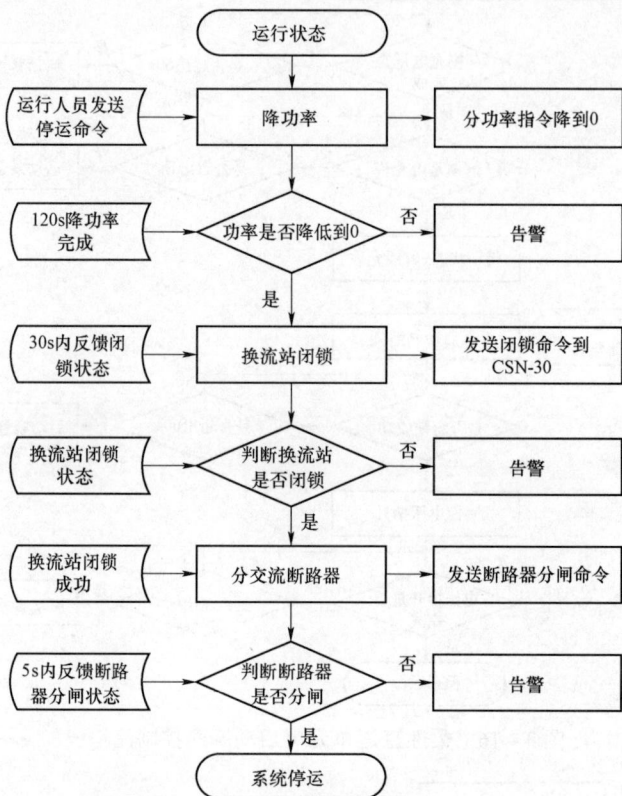

图 3 – 18　柔性直流单元单端停运流程

3.3　运　行　巡　维

3.3.1　设备维护基础

背靠背柔性直流输电设备管控应按照分层、分级、分类、分专业的管控原则，根据设备状态评价和重要性评估结果，按照设备健康度和重要度两个维度对设备进行管控级别划分，对应设备管控级别，实施分层、分级、分类、分专业的设备管控。为提高设备运行维护质量，预控设备风险，一般将设备巡视、维护策略分为日常巡维、特别巡维两大类。其中，日常巡维包括日常巡视和简单维护两方面工作，由运行人员执行。在各分子公司相关运行管理规定的基础上，缩短高管控级别设备的巡视周期，保持低管控级别设备的巡视周期不变，且确保关键运行数据每月记录一次并可追溯。日常巡视过程中应针对设备进行必要的简单维护。特别巡维包括专业巡维、停电维护和动态巡维 3 个方面的工作。专业巡维指针对高管控级别的设备，由熟悉设备的专业人员负责定期开展的设备巡视、带电检测及缺陷处理工作，有条件的宜邀请设备厂家技术人员配合开展。停电维护指结合停电预试定检开展的设备检修、消除缺陷工作。动态巡维指受电网、设备、气象等因素的影响,在特定条件下触发的不定期设备巡视、操作、测试、维护工作。依据调度部门发布的年度运行方式,评估设备故障可能造成的事件后果,结合设备价值及对重要用户的供电情况确定设备的重要度,可将其分为关键、重要、关注、一般4个级别。

(1)符合以下条件之一者为关键设备:① 在正常运行方式下,设备故障存在引发一般及以上电力安全事故可能的;② 输、变电设备价值在1000万元及以上的;③ 设备故障将直接引发特级重要用户供电中断的。

(2)符合以下条件之一者为重要设备:① 在正常运行方式下,设备故障存在引发一级电力安全事件可能的;② 输、变电设备价值为800万~1000万元的;③ 设备故障将直接引发一级重要用户供电中断的。

(3)符合以下条件之一者为关注设备:① 在正常运行方式下,设备故障存在引发二、三级电力安全事件可能的;② 输、变电设备价值为500万~800万元的;③ 设备故障将直接引发二级重要用户供电中断的。

(4)一般设备为除上述设备外的设备。

根据动态管控原则确定Ⅰ、Ⅱ、Ⅲ、Ⅳ四级管控,这四级管控级别由高到低。Ⅰ表示设备重要度最高,必须采取最严格的管控措施;Ⅳ级设备的管控要求最低,如保护信息管理、电能计量等设备。所遵循的动态管控原则:① 动态调整管控级别。当电网网架改变或设备健康状态发生变化时,应重新评估相关设备的重要度和健康度,履行调级程序,调整管控级别,并按照调级后的管控策略开展设备运行维护工作;② 强化3个联动。设备运行维护应与电网运行方式联动、与气象变化联动、与设备运行状态联动。当发布三级及以上电网风险预警、自然灾害预警,以及有重要保供电任务、设备健康状况劣化时,应动态调整管控策略,开展设备运行维护工作。

设备运行维护管理分为6个步骤:① 开展设备状态评价,确定设备健康度;② 开展设备重要性评估,确定设备重要度;③ 根据设备风险矩阵,确定设备管控级别;④ 制定设备管控策略,明确管控到位标准;⑤ 制定工作计划,开展设备运行维护。⑥ 开展绩效评估,持续改进优化。

3.3.2 运行维护内容

背靠背柔性直流输电运行维护内容主要包括风险辨识及管控、日常巡维、动态巡维和专业及停电巡维。

(1)风险辨识及管控的工作内容如下:

1)根据设备的重要度及健康度,列明本站(本线路)Ⅰ、Ⅱ、Ⅲ、Ⅳ级管控设备清单。

2)参照《××年度Ⅰ、Ⅱ级管控设备风险辨识及管控措施表》,明确各级管控设备管控措施。

3)各站点、班组巡维时发现缺陷后,需对设备健康度进行调整,由站点、班组提出申请,一线运行管理相关负责人进行审核,由设备管理部门相关负责人审定后,填报Ⅰ、Ⅱ级设备变更管理表,更新风险辨识及管控措施表,动态报送公司设备管理部门各科室。

4)运行单位设备管理部门组织动态辨识设备重要度的更新调整,及时更新管控级别及管控措施后，填报Ⅰ、Ⅱ级设备变更管理表，更新风险辨识及管控措施表，按月或动态报送公司设备管理部门。

（2）日常巡维的工作内容如下：

1）明确本站（本线路）Ⅰ、Ⅱ、Ⅲ、Ⅳ级管控设备的日常巡维内容及周期、落实作业指导书等。

2）按照日常巡维月度措施计划表中的内容，将巡视周期落实至本站日常工作计划中，将巡视内容及要求落实至相关作业指导书上。

3）设备管控级别调整后，及时更新日常巡维内容及周期、落实作业指导书等。

动态巡维的工作内容如下：

根据××年度设备运行维护策略，按各类设备动态巡维要求，参照动态巡维措施表模板，建立"动态巡维索引"，以便辨识在不同触发条件下需开展的动态巡维，并明确工作要求、作业指导书及执行班组等。

（3）专业巡维及停电巡维的工作内容如下：

1）明确本站（本线路）Ⅰ、Ⅱ、Ⅲ、Ⅳ级管控设备专业巡维及停电巡维的内容及周期、落实作业指导书等。

2）按照专业及停电巡维月度措施计划表中的内容，将巡视周期落实至班组工作计划中，将巡视内容及要求落实至相关作业指导书上。

3）设备管控级别调整后，及时更新巡维内容及周期、落实作业指导书等。

3.3.3 风险辨识及管控

背靠背柔性直流输电风险辨识是风险管控的基本要求，指对换流站面临的尚不明显的各种潜在的不确定性进行系统的归类分析，以提示潜在风险及其性质的过程，背靠背柔性直流输电风险辨识的基本任务就是辨识、了解换流站风险的来源及其可能带来的严重后果。背靠背柔性直流输电风险管控指运维人员基于风险辨识，采取各种措施和方法，消灭或减少换流站风险事件发生的各种可能性，或减少换流站风险事件发生时造成的损失。表3-4对背靠背柔性直流换流站的主要设备及控制保护、辅助系统的风险辨识和管控进行了说明。

表3-4　　　　　　　　背靠背柔性直流换流站的主要设备及控制保护、
辅助系统的风险辨识和管控

管控级别	设备类别	设备重要度	主要风险内容	特别维护措施	管控要求
Ⅱ	联络变压器	关键	直流关键设备价值超过1000万元，且故障将导致直流闭锁	按照Ⅱ级管控开展联络变压器日常巡视、专业巡视、停电检修和动态巡维	（1）××月底前，根据特维方案做好任务分解和工作准备。全年按照方案做好特巡特维工作，按月报送管控措施完成情况。 （2）每月向设备管理部门报送设备特巡特维情况。 （3）迎峰度夏前，开展一次联络变压器故障应急演练。演练后，将演练总结报送设备管理部门

管控级别	设备类别	设备重要度	主要风险内容	特别维护措施	管控要求
Ⅱ	直流站控	关键	两套直流站控同时或相继故障，造成直流闭锁	（1）按照Ⅱ级管控要求对装置进行日常巡视、专业巡维、停电检修或动态巡维。 （2）出现直流站控系统故障，启动应急处置预案	（1）根据××年度运维策略修编直流站控系统运维计划和作业表单。 （2）完成直流站控系统故障应急预案的修编并开展演练
	交流站控	关键	（1）当某一条线路或某一断路器被判断为整个交流场的唯一一交流进线或最后断路器时，若此线路、断路器故障导致跳闸，会导致直流闭锁。 （2）最后线路、最后断路器、交流母线分裂运行等保护功能逻辑、信号及二次回路可能存在错误，在极端条件下可能引发直流闭锁	（1）按照Ⅱ级管控要求对装置进行日常巡视、专业巡维、停电检修或动态巡维。 （2）在操作过程中，如出现"最后断路器""最后线路""分裂母线运行"等告警信号时，应停止操作，认真分析异常原因，避免误操作造成直流闭锁。 （3）最后线路、最后断路器、交流分裂母线运行等保护功能功能逻辑、信号及二次回路可能存在错误，在极端条件下可能引发直流闭锁	（1）根据××年度运行维护策略修编交流站控系统运行维护计划和作业表单。 （2）修订各站点运行规程，增加相应要求；加强操作的监控，发现异常后及时停止操作，并向上级上报异常情况。 （3）对最后线路、最后断路器及分裂母线运行等保护功能功能逻辑、信号配置和二次回路进行核查，确保功能正常
	极控系统	关键	两套极控（组控）系统同时或相继故障，导致直流闭锁。单套极控系统故障导致极控系统失去冗余	（1）按照Ⅱ级管控要求对装置进行日常巡视、专业巡维、停电检修或动态巡维。 （2）出现极控系统故障，启动应急处置预案	（1）根据××年度运行维护策略修编极控（组控）系统运行维护计划和作业表单。 （2）完成极控（组控）系统故障应急预案的修编并开展演练
	直流保护	关键	保护拒动、误动风险	（1）按照Ⅱ级管控要求对装置进行日常巡视、专业巡维、停电检修或动态巡维。 （2）出现直流保护系统故障，启动应急处置预案	（1）根据××年度运行维护策略修编直流保护系统运行维护计划和作业表单。 （2）完成直流保护系统故障应急预案的修编并开展演练
	直流测量系统	关键	光测量回路故障，引起电压、电流等测量波动，导致直流保护误动或拒动，严重时造成直流闭锁	（1）按Ⅱ级管控要求开展装置日常巡维、专业巡维、停电维护、动态巡维。 （2）出现直流测量系统故障，启动应急处置预案	（1）根据××年度运行维护策略修编直流测量系统运行维护计划和作业表单。 （2）完成直流测量系统故障应急预案的修编并开展演练
	VBC系统	关键	VBC板卡、光纤等如发生故障，可导致直流闭锁	（1）按照Ⅱ级管控开展日常巡视、专业巡维、停电检修或动态巡维。 （2）出现VBC系统故障，启动应急处理预案	（1）根据××年度运行维护策略修编VBC系统运行维护计划和作业表单。 （2）完成VBC系统故障应急预案的修编并开展演练

管控级别	设备类别	设备重要度	主要风险内容	特别维护措施	管控要求
Ⅱ	换流阀设备	关键	（1）直流系统阀塔设备元件较多，运行过程中振动较大，运行过程中易发生电气元件松动、水嘴松动、均压电极线放电灼伤管道等问题，可能导致元件过热损毁、内冷水漏水等问题。 （2）均压电极易结垢，若不及时清除，结垢掉落进管道后，极易堵塞水路，会影响设备散热，导致设备损坏。 以上问题严重时均会导致直流闭锁或长时间停运	（1）按照Ⅱ级管控开展日常巡视、专业巡维、停电检修或动态巡维。 （2）出现换流阀设备故障启动应急处理预案	（1）根据××年度运行维护策略修编换流器运行维护计划和作业表单。 （2）完成换流阀设备故障应急预案的修编并开展演练
	阀冷系统	关键	阀冷两套系统同时故障，导致直流闭锁	（1）按照Ⅱ级管控开展日常巡视、专业巡维、停电检修或动态巡维。 （2）出现阀冷控制系统故障，启动应急预案	（1）根据××年度运行维护策略修编阀冷系统运行维护计划和作业表单。 （2）完成阀冷控制系统故障应急预案的修编并开展演练
	稳控装置	重要	稳控装置故障，将会造成稳控系统未快速采取稳定控制措施，构成一级事件	按照Ⅲ级管控开展日常巡视、专业巡维、停电检修或动态巡维	（1）××月底前，根据特别维护方案做好任务分解和工作准备。全年按照方案做好特别巡视和特别维护工作，按月报送管控措施的完成情况。 （2）每月向设备管理部门报送设备的特别巡视和特别维护情况
Ⅲ	GIS、HGIS	重要	500kV 以上断路器三相因故障整体报废，将构成一级事件	按照Ⅲ级管控开展日常巡视、专业巡维、停电检修或动态巡维	（1）××月底前，根据特别维护方案做好任务分解和工作准备。全年按照方案做好特别巡视和特别维护工作，按月报送管控措施的完成情况。 （2）每月向设备管理部门报送设备的特别巡视和特别维护情况
	500kV 交流断路器	重要	500kV 以上断路器三相因故障整体报废，将构成一级事件		
	站用变压器	重要	设备故障，导致设备损失 50～100 万元，将构成一级事件		
	桥臂电抗器	关注	设备故障将导致直流单元闭锁		
	高压电抗器	关注	设备故障，导致设备损失 50～100 万元，将构成一级事件		
	母线	重要	故障停运 24h 将构成二级事件		
	直流母线	重要	母线接地故障将导致直流闭锁，时间超过 12h，将构成三级事件		

管控级别	设备类别	设备重要度	主要风险内容	特别维护措施	管控要求
Ⅲ	直流电流测量装置	重要	设备故障将导致直流闭锁	按照Ⅲ级管控开展日常巡视、专业巡维、停电检修或动态巡维	（1）××月底前，根据特别维护方案做好任务分解和工作准备。全年按照方案做好特别巡视和特别维护工作，按月报送管控措施的完成情况。 （2）每月向设备管理部门报送设备的特别巡视和特别维护情况
	直流电压测量装置	重要	设备故障将导致直流闭锁		
	电流互感器	重要	电流互感器故障将导致直流非计划停运		
	电流互感器	重要	设备故障将导致直流闭锁		
	避雷器	关注	设备故障将导致交流线路非计划停运		
	500kV 电容式电压互感器	重要	三相因故障整体报废，将构成一级事件		
	直流穿墙套管	重要	设备故障将导致直流闭锁		
	交流穿墙套管	重要	设备故障将导致直流闭锁		
	断路器保护、母线保护、线路保护、电抗器保护、联结保护、联络变压器保护、站用变压器保护	重要	保护故障，导致500kV 以上故障未快速切除，将构成一级事件。保护故障，导致10kV 以上故障时拒动，构成三级事件		
	故障录波装置	关注	装置故障、系统故障时无录波数据		
	在线监测装置	重要	在线监测装置故障，未能及时发现变压器内部故障，有可能造成变压器严重损坏，损失超过 800 万元		
Ⅳ	交流 500kV 隔离开关	一般	设备故障，可能导致设备间隔停电		
	站用变压器	一般	设备故障，导致设备损失 50 万～100 万元，将构成一级事件		
	就地控制	关注	装置故障，系统故障时就地无法操作		

3.3.4 日常巡维

背靠背柔性直流换流站日常巡维策略见表 3 – 5。

设备内容	巡 维 策 略	周期
联络变压器	（1）顶层温度计、绕组温度计外观应完整，表盘密封良好，无进水、凝露现象。 （2）油温、线温现场表计读数与工作站显示数值对比无明显差别。 （3）油位计外观完整，密封良好，无进水、凝露现象，记录本体储油柜油位，异常时应拍照。 （4）油箱表面温度值、绕组温度值无异常，油温、线温不超过定值。 （5）法兰、阀门、表计、分接开关、冷却装置、油箱、油管路、升高座等连接处及焊缝处应密封良好，无渗漏痕迹。 （6）外壳、铁芯、夹件外引接地线应良好，螺栓紧固无松动。 （7）运行中的振动和噪声应无明显变化，无外部连接松动及内部结构松动引起的振动和噪声，无闪络，无电晕声。 （8）套管、油色谱在线监测装置数据查看。 （9）本体无大面积油漆脱落、变色。 （10）基座无下沉、开裂等现象	1 次/天
	（1）潜油泵运转正常，无金属碰撞声。 （2）风扇运转正常，无异声、反转、卡阻、停转现象。 （3）油流继电器指示正常。 （4）表面清洁，散热情况良好，无堵塞、气流不畅等情况，冷却器没有脏污。 （5）冷却器接线无异味。 （6）检查每个风扇的电源空气断路器在 ON 位置	1 次/天
	（1）套管油位指示在合格范围内。 （2）各部密封处应无渗漏。 （3）套管外部无破损裂纹、严重油污、放电痕迹及其他异常现象	1 次/天
	（1）呼吸器外观无破损，油杯的油位在油位线范围内，呼吸正常，并且伴随着油温的变化，油杯有气泡产生，油位正常。 （2）变色硅胶颜色正常，变色部分不超过 2/3	1 次/天
	（1）操动齿轮机构无渗漏油。 （2）连接杆、齿轮箱、开关操作箱内无异常现象。 （3）挡位指示正确，指针在规定区域内，同组各相就地与远方应保持一致。 （4）控制元件及端子无烧蚀、发热现象，指示灯显示正常。 （5）记录分接开关动作次数。 （6）控制箱内加热器工作正常，空气断路器、把手在工作位置	1 次/天
	（1）工作时，压力、噪声、振动等无异常。 （2）连接部分紧固，无渗漏油。 （3）观察在线滤油装置运行时的压力值，压力值应符合厂家规定，否则应检查更换滤芯	1 次/天
	（1）应密封良好、无渗漏。 （2）无集聚气体。 （3）防雨罩无脱落、偏斜	1 次/天
	（1）压力释放器无喷油痕迹，动作指示状态正常。 （2）防雨罩安装牢靠	1 次/天
	（1）检查密封应良好，无进水受潮，加热器运行正常。 （2）箱体内无放电痕迹，电缆进、出口的防小动物措施良好。 （3）接线端子应无松动和锈蚀，接触良好。 （4）冷却器控制箱中冷却器电源状态正常，各选择、控制开关的位置正常。 （5）箱内照明正常	1 次/天
	本体、附件及汇控箱红外测温，重点检查套管与引流线连接部位、控制箱内通流的电气元件、二次线、冷却器油泵及风扇套管表面、油箱表面等温度无异常	1 次/月
	记录并分析两次轻瓦斯告警时间及两次告警间操作次数的关系，若是由有载分接开关操作原因引起的告警，则应进行排气	发生时
	铁芯、夹件外引接地线的接地电流宜在 300mA 以下	1 次/月
	储油池和排油设施应保持良好状态	1 次/季度

设备内容	巡 维 策 略	周期
测量设备	（1）检查并确认光纤及收发模块的光纤无脱落、断裂，光纤收发模块红外测温装置无异常发热。 （2）检查并确认绝缘支柱无破损、放电痕迹。 （3）检查并确认直流分压器、分流器二次端子箱箱体无锈蚀、破损，封堵严实	1次/天
	（1）记录接线头接头红外测温异常发热情况，重点区分连接线与分压器内部过热，必要时提供红外测温照片。 （2）二次端子箱红外测温	1次/月
	接线头紫外测试	1次/半年
换流阀	（1）检查并确认阀塔构件连接正常，无倾斜、脱落。 （2）检查并确认阀塔水管连接正常，无脱落、漏水。 （3）检查并确认阀塔组件无放电，无异常声音，无焦烟味，无明显摆动现象。 （4）检查并确认阀塔支撑绝缘子伞裙是否有破损。 （5）检查并确认阀塔光纤连接是否正常	1次/天
	开展一次设备红外巡视，并对异常发热点拍摄照片留存比对	1次/周
	对阀塔压差进行一次抄录	1次/周
	紫外巡视	1次/年
阀冷设备	（1）监盘并抄录一次数据，判断阀冷运行状态是否正常，若发现异常应时处理。 （2）监盘并抄录外冷水位数据，分析水位变化有无异常。 （3）结合每日高位水箱的水位监测及时发现渗漏。 （4）监控后台显示与就地参数相符	1次/天
	（1）电导率传感器完好，读数在正常范围之内。 （2）高位水箱指示器工作正常，读数为45%～80%，补水箱无漏水，水位在80%以上。 （3）各仪表指示正常，表面无污物附着，接口无泄漏现象。 （4）电导率传感器、温度传感器、压力表、流量计等表计指示正确，示值在正常范围内	1次/天
	（1）阀冷系统屏柜门无告警信息和告警指示灯，指示灯信号正常。 （2）变频器指示灯信号正常，无告警信息。 （3）控制器指示灯信号正常，无告警信号。 （4）屏柜空气断路器、接触器、继电器、按钮在正确位置	1次/天
	（1）现场巡视冷却塔与变频器的工作状况，检查设备运行有无异常。 （2）巡视阀冷内冷水回路，检查阀塔元件、主泵、管道法兰等是否存在渗漏水，检查主泵电动机完整，无过热、异常响声、振动。 （3）巡视喷淋泵坑，观察泵坑设备有无渗漏水。 （4）现场巡视离子交换支路电导率传感器、流量计等，抄录每只表记的数据，分析电导率和支路流量有无异常。 （5）开展现场巡视，确认阀冷跳闸继电器状态正常。 （6）抄录主过滤器压差数据，确认主过滤器压差正常。 （7）检查各空气断路器、继电器是否在正确位置，检查跳闸回路继电器状态是否正确。 （8）进行现场巡视，对比分析传感器数据有无异常，如出现异常应适当缩短巡视周期	1次/天
	（1）开展阀冷载流元件与回路的红外测温，及时发现过热隐患。 （2）开展主泵巡视和红外测温，检查并确认主泵及电动机振动、声音正常，无漏水，温度正常	1次/周
	（1）主泵定期切换前与手动切换前进行阀冷设备特别巡视，确认阀冷主设备及传感器运行无异常。 （2）主泵切换后2h内进行测温特别巡视，确认新投入的主泵及其电源回路运行正常	1次/2周
	（1）开展日常巡视及红外测温，检查电动机接线盒有无异常，分析测温历史数据，及时发现过热隐患。 （2）每月巡视泵坑排污竖井，查看并确认设备及排水功能完好	1次/月
	每季度测试泵坑漏水监测告警功能与排污竖井排水功能完好	1次/季

设备内容	巡 维 策 略	周期
直流站控	（1）检查极控屏面板运行、告警、动作指示灯显示是否正常。 （2）打开屏柜门，检查并确认极控系统各板卡无尘、无烧焦现象。 （3）打开屏柜门，检查并确认板卡间连接线整齐无脱落，端子接线牢固无松动。 （4）检查并确认屏内小开关在正常的分合状态。 （5）检查并确认电源模块指示灯正常。 （6）检查并确认光纤及收发模块的光纤无脱落、断裂。 （7）检查并确认继电器指示灯正常，无异常声响。 （8）检查并确认冷却风扇正常运行，无异常声响。 （9）检查并确认装置压板按要求投入或退出。 （10）控制系统各插件模块 LED 显示及信号灯指示正常，插件连线完好，无脱落现象，插件无松动、凸出现象。 （11）屏柜内无异常焦烟味道，无受潮现象，柜内清洁无灰尘	1 次/2 天
	开展一次红外测温无异常发热	1 次/月
交流站控	（1）检查极控屏面板运行、告警、动作指示灯显示是否正常。 （2）打开屏柜门，检查并确认极控系统各板卡无尘、无烧焦现象。 （3）打开屏柜门，检查并确认板卡间连接线整齐无脱落，端子接线牢固无松动。 （4）检查并确认屏内小开关在正常的分合状态。 （5）检查并确认电源模块指示灯正常。 （6）检查并确认光纤及收发模块的光纤无脱落、断裂。 （7）检查并确认继电器指示灯正常，无异常声响。 （8）检查并确认冷却风扇正常运行，无异常声响。 （9）检查并确认装置压板按要求投入或退出。 （10）控制系统各插件模块 LED 显示及信号灯指示正常，插件连线完好，无脱落现象，插件无松动、凸出现象。 （11）屏柜内无异常焦烟味道，无受潮现象，柜内清洁无灰尘	1 次/2 天
	开展一次红外测温无异常发热	1 次/月
极控	（1）检查极控屏面板运行、告警、动作指示灯显示是否正常。 （2）打开屏柜门，检查并确认极控系统各板卡无尘、无烧焦现象。 （3）打开屏柜门，检查并确认板卡间连接线整齐无脱落，端子接线牢固无松动。 （4）检查并确认屏内小开关在正常的分合状态。 （5）检查并确认电源模块指示灯正常。 （6）检查并确认光纤及收发模块的光纤无脱落、断裂。 （7）检查并确认继电器指示灯正常，无异常声响。 （8）检查并确认冷却风扇正常运行，无异常声响。 （9）检查并确认装置压板按要求投入或退出。 （10）控制系统各插件模块 LED 显示及信号灯指示正常，插件连线完好，无脱落现象，插件无松动、凸出现象。 （11）屏柜内无异常焦烟味道，无受潮现象，柜内清洁无灰尘	1 次/2 天
	开展一次红外测温无异常发热	1 次/月
直流保护系统	（1）检查直流保护屏面板运行、告警、动作指示灯显示是否正常。 （2）打开屏柜门，检查并确认直流保护系统各板卡无尘、无烧焦现象。 （3）打开屏柜门，检查并确认板卡间连接线整齐无脱落，端子接线牢固无松动。 （4）检查并确认屏内小开关在正常的分合状态，电源指示灯正常。 （5）检查并确认光纤及收发模块的光纤无脱落、断裂。 （6）检查并确认继电器指示灯正常，无异常声响。 （7）检查并确认冷却风扇正常运行，无异常声响。 （8）检查并确认装置压板按要求投入或退出。 （9）控制系统各插件模块 LED 显示及信号灯指示正常，插件连线完好，无脱落现象，插件无松动、凸出现象。 （10）屏柜内无异常焦烟味道，无受潮现象，柜内清洁无灰尘	1 次/天
	开展一次红外测温无异常发热	1 次/月

设备内容	巡 维 策 略	周期
VBC 系统	（1）各板卡指示灯指示正常，主、备用系统完好，主、备用板卡良好。 （2）屏内小开关在正常的分合位置。 （3）电源模块指示灯正常，红外测温无异常发热，发现板卡异常时，增加红外巡视频率。 （4）触发光纤、回检光纤无脱落、弯折、断裂，光纤收发模块红外测温无异常发热。 （5）继电器指示灯正常，无异常声响，红外测温无异常发热。 （6）检查端子接线无明显脱落，用红外测温仪对 VBC 屏柜内的所有端子进行测温检查。 （7）屏柜冷却风扇正常运行，无异常声响。 （8）装置无异常声响、发热、冒烟现象，无烧焦等异常气味。 （9）房间无渗水、漏水、空调滴水，空调运行正常，屏内无小动物。 （10）检查并确认各电源及信号小空气断路器分合位置正常，屏柜门关闭紧密无缝，以防小动物进入屏柜。 （11）检查屏柜内部是否积灰、密封不良、受潮，根据检查情况进行处理	1 次/2 天
	开展一次红外测温无异常发热	1 次/月
稳控装置	（1）检查保护屏面板运行、告警、动作指示灯显示是否正常。 （2）检查并确认冷却风扇正常运行，无异常声响。 （3）屏柜内无异常焦煳味道，无受潮现象，柜内清洁无灰尘	1 次/天
	（1）检查打印机工作正常。 （2）保护连接片和切换开关在正常状态。 （3）进行红外测温	1 次/月
GIS/HGIS	（1）检查并确认断路器分、合闸指示与机构的机械位置指示、主控室的电气指示相一致。 （2）检查并确认隔离开关、接地开关的分、合闸指示与机构的机械位置指示、主控室的电气指示相一致。 （3）检查 GIS 控制柜内信号是否存在异常，指示灯功能是否正常。 （4）检查并确认 GIS 控制柜内，各元件运行正常，工作状态良好，无异常声响、异味、烧坏、破损、变形、松动等现象，各空气开关投入位置正确，远方/就地指示应位于"远方"位置；继电器工作正常，无异常现象；端子无发热等异常情况；加热器投入情况正常，照明装置完好。 （5）检查 GIS 断路器气室气体压力是否正常，受气温影响时是否在正常范围内，是否存在泄漏现象。 （6）检查并确认断路器液压操动机构线圈储能正常，打压电动机启动正常（无频繁启动现象）。液压机构油位正常，无漏油。当断路器在运行状态时，储能电动机的电源应在闭合位置；当断路器在分闸备用状态时，合闸线圈应储能，储能电动机、行程开关触点无卡住、变形，分、合闸线圈无冒烟、异味。 （7）检查并确认 GIS 本体无异常声响或异味，接地完好，外壳、支架等有无锈蚀和损伤；构架完整，无变形、松动，基础无下沉。 （8）检查并确认隔离开关、接地开关机构连接杆正常，无扭曲	1 次/2 天
	（1）检查 GIS 断路器动作指示是否正常，记录其累积动作次数。 （2）查看各种压力表和油位计的指示值。 （3）记录 GIS 设备各气室 SF_6 气体压力值及环境温度。 （4）记录液压（含液压弹簧）、气动操动机构操作压力值及打压次数。 （5）记录 GIS 接地端子及金属外壳的红外测温数据。 （6）结合巡视检查 GIS 的断路器、隔离开关、接地开关的操动机构箱及汇控箱的密封情况，重点是密封胶条是否损坏变形，电缆的封堵是否良好，机构箱内是否存在进水或凝露现象，二次端子是否存在锈蚀现象，对存在封堵不严的情况，开展封堵。 （7）结合巡视检查 GIS 的断路器、隔离开关、接地开关的控制箱或机构箱的加热器的加热功能是否正常，对于进口或合资 GIS 设备的机构箱、汇控箱的加热器要求长期投入。 （8）结合巡视检查断路器气动机构空气压缩机的机油是否发生乳化，对发生乳化的空气压缩机油开展换油处理。 （9）结合巡视对断路器操动机构箱及汇控箱进行清洁，如发现油污应及时汇报	1 次/月
交流断路器	（1）检查并确认断路器构架接地良好、紧固，无松动、锈蚀。 （2）检查并确认断路器基础无裂纹、沉降。 （3）检查并确认断路器构架螺栓应紧固	1 次/天
	检查瓷套表面应无严重污垢沉积、破损伤痕，法兰处应无裂纹、闪络痕迹	1 次/天

设备内容	巡 维 策 略	周期
交流断路器	（1）检查 SF_6 密度继电器观察窗面清洁情况，气压指示应清晰可见。检查外观无污物、损伤痕迹，记录断路器气室 SF_6 气体压力值及环境温度。 （2）SF_6 密度继电器与本体连接应可靠，无松动。 （3）压力值应在温度曲线合格范围内，并与上次记录的断路器本体压力值进行比对，以提前发现 SF_6 是否存在泄漏	1次/天
	引流线应连接可靠，引流线应呈悬链状自然下垂，三相松弛度应一致	1次/天
	通过补气周期记录对断路器是否存在泄漏进行判断，必要时进行红外定性检漏，查找漏点	1次/天
	（1）电气元件及其二次线应无锈蚀、破损、松脱，机构箱内应无烧焦的烟味或其他异味；电气元件应正常 （2）箱内分、合闸及储能指示灯、照明装置应完好。 （3）检查机构箱底部应无碎片、异物；二次电缆穿孔封堵应完好。 （4）呼吸孔应无明显积污现象。 （5）动作计数器应正常工作	1次/天
	（1）检查机构外观，机构传动部件应无锈蚀、裂纹。机构内轴、销无碎裂、变形，锁紧垫片有无松动。 （2）检查缓冲器应无漏油痕迹。 （3）分、合闸线圈外观无异常；动作机构储能位置正确	1次/天
	（1）检查并确认密封条无变形、龟裂、脱落或缺失。 （2）检查并确认箱门无变形情况，能正常关闭。 （3）检查并确认箱内无水渍及凝露。 （4）结合巡视检查断路器操动机构箱及汇控箱的密封情况，重点是密封胶条是否损坏变形，电缆的封堵是否良好，机构箱内是否存在进水或凝露现象，二次端子是否存在锈蚀现象，对封堵不严的地方展开封堵。 （5）结合巡视对断路器操动机构箱及汇控箱进行清洁，如发现油污应及时汇报	1次/天
	分、合闸指示牌指示到位，与断路器实际位置及分、合闸指示灯显示应一致，指示牌无歪斜、松动、脱落现象	1次/天
	加热器（驱潮器）、温控器应能正常工作，对于进口或合资断路器机构箱、汇控箱的加热器要求长期投入	1次/天
	（1）拐臂、掣子、缓冲器等机构传动部件的外观应正常，无松动、锈蚀等现象。 （2）螺栓、锁片、卡圈及轴销等传动连接件应正常，无松脱、缺失、锈蚀等现象	1次/天
	记录断路器灭弧室（合闸状况）及断路器一次接线端子的红外测温数据，同时记录红外测试时断路器的负荷电流情况	1次/月
	记录断路器动作计数器示数	1次/季
10kV、400V 小车开关	（1）开关柜所有柜门应无变形、破损、锈蚀，密封良好。 （2）开关柜接地应完好，接地体无锈蚀、变形。 （3）带电显示感应器应正常工作	1次/天
	（1）外露导电部分包覆的绝缘套应平展，无高温烧灼现象。 （2）开关柜内部无受潮、锈蚀，裸露的铜导体无铜绿。 （3）绝缘子应完好，无破损。 （4）二次线应无锈蚀、破损、松脱。 （5）打开照明开关后，柜内照明正常。 （6）驱潮装置工作正常。 （7）柜内应无放电声、异味和不均匀的机械噪声。 （8）出线侧电缆接头连接良好，无放电痕迹，温度蜡无熔化现象。 （9）电缆室封堵良好，绝缘挡板无脱落、凝露或放电痕迹	1次/天
	开关柜分、合闸应能正确指示断路器位置，储能指示灯应能准确指示储能是否正常	1次/天
	红外测温	1次/月

设备内容	巡 维 策 略	周期
高压并联电抗器	（1）顶层温度计、绕组温度计的外观应完整，表盘密封良好，无进水、凝露现象。 （2）温度指示正常。与远方温度显示比较，相差不超过 10℃，每日抄录现场机械表值。 （3）油位计外观完整，密封良好，无进水、凝露现象，记录本体储油柜油位，油位异常时应拍照记录。 （4）对照油温与油位的标准曲线检查油位是否指示在合格范围内。 （5）法兰、阀门、冷却装置、油箱、油管路等密封连接处应密封良好，无渗漏痕迹。 （6）油箱、升高座等焊接部位质量良好，无渗漏油迹象。 （7）无异常振动声响。 （8）查看套管、油色谱在线监测装置数据。 （9）本体无大面油漆脱落、变色。 （10）基座无下沉、开裂等现象	1次/天
	（1）冷却装置及阀门、油泵、油路等无渗漏，气道无堵塞、气流不畅等情况。 （2）潜油泵运转正常，无金属碰撞声	1次/天
	（1）瓷套完好，无脏污、破损，无放电现象。 （2）油位指示在合格范围内。 （3）复合绝缘套管伞裙无龟裂、老化现象。 （4）各部密封处应无渗漏。 （5）数字式仪表指示清晰，指示值正常	1次/天
	（1）外观无破损，干燥剂变色部分不超过 2/3，否则应更换干燥剂及油封内变压器油。 （2）油杯的油位在油位线范围内。 （3）呼吸正常，且随着油温的变化，油杯中有气泡产生	1次/天
	（1）应密封良好，无渗漏。 （2）无集聚气体。 （3）防雨罩无脱落、偏斜	1次/天
	（1）压力释放器无喷油痕迹，动作指示状态正常。 （2）防雨罩安装牢靠	1次/天
	（1）检查密封应良好，无进水受潮，加热器运行正常。 （2）箱体内无放电痕迹，电缆进、出口的防小动物措施良好。 （3）接线端子应无松动和锈蚀，接触良好无发热。 （4）冷却器控制箱中的冷却器电源状态正常、各选择/控制开关的位置正常。 （5）箱内照明正常	1次/天
	本体、附件及汇控箱红外测温，重点检查套管与引流线连接部位、控制箱内通流的电气元件、二次线、冷却器油泵及风扇套管表面、油箱表面等温度无异常	1次/月
	铁芯、夹件外引接地线的接地电流宜在 300mA 以下	1次/月
	储油池和排油设施应保持良好状态	1次/季
桥臂电抗器	（1）检查并确认导线无断股、脱落现象，电抗器未发生变形。 （2）检查运行声音是否正常。 （3）电抗器撑条无错位、脱落。 （4）通风道无异物堵塞通风道。 （5）检查外绝缘是否有闪络和树状放电情况。 （6）电抗器支柱绝缘子无损伤、裂纹、放电闪络痕迹，表面无污垢及其他杂物。 （7）标志牌完好，无脱落现象。 （8）检查基础有无下陷、开裂，本体有无移位	1次/天
	检查并确认本体及接头无明显发热	1次/月

设备内容	巡 维 策 略	周期
电容式电压互感器	（1）连接线无断股、脱落现象。 （2）绝缘子无破损、裂纹及放电现象。 （3）检查支柱接地良好。 （4）外绝缘表面无脏污、裂纹、放电现象。 （5）金属部位无锈蚀，底座、支架牢固，无倾斜变形。 （6）设备外涂漆层清洁、无大面积掉漆。 （7）油位正常	1次/天
	红外测温	1次/月
电流互感器（SF₆式）	（1）连接线无断股、脱落现象。 （2）绝缘子无破损、裂纹及放电现象。 （3）检查支柱接地良好。 （4）检查 SF_6 压力正常。 （5）金属部位无锈蚀，底座、支架牢固，无倾斜、变形。 （6）设备外涂漆层清洁、无大面积掉漆。 （7）二次端子箱门关闭良好，无松脱、移位	1次/天
	红外测温	1次/月
电流互感器（充油式）	（1）连接线无断股、脱落现象。 （2）检查支柱接地良好。 （3）外绝缘表面应无脏污，无破损、裂纹及放电现象。 （4）金属部位应无锈蚀，底座、支架牢固，无倾斜、变形。 （5）设备外涂漆层完好。 （6）油位指示在标准范围内	1次/天
	瓷套、底座、阀门和密封法兰等部位应无渗漏	1次/天
	红外测温	1次/月
交、直流避雷器	（1）连接线无断股、脱落现象。 （2）检查支柱接地是否良好。 （3）计数器外观正常，接线无松脱。 （4）检查计数器接地是否良好。 （5）瓷套表面无脏污、无放电现象，瓷套、法兰无裂纹、破损。 （6）复合绝缘外套表面无脏污，无龟裂、老化现象。 （7）与避雷器、计数器连接的导线及接地引下线无烧伤痕迹或断股现象。 （8）避雷器均压环无歪斜。 （9）带串联间隙的金属氧化物避雷器串联间隙与原来位置相比没有发生偏移	1次/天
	记录避雷器的动作次数和泄漏电流	1次/月
	红外测温	1次/月
断路器保护、高压电抗器保护、联络变压器电气量保护、联络变压器非电气量保护、母线保护、站用变压器保护	（1）检查保护屏面板运行、告警、动作指示灯显示是否正常。 （2）检查并确认冷却风扇正常运行，无异常声响。 （3）屏柜内无异常焦烟味道，无受潮现象，柜内清洁无灰尘	1次/天
	（1）检查并确认打印机工作正常。 （2）保护连接片和切换开关在正常状态。 （3）进行红外测温	1次/月
备用进线自动投入装置	（1）检查装置面板运行、告警、动作指示灯显示是否正常。 （2）检查并确认冷却风扇正常运行，无异常声响。 （3）屏柜内无异常焦烟味道，无受潮现象，柜内清洁无灰尘	1次/天
	（1）保护连接片和切换开关在正常状态。 （2）红外测温	1次/月

设备内容	巡 维 策 略	周期
PMU 装置	（1）检查装置面板运行、告警、动作指示灯显示是否正常。 （2）检查并确认冷却风扇正常运行，无异常声响。 （3）屏柜内无异常焦煳味道，无受潮现象，柜内清洁无灰尘	1 次/天
	检查切换开关在正常位置	1 次/月
	红外测温	1 次/季度
远动装置	（1）检查装置面板运行、告警、动作指示灯显示是否正常。 （2）检查并确认冷却风扇正常运行，无异常声响。 （3）屏柜内无异常焦煳味道，无受潮现象，柜内清洁无灰尘	1 次/天
	红外测温	1 次/季度
联络变压器、 VBC、柔性直流 单元、站用电、 柔性直流阀冷、 辅助系统 接口屏	（1）检查装置面板运行、告警、动作指示灯显示是否正常。 （2）检查并确认冷却风扇正常运行，无异常声响。 （3）屏柜内无异常焦煳味道，无受潮现象，柜内清洁无灰尘。 （4）屏柜内电源空气断路器在正确位置	1 次/天
	红外测温	1 次/月
故障录波装置	（1）检查装置面板运行、告警、动作指示灯显示是否正常。 （2）检查并确认冷却风扇正常运行，无异常声响。 （3）屏柜内无异常焦煳味道，无受潮现象，柜内清洁无灰尘。 （4）屏柜内电源空气断路器在正确位置	1 次/天
	手动触发	1 次/周
	红外测温	1 次/月
站用直流电源	（1）检查装置面板运行、告警、动作指示灯显示是否正常。 （2）检查冷却风扇正常运行，无异常声响。 （3）屏柜内无异常焦煳味道，无受潮现象，柜内清洁无灰尘。 （4）屏柜内电源空气断路器在正确位置	1 次/天
	（1）进行红外测温。 （2）测量蓄电池电压。 （3）蓄电池清扫	1 次/月
UPS 电源	（1）检查装置面板运行、告警、动作指示灯显示是否正常。 （2）检查并确认冷却风扇正常运行，无异常声响。 （3）屏柜内无异常焦煳味道，无受潮现象，柜内清洁无灰尘。 （4）屏柜内电源空气断路器在正确位置	1 次/天
	红外测温	1 次/月
油色谱在线监 测装置	（1）检查装置面板运行、告警、动作指示灯显示是否正常。 （2）检查在线监测数据	1 次/天
	红外测温	1 次/月
GIS 在线监测 装置	（1）检查装置面板运行、告警、动作指示灯显示是否正常。 （2）检查在线监测数据	1 次/天
	红外测温	1 次/月
火灾告警 中央信号屏	检查巡视屏柜信号是否正常	1 次/2 天
高频开关电源	（1）通信电源交流输入状态：通信电源交流输入 A、B、C 三相的电压为 187～264V，且数值稳定。如有双交流电源输入，两路输入都应正常。 （2）整流模块状态：运行中的各整流模块无告警。 （3）整流系统状态：电压输出较之前没有重大变化。 （4）蓄电池状态：每节蓄电池无漏液、结霜、鼓起、开裂、发热现象。 （5）防雷模块状态：模块正常、箱体正常、外观无烧焦且无烧焦气味	1 次/2 天

设备内容	巡 维 策 略	周期
站用变压器	（1）顶层温度计、绕组温度计的外观应完整，表盘密封良好，无进水、凝露现象。 （2）温度指示正常。与远方温度显示比较，相差不超过10℃，每日抄录现场机械表值。 （3）油位计外观完整，密封良好，无进水、凝露现象，记录本体储油柜油位，油位异常时应拍照记录。 （4）对照油温与油位的标准曲线检查油位是否指示在合格范围内。 （5）法兰、阀门、冷却装置、油箱、油管路等密封连接处应密封良好，无渗漏痕迹。 （6）油箱、升高座等焊接部位质量良好，无渗漏油迹象。 （7）无异常振动声响。 （8）查看套管、油色谱在线监测装置数据。 （9）本体无大面油漆脱落、变色。 （10）基座无下沉、开裂等现象	1次/天
	（1）冷却装置及阀门、油泵、油路等无渗漏，气道无堵塞、气流不畅等情况。 （2）潜油泵运转正常，无金属碰撞声	1次/天
	（1）瓷套完好，无脏污、破损，无放电现象。 （2）油位指示在合格范围内。 （3）复合绝缘套管伞裙无龟裂、老化现象。 （4）各部密封处应无渗漏。 （5）数字式仪表指示清晰，指示值正常	1次/天
	（1）外观无破损，干燥剂变色部分不超过2/3，否则应更换干燥剂及油封内变压器油。 （2）油杯的油位在油位线范围内。 （3）呼吸正常，且随着油温的变化，油杯中有气泡产生	1次/天
	（1）应密封良好、无渗漏。 （2）无集聚气体。 （3）防雨罩无脱落、偏斜	1次/天
	（1）压力释放器无喷油痕迹，动作指示状态正常。 （2）防雨罩安装牢靠	1次/天
	（1）检查密封应良好，无进水受潮，加热器运行正常。 （2）箱体内无放电痕迹，电缆进、出口的防小动物措施良好。 （3）接线端子应无松动和锈蚀，接触良好无发热。 （4）冷却器控制箱中的冷却器电源状态正常、各选择/控制开关的位置正常。 （5）箱内照明正常	1次/天
	本体、附件及汇控箱红外测温，重点检查套管与引流线连接部位、控制箱内通流的电气元件及二次线、冷却器油泵及风扇套管表面、油箱表面等温度无异常	1次/月
	铁芯、夹件外引接地线的接地电流宜在300mA以下	1次/月
	储油池和排油设施应保持良好状态	1次/季
交流 500kV隔离开关、接地开关）	（1）检查交流隔离开关、接地开关分闸或合闸是否到位，且机构的机械位置指示应与主控室的电气指示相一致。 （2）检查交流隔离开关、接地开关的瓷套、鼓式绝缘子有无损伤、裂纹、放电闪络和严重污垢、锈蚀等现象。 （3）检查隔离开关接头处有无变形、过热及变色发红现象。 （4）检查引线应无松动、严重摆动或烧伤断股等现象，均压环应牢固、平正。 （5）构架完整，无变形、松动，基础无下沉。 （6）操动机构箱内各元件运行正常，工作状态良好，无异常声响、异味、烧坏、破损、变形、松动等现象，各开关投入位置正确。继电器工作正常、无异常现象。 （7）操动机构箱门、端子箱门和辅助触点盒应关闭或密封良好。 （8）操动机构箱防误闭锁装置应良好，电磁锁无损坏现象。 （9）在晴天，导线及金具无可见电晕	1次/2天
	记录隔离开关、接地开关一次接线端子的红外测温数据	1次/月

设备内容	巡 维 策 略	周期
交流场 TA、TV 户外端子箱、断路器汇控箱	（1）打开端子箱门检查各端子无尘、无烧焦现象。 （2）打开端子箱门检查连接线整齐无脱落，端子接线牢固无松动	1 次/2 天
	一次红外测温无异常发热	1 次/季度
	端子箱内无异常焦烟味道，无受潮现象，柜内清洁无灰尘	1 次/月
机房环境监控	巡视机房温度、湿度、烟感、门禁系统是否正常	1 次/天
图像监控系统	巡视图像监控系统监控正常	1 次/天

3.3.5 动态巡维

背靠背柔性直流输电动态巡维指在环境气候变化（如大雾、大风、寒潮、雷雨及地震等）、迎峰度夏、保供电、设备投入运行、设备运行状态变化等触发条件下，对背靠背柔性直流输电设备开展非常规性质的巡维，保证设备安全运行。表 3-6 对背靠背柔性直流输电动态巡维触发条件及工作要求进行了说明。

表 3-6　　　　背靠背柔性直流输电动态巡维触发条件及工作要求

设备类别	动态巡维索引	触发条件	工 作 要 求
联络变压器	风险变化	动态	（1）根据电网运行方式、负荷变化情况或当调度部门发布三级及以上电网风险预警通知书时，应在运行方式变化前进行一次专业化巡维；当发布三级以下电网风险预警通知书时，应在运行方式变化前进行一次全面的日常巡视，并进行相关数据记录。 （2）形成重负荷变压器运行的按重负荷变压器维护措施进行运行维护。 （3）迎峰度夏前、重要保供电期间，对重点管控设备进行至少一次专业巡维。 （4）在发生气象突变（8 级大风、大雾、大雨、大雪、冰雹、寒潮）和地震等严重自然灾害后，应对重点管控设备进行一次专业巡维，必要时应停电检查
	重负荷	重负荷变压器（主变压器高压侧电流达额定电流的 70% 及以上）	结合日常巡视，重点关注以下巡视项目： （1）检查冷却系统、油泵声响、油位-温度曲线等是否正常。 （2）检查油箱、套管接头等处红外测温是否正常。 （3）测试铁芯接地电流
	新投入运行	新投入运行 3 年内的变压器	结合日常巡视，重点关注以下巡视项目： （1）本体、冷却器风扇和电动机、潜油泵等处声音检查。 （2）油温、绕组温度，就地与远方一致性检查。 （3）本体储油柜、有载调压储油柜及套管油位检查，并与油位-温度曲线进行核对。 （4）铁芯和夹件接地电流检查。 （5）进行渗漏油检查。 （6）在线监测系统通信异常和数据异常检查。 （7）变压器油箱、套管、出线端和冷却器等处红外测温检查。 （8）油流继电器指示检查。 （9）投入运行后一个月内进行变压器油腐蚀性硫测试
	铁芯接地电流异常的变压器	铁芯接地电流异常时	若存在铁芯多点接地问题，在变压器暂不能退出运行时，可采取串电阻等方式使铁芯接地电流控制在 100mA 左右

设备类别	动态巡维索引	触发条件	工 作 要 求
联络变压器	气象突变	大雾、寒潮	结合日常巡视，重点关注以下巡视项目： （1）套管有无放电检查。 （2）渗漏油检查。 （3）端子箱密封情况检查，重点检查密封条是否存在损坏、变形，以及电缆的封堵是否良好，根据检查情况适时启动加热器
		大风、雷雨（冰雹）后	结合日常巡视，重点关注以下巡视项目： （1）变压器各侧避雷器动作情况检查。 （2）套管有无破损和放电痕迹，导线有无断股和放弧等情况检查。 （3）端子箱密封情况检查，重点检查密封条是否存在损坏、变形，电缆的封堵是否良好，根据检查情况适时启动加热器。 （4）中性点间隙放电棒有无放电痕迹，TA有无破损，以及渗漏油检查。 雨季及气温变化较大的天气时，加强对变压器油面温度计、绕组温度计等内部是否存在凝露情况的检查。防止由于凝露导致接点短路而引起的变压器跳闸
	近区短路	变压器遭受近区短路后	近区短路后记录穿越电流
	换流站直流闭锁	换流站直流闭锁后	结合日常巡视，重点关注以下巡视项目： （1）监测变压器中性点直流电流。 （2）检查变压器的噪声和振动有无明显的异常增大
	地震	换流站周边地区发生5级及以上地震或有明显的震感	结合日常巡视，重点关注以下巡视项目： （1）检查变压器基础有无下陷、开裂。 （2）检查变压器本体有无移位，储油柜有无倾斜、变形等。 （3）检查套管有无破损、裂纹及放弧痕迹，引线及接头有无断股现象。 （4）检查变压器声响有无异常。 （5）检查变压器有无渗漏油情况。 （6）检查接地引下线或接地扁铁有无断裂
	油色谱异常	油色谱异常时	变压器油色谱异常时，应采取的措施如下： （1）新发现了色谱异常设备，应立即向主管部门汇报，跟踪监测并分析变化趋势，监测周期应缩短。 （2）经油色谱分析怀疑铁芯存在异常时，应带电进行铁芯接地电流测试。 （3）跟踪监测期间，应做好防主变压器损坏引起电网运行风险的措施。 （4）当跟踪监测发现劣化趋势明显时或油色谱分析内部存在高能放电时，应立即停电进行检查，未彻底查明原因不得重新投入运行
换流阀系统	风险变化	动态	（1）根据电网运行方式、负荷变化情况，阀塔的重要程度发生变化时；当调度部门发布三级及以上电网风险预警通知书时，应在运行方式变化前进行一次专业化巡视；当发布三级以下电网风险预警通知书时，应在运行方式变化前进行一次全面的日常巡视，并进行相关数据记录。 （2）迎峰度夏前、重要保供电期间，对重点管控设备进行至少一次专业巡维。 （3）在发生极端气候、地震等严重自然灾害后，应对重点管控设备进行一次专业维护，必要时应停电检查
	电接触面发热跟踪	发现电接触面存在发热现象	运行人员每天对设备开展红外巡视记录，进行跟踪分析，关注温度变化
	新投入运行	新投入运行3年内的换流阀	结合日常巡视，重点关注以下巡视项目： （1）检查并确认阀塔构件连接正常，无倾斜、脱落。 （2）检查并确认阀塔水管连接正常，无脱落、漏水。 （3）检查并确认阀塔组件无放电，无异常声响，无焦烟味，无明显摆动现象。 （4）检查阀塔支撑绝缘子伞裙是否有破损
	高温、高负荷	日计划负荷超过0.9p.u.	（1）在最高负荷时开展红外特别巡视，连续3次特别巡视无异常可适当延长红外特别巡视周期。 （2）对发热点根据缺陷等级适当缩短红外特别巡视周期。 （3）直流过负荷运行时开展一次红外特别巡视

设备类别	动态巡维索引	触发条件	工 作 要 求
换流阀系统	故障跳闸	故障跳闸后	（1）检查阀塔水管连接是否正常，有无脱落，漏水。 （2）检查阀塔避雷器是否动作
	地震	换流站周边地区发生5级及以上地震或有明显的震感	进行巡维前需检查并确认爬梯或巡检通道牢固、可靠。结合日常巡视，重点关注以下巡视项目： （1）检查阀厅基础有无下陷、开裂。 （2）检查阀塔本体有无移位、变形、倾斜、脱落等。 （3）检查绝缘子有无破损、裂纹及放弧痕迹，引线及接头有无断股现象。 （4）检查接地引下线或接地扁铁有无断裂
VBC/阀控系统	复电前检查	复电前	对VBC进行全面检查，确认设备具备复电条件
	复电后检查	复电后	结合日常巡视，重点关注以下巡视项目： （1）所有指示灯指示是否正常。 （2）VBC屏柜检修复电后进行红外测温，对发热点根据缺陷等级适当缩短红外测温周期
	地震	换流站周边地区发生5级及以上地震或有明显的震感	结合日常巡视，重点关注以下巡视项目： （1）检查VBC屏柜基础有无下陷、开裂。 （2）检查并确认柜体无损坏、开裂，柜门打开和关闭无卡涩现象。 （3）检查屏柜内各部分装置运行是否正常
阀冷系统	风险变化	动态	（1）根据电网运行方式、负荷变化情况或当调度部门发布三级及以上电网风险预警通知书时，应在运行方式变化前进行一次专业化巡维；当发布三级以下电网风险预警通知书时，应在运行方式变化前进行一次全面的日常巡视，并进行相关数据记录。 （2）迎峰度夏前、重要保供电期间，对重点管控设备进行至少一次专业巡维。 （3）在发生气象突变（8级大风、大雾、大雨、大雪、冰雹、寒潮）和地震等严重自然灾害后，应对重点管控设备进行一次专业巡维，必要时应停电检查
	设备操作	操作前、后	对设备工况进行检查
	设备故障	故障告警、跳闸后	根据故障类型对相应设备外观、运行工况、动作信号等进行仔细检查
	新投入运行	阀冷系统首检时	严格按阀冷系统重点维护策略中的停电维护要求及维护手册要求开展阀冷系统首检，并重点检查以下项目： （1）根据厂家调试方案进行阀冷系统所有功能、告警、跳闸试验，并核对信号。 （2）对阀冷系统二次端子进行紧固检查。 （3）对阀冷系统开展图实相符校核工作。 （4）根据验评标准、反事故措施、特别维护方案、检修工作标准等文件全面验收设备。 （5）检查产品质量是否符合要求
	备品	备品、备件不足	及时采购足量的备品、备件，确保传感器故障后能及时更换
	$N-1$	设备传感器失去冗余	设备传感器失去冗余时应对正常的传感器进行特别巡视，缩短巡视、检查周期，定期抄录数据并观察其变化趋势
	台风、暴雨	台风、暴雨后	结合日常巡视，重点关注以下巡视项目： （1）台风、暴雨前应检查并测试泵坑漏水监测告警功能、排污竖井排水功能及潜污泵潜污功能是否完好。 （2）台风、暴雨后应检查泵坑有无积水，冷却塔设备有无脱落、损坏现象
	地震	换流站周边地区发生5级及以上地震或有明显的震感	结合日常巡视，重点关注以下巡视项目： （1）检查阀冷设备基础有无下陷、开裂。 （2）检查阀冷设备有无移位、开裂、渗漏等

设备类别	动态巡维索引	触发条件	工 作 要 求
极控系统	风险变化	动态	（1）根据电网运行方式、负荷变化情况或当调度部门发布三级及以上电网风险预警通知书时，应在运行方式变化前进行一次专业化巡维；当发布三级以下电网风险预警通知书时，应在运行方式变化前进行一次全面的日常巡视，并进行相关数据记录。 （2）迎峰度夏前、重要保供电期间，对重点管控设备进行至少一次专业巡维。 （3）在发生气象突变（8级大风、大雾、大雨、大雪、冰雹、寒潮）和地震等严重自然灾害后，应对重点管控设备进行一次专业巡维，必要时应停电检查
	新投入运行	新投入运行3年内的极控设备	结合日常巡视，重点关注以下巡视项目： （1）检查极控屏柜内是否清洁，无杂物、潮气，接地良好，正面及背面清洁，编号牌字迹清晰，柜门密封完好，孔洞封堵完好；检查照明设施是否完好；检查端子排应清洁，无损坏，无锈蚀，接线无松动、脱落现象。 （2）检查并确认二次回路各熔断器及空气开关完好，标志完整，无熔断及跳闸。 （3）检查装置电源、工作、信号、位置等运行指示灯指示正确，屏面各功能小开关位置正确，符合现场运行规程规定，无告警、异常等信号。 （4）检查并确认二次电缆无破损，无受潮。 （5）检查并确认装置各板卡指示灯正常
		设备首检时	重点检查以下项目： （1）进行极（组）控设备所有功能、告警、跳闸试验，并核对信号。 （2）对极（组）控屏柜的二次端子进行紧固检查。 （3）对极（组）控屏柜开展图实相符校核工作。 （4）根据验评标准、反事故措施、特别维护方案、检修工作标准等文件全面验收设备。 （5）检查产品质量是否符合要求
	设备操作	操作前后	对设备工况进行检查
	设备故障	故障告警、跳闸后	根据故障类型对相应设备的外观、运行工况、动作信号等进行仔细检查
	备品	备品、备件不足	及时采购足量的备品、备件，确保设备元件故障后能及时更换
	针对存在一套运行异常的极（组）控屏	发现单元控制面板LED灯显示不正常后	（1）将极控系统主系统切换到正常运行系统上，并将系统切换把手打至"OFF"。 （2）从异常运行屏柜内的CPU中读取故障信息。 （3）对异常运行的屏柜应停电检查
	地震	换流站周边地区发生5级及以上地震或有明显的震感	结合日常巡视，重点关注以下巡视项目： （1）检查极控屏柜基础有无下陷、开裂。 （2）检查并确认柜体无损坏、开裂，柜门打开和关闭无卡涩现象。 （3）检查屏柜内各部分装置运行是否正常
直流站控系统	风险变化	动态	（1）根据电网运行方式、负荷变化情况或当调度部门发布三级及以上电网风险预警通知书时，应在运行方式变化前进行一次专业化巡维；当发布三级以下电网风险预警通知书时，应在运行方式变化前进行一次全面的日常巡视，并进行相关数据记录。 （2）迎峰度夏前、重要保供电期间，对重点管控设备进行至少一次专业巡检维护。 （3）在发生气象突变（8级大风、大雾、大雨、大雪、冰雹、寒潮）和地震等严重自然灾害后，应对重点管控设备进行一次专业巡维，必要时应停电检查
	设备操作	操作前、后	对设备工况进行检查
	设备故障	故障告警、跳闸后	根据故障类型对相应设备的外观、运行工况、动作信号等进行仔细检查

设备类别	动态巡维索引	触发条件	工 作 要 求
直流站控系统	新投入运行	新投入运行3年内的直流站控设备	结合日常巡视，重点关注以下巡视项目： （1）检查直流站控屏内是否清洁，无杂物、潮气，接地良好，正面及背面清洁，编号牌字迹清晰，柜门密封完好，孔洞封堵完好；检查照明设施是否完好；检查端子排应清洁，无损坏，无锈蚀，接线无松动、脱落现象。 （2）检查并确认二次回路各熔断器及空气开关完好，标志完整，无熔断及跳闸。 （3）检查并确认装置电源、工作、信号、位置等运行指示灯指示正确，屏面各功能小开关位置正确，符合现场运行规程规定，无告警、异常等信号。 （4）检查并确认二次电缆无破损，无受潮
		直流站控设备首检时	重点检查以下项目： （1）进行直流站控设备所有功能、告警、跳闸试验，并核对信号。 （2）对直流站控屏柜的二次端子进行紧固检查。 （3）对直流站控屏柜开展图实相符校核工作。 （4）根据公司验评标准、反事故措施、特别维护方案、检修工作标准等文件全面验收设备。 （5）检查产品质量是否符合要求
	备品	备品、备件不足	及时采购足量的备品、备件，确保传感器故障后能及时更换
	地震	换流站周边地区发生5级及以上地震或有明显的震感	结合日常巡视，重点关注以下巡视项目： （1）检查直流站控屏柜基础有无下陷、开裂。 （2）检查并确认柜体无损坏、开裂，柜门打开和关闭无卡涩现象。 （3）检查屏柜内各部分装置运行是否正常
交流站控系统	风险变化	动态	（1）根据电网运行方式、负荷变化情况或当调度部门发布三级及以上电网风险预警通知书时，应在运行方式变化前进行一次专业化巡维；当发布三级以下电网风险预警通知书时，应在运行方式变化前进行一次全面的日常巡视，并进行相关数据记录。 （2）迎峰度夏前、重要保供电期间，对重点管控设备进行至少一次专业巡维。 （3）在发生气象突变（8级大风、大雾、大雨、大雪、冰雹、寒潮）和地震等严重自然灾害后，应对重点管控设备进行一次专业巡维，必要时应停电检查
	设备操作	操作前、后	对设备工况进行检查
	设备故障	故障告警、跳闸后	根据故障类型对相应设备的外观、运行工况、动作信号等进行仔细检查
	新投入运行	新投入运行3年内的交流站控设备	结合日常巡视，重点关注以下巡视项目： （1）检查屏（柜）、箱内是否清洁，无杂物、无潮气，接地良好，正面及背面清洁，编号牌字迹清晰，柜门密封完好，孔洞封堵完好；检查照明设施是否完好；检查端子排应清洁，无损坏，无锈蚀，接线无松动、脱落现象。 （2）检查并确认二次回路各断路器及空气开关完好，标志完整，无熔断及跳闸。 （3）检查并确认装置电源、工作、信号、位置等运行指示灯指示正确，屏面各功能小开关位置正确，符合现场运行规程规定，无告警、异常等信号。 （4）检查并确认二次电缆无破损，无受潮
		交流站控系统首检时	重点检查以下项目： （1）进行交流站控设备所有功能、告警、跳闸试验，并核对信号。 （2）对交流站控屏柜的二次端子进行紧固检查。 （3）对交流站控屏柜开展图实相符校核工作。 （4）根据公司验评标准、反事故措施、特别维护方案、检修工作标准等文件全面验收设备
	备品	备品、备件不足	及时采购足量的备品、备件，确保传感器故障后能及时更换

设备类别	动态巡维索引	触发条件	工 作 要 求
交流站控系统	地震	换流站周边地区发生5级及以上地震或有明显的震感	结合日常巡视，重点关注以下巡视项目： （1）检查交流站控屏柜基础有无下陷、开裂。 （2）检查并确认柜体无损坏、开裂，柜门打开和关闭无卡涩现象。 （3）检查屏柜内各部分装置运行是否正常
直流测量系统	风险变化	动态	（1）根据电网运行方式、负荷变化情况或当调度部门发布三级及以上电网风险预警通知书时，应在运行方式变化前进行一次专业化巡维；当发布三级以下电网风险预警通知书时，应在运行方式变化前进行一次全面的日常巡视，并进行相关数据记录。 （2）迎峰度夏前、重要保供电期间，对重点管控设备进行至少一次专业巡维。 （3）在发生气象突变（8级大风、大雾、大雨、大雪、冰雹、寒潮）和地震等严重自然灾害后，应对重点管控设备进行一次专业巡维，必要时应停电检查
直流测量系统	新投入运行	新投入运行3年内的直流测量设备	结合日常巡视，重点关注以下巡视项目： （1）检查直流测量屏内是否清洁，无杂物、潮气，接地良好，正面及背面清洁，编号牌字迹清晰，柜门密封完好，孔洞封堵完好；检查照明设施是否完好；检查端子排应清洁，无损坏，无锈蚀，接线无松动、脱落现象。 （2）检查并确认二次回路各熔断器及空气开关完好，标志完整，无熔断及跳闸。 （3）检查并确认装置电源、工作、信号、位置等运行指示灯指示正确，屏面各功能小开关位置正确，符合现场运行规程规定，无告警、异常等信号。 （4）检查并确认二次电缆无破损，无受潮
直流测量系统	新投入运行	直流测量设备首检时	重点检查以下项目： （1）进行直流测量设备所有测量精度、功能、告警、跳闸试验，并核对信号。 （2）对直流测量屏柜的二次端子进行紧固检查。 （3）对直流测量屏柜开展图实相符校核工作。 （4）根据验评标准、反事故措施、特别维护方案、检修工作标准等文件全面验收设备。 （5）检查产品质量是否符合要求
直流测量系统	备品	备品、备件不足	及时采购足量的备品、备件，确保传感器故障后能及时更换
直流测量系统	地震	换流站周边地区发生5级及以上地震或有明显的震感	结合日常巡视，重点关注以下巡视项目： （1）检查直流测量屏柜基础有无下陷、开裂。 （2）检查并确认柜体无损坏、开裂，柜门打开和关闭无卡涩现象。 （3）检查屏柜内各部分装置运行是否正常
直流保护设备	风险变化	动态	（1）根据电网运行方式、负荷变化情况或当调度部门发布三级及以上电网风险预警通知书时，应在运行方式变化前进行一次专业化巡维；当发布三级以下电网风险预警通知书时，应在运行方式变化前进行一次全面的日常巡视，并进行相关数据记录。 （2）迎峰度夏前、重要保供电期间，对重点管控设备进行至少一次专业巡维。 （3）在发生气象突变（8级大风、大雾、大雨、大雪、冰雹、寒潮）和地震等严重自然灾害后，应对重点管控设备进行一次专业巡维，必要时应停电检查
直流保护设备	新投入运行	新投入运行3年内的直流保护设备	结合日常巡视，重点关注以下巡视项目： （1）检查直流保护屏柜内是否清洁，无杂物、潮气，接地良好，正面及背面清洁，编号牌字迹清晰，柜门密封完好，孔洞封堵完好；检查照明设施是否完好；检查端子排应清洁，无损坏，无锈蚀，接线无松动、脱落现象。 （2）检查并确认二次回路各熔断器及空气开关完好，标志完整，无熔断及跳闸。 （3）检查并确认装置电源、工作、信号、位置等运行指示灯指示正确，屏面各功能小开关位置正确，符合现场运行规程规定，无告警、异常等信号。 （4）检查并确认二次电缆无破损，无受潮。 （5）检查并确认装置各板卡指示灯正常

设备类别	动态巡维索引	触发条件	工 作 要 求
直流保护设备	新投入运行	直流保护设备首检时	重点检查以下项目： （1）进行直流保护设备所有功能、告警、跳闸试验，并核对信号。 （2）对直流保护屏柜的二次端子进行紧固检查。 （3）对直流保护屏柜开展图实相符校核工作。 （4）根据验评标准、反事故措施、特别维护方案、检修工作标准等文件全面验收设备。 （5）检查产品质量是否符合要求。 （6）检查并确认保护传动正常
	设备操作	操作前、后	对设备工况进行检查
	设备故障	故障告警、跳闸后	根据故障类型对相应设备的外观、运行工况、动作信号等进行仔细检查
	备品	备品、备件不足	及时采购足量的备品、备件，确保设备元件故障后能及时更换
	存在一套运行异常的直流保护屏	发现直流保护屏面板 LED 灯显示不正常后	（1）将异常直流保护系统压板退出。 （2）从异常运行屏内 CPU 中读取故障信息。 （3）对异常运行的屏柜应停电检查
	地震	换流站周边地区发生 5 级及以上地震或有明显的震感	结合日常巡视，重点关注以下巡视项目： （1）检查直流保护屏柜基础有无下陷、开裂。 （2）检查并确认柜体无损坏、开裂，柜门打开和关闭无卡涩现象。 （3）检查屏柜内各部分装置运行是否正常

3.3.6 专业及停电巡维

背靠背柔性直流输电专业及停电巡维情况见表 3-7。

表 3-7 背靠背柔性直流输电专业及停电巡维

设备内容	巡维类别	运行维护策略	周期	执行月份
换流阀系统	专业巡维	（1）检查并确认阀塔构件连接正常，无倾斜、脱落。 （2）检查并确认阀塔水管连接正常，无脱落、漏水。 （3）检查并确认阀塔组件无放电，无异常声音，无焦煳味	1 次/月	1～12 月
	停电巡维	支撑系统维护： （1）支撑系统连接良好、垂直，元件无变形、开裂、松动及脱落情况。支撑系统金具表面清洁，无积污。支撑系统绝缘子形态完整，裙边无破损。支撑系统绝缘子表面清洁，无积污。支撑系统螺栓销子位置正常，无偏移、脱落。 （2）支撑系统陶瓷绝缘子超声波检测结果正常，表面及内部无损伤。 （3）使用水平仪置于屏蔽罩检查组件水平	/	停电检修时
		光纤槽维护： （1）形态完好，无破损，无放电痕迹。 （2）清洁，无积污，无水痕。 （3）防火，封堵严密、可靠，扎带完好	/	停电检修时

设备内容	巡维类别	运行维护策略	周期	执行月份
换流阀系统	停电巡维	阀冷却水管道维护： （1）外观及渗漏检查： 1）水管安装牢固、排列整齐，表面洁净，无污染、变色、裂纹或破损，S形水管、汇流管、分支水管等内无异物，水管卡扣、绑扎带牢固、完好，无破损，无缺失。各管路不得与其他设备或小水管直接接触，必须缠绕蛇皮管或套有保护套。 2）水管及阀门连接处无渗、漏水。用手逐一检查分支水管接头处无渗漏水。 3）阀门位置正确。水管流向标识清晰、正确。 4）阀塔水管内无气泡。 （2）连接螺栓紧固检查： 1）主水管道连接螺栓紧固标记线清晰、完整，无错位现象，发现标记线缺失或错位应重新校核力矩后做好标记线。 2）S型水管法兰盘连接螺栓应按校核力矩进行全检，如发现有松动，则按安装力矩进行紧固。 3）汇流管与S型水管连接头螺栓紧固标记线清晰、完整，无错位现象，发现标记线缺失或错位应进行紧固并做好标记线。 4）分支水管与电抗器、汇流管、水冷电阻及散热块的连接接头紧固标记线清晰、完整，无错位现象，发现标记线缺失或错位应重新校核力矩后做好标记线。 5）力矩符合设备技术文件的要求。 （3）密封垫圈检查：检查换流阀设备垫圈状况，发现异常则进行更换；评估换流阀设备垫圈老化状况，对老化、失效垫圈及时更换，不发生垫圈失效导致渗、漏水的情况。 （4）排气阀检查： 1）排气阀可正常关断和排气。 2）排气阀无渗、漏水。 （5）管路排气。进行大量排水、补水作业后需对管路进行排气，确保管路内空气排出，主水压力保持正常稳定。 （6）内冷水路在大修后应按1.1倍运行压力进行加压试验，优先采用静态加压方式，压力可在试验值稳定保持15min，确保管路无渗、漏水。如采用动态加压方式，需在试验过程中对阀塔元件进行全面、细致地检查，确保管路无渗漏水	/	停电检修时
		载流母线维护： （1）载流母线形态完好，无变形，排列一致。连接接头处无氧化、变色、放电痕迹。载流母线表面清洁，无积污。螺栓紧固标记线清晰、完整，无错位现象。 （2）载流母线连接螺栓按安装力矩进行紧固，螺栓力矩符合设备技术文件要求（如发现螺栓松动需扩大检查范围）	/	停电检修时
		阀组件外罩及屏蔽层检查： （1）阀组件外罩及屏蔽层表面光洁，无积污、变色、放电痕迹。阀组件屏蔽层上无渗、漏水痕迹，无遗留物。 （2）用水平尺检测阀层的水平度正常	/	停电检修时
		避雷器检查： （1）检查阀避雷器绝缘套管表面清洁，无裂纹，无变色；电气连接良好，无松动；光纤连接良好，固定可靠；避雷器监视器绝缘小瓷套无破损、严重污秽；避雷器监视器放电间隙电极表面光滑、洁净，无放电痕迹，如有需要则更换间隙电极。 （2）用强光模拟信号方式或用直流发生器施加电压方式，模拟避雷器装置动作，工作站正确发出相应避雷器动作SER信号	/	停电检修时

设备内容	巡维类别	运行维护策略	周期	执行月份
换流阀系统	停电巡维	均压电极维护： （1）均压电极抽检应包含各类安装位置的均压电极。均压电极探针表面光洁，无结垢和腐蚀，均压电极探针表面结垢厚度达到 0.4mm 则需对同类均压电极进行全检除垢。均压电极探针长度正常，如发现短于 60%者，需进行更换并对均压电极探针进行全检。均压电极安装力矩需符合设备技术文件的要求。 （2）均压电极密封圈完好，有弹性，无腐蚀，如发现有腐蚀者则对均压电极密封圈进行全检，均压电极密封圈使用六年需用全新垫圈进行更换。 （3）均压电极连接线接头插入良好且紧固、无松动。均压电极连接线完好，无硬化、变色现象。均压电极连接线不得触碰内冷水管及其他元件，并与 S 型水管上的均压罩边缘保持足够距离	/	停电检修时
		阀塔漏水功能维护： （1）漏水检测装置外观无异常，光纤紧固，泄流孔畅通、无堵塞。 （2）阀塔底部积水层清洁、无污秽，漏水检测装置内无积水。 （3）分段检测Ⅰ段漏水告警和Ⅱ段漏水跳闸功能。 （4）试验中漏水告警及跳闸 SER 信号正确	/	停电检修时
阀冷系统	专业巡维	（1）主水管道检查：目视检查以确认管道无变形，无明显振动，无渗、漏水。 （2）高位水箱检查：目视检查以确认无明显晃动，无渗漏水。 （3）主循环泵及电动机检查： 1）主循环泵及电动机密封面密封状态检查，应无渗漏水、渗漏油现象。 2）水泵、电动机固定牢固，无异常振动和声响，用探针监听运行主泵，无异常声音；无异常气味。 3）对主循环泵及电动机、接线盒进行红外测温检测无异常发热；打开电动机接线盒，检查盒内接线无烧黑、变色、放电等现象。 4）逆止阀内无异常声响，功能正常。 5）添加润滑脂或润滑油（免维护轴承除外）。 6）泵体清洁检查。 7）其他按照设备技术文件要求需进行的定期保养工作。 （4）补水泵及电动机检查： 1）按下手动补水按钮，检查补水功能正常，补水泵无异常噪声和振动。 2）补水回路无渗、漏水。 （5）补水箱检查：水位在正常范围内，水质无明显浑浊，相关回路无渗漏水。 （6）主过滤器检查：主过滤器内部无异常声响，过滤器前后压力正常，无明显渗漏水。 （7）离子交换器及管道检查：阀门开度、回路水流量、出水电导率在正常范围，回路管道无明显渗漏水。 （8）阀门检查：各阀门位置在正常的开闭状态，无明显渗漏水。 （9）喷淋水池检查：喷淋水池水位正常，池内无杂质、异物，外冷水电导率符合要求。 （10）冷却塔及风机检查： 1）风机运行平稳，无异响，无明显振动；对电动机进行红外测温无异常发热。 2）冷却塔外壳、管道无漏水；喷淋水流正常，无堵塞现象。 （11）喷淋泵及电动机检查： 1）喷淋泵及电动机无渗漏水及渗漏油现象。 2）水泵、电动机固定牢固，无异常振动和声响，用探针监听运行中的喷淋泵，无异常声响；无异常气味。 3）对喷淋泵及电动机、接线盒进行红外测温无异常发热；打开电动机接线盒，检查盒内接线无烧黑、变色、放电等现象。 4）逆止阀内无异常声响，功能正常。 （12）脱气罐检查：外观检查无渗水。 （13）电加热器检查：外观检查无渗水。	1次/月	1～12 月

设备内容	巡维类别	运行维护策略	周期	执行月份
阀冷系统	专业巡维	（14）喷淋水补水回路检查：活性炭过滤器压力正常，各阀门在正常的开闭状态，活性炭过滤器反洗泵外观检查无渗水，全自动反冲洗过滤器两侧压力正常，全自动软水器外观检查正常，反渗透水处理装置功能正常，反渗透膜未堵塞，出水流量正常，药剂在正常范围内。 （15）喷淋水自循环水处理回路检查：砂滤器外观检查无异常，过滤器两侧压力正常，旁路循环水泵工作正常。 （16）加药装置：药剂液位正常，加药功能正常。 （17）泵坑排污功能检查：观察泵坑地面有无积水，检查排污竖井管路及泵功能是否正常。 （18）过滤泵及电动机检查：过滤泵及电动机无异常声响及振动，无渗漏水。 （19）过滤器检查：过滤器及管道应无渗漏水。 （20）泄水系统检查：泄漏阀开度在正常范围内，泄水系统无渗漏水。 （21）软化水装置、杀菌装置检查：桶内药剂量正常，装置外部无破损，桶内无明显受污情况。 （22）进水水泵及电动机检查：电动机无异常声响及异味；电动机基座固定牢固，振动在正常范围内；无渗漏水。 （23）进水管检查：外观无锈蚀，无渗漏水。 （24）仪器、仪表检查： 1）表计指示正常，冗余配置的表计显示无明显差异。 2）外冷水池水位显示值与实际水位一致。 3）内冷水进水温度在设定值附近；主泵切换前后各表计显示值无明显变化（重点检查主水压力、主水流量数值变化）。 （25）数据专业分析： 1）开展专业巡视，查看传感器、变送器工作正常，分析传感器历史数据有无异常。 2）开展专业巡视，分析冷却塔及变频器设备运行有无异常。 3）开展专业巡视，查看水位历史数据，分析水位传感器数据有无异常。 4）开展专业巡视及红外测温，对比分析测温数据，及时发现过热隐患。 5）开展专业巡视，检查阀冷设备有无渗漏水，分析膨胀水箱水位变化，判断是否存在渗、漏水。 6）开展专业巡视，查看历史数据，分析电导率传感器、离子交换回路流量计数据有无异常	1次/月	1～12月
	停电巡维	主循环泵与电动机检修： （1）小修工作： 1）专业巡维的所有项目。 2）润滑脂或润滑油更换。对轴承的润滑脂或润滑油进行更换（免维护轴承除外），更换的润滑脂或润滑油型号应与设备技术文件的要求一致；更换润滑油时，油位应符合设备技术文件的要求。 3）电动机接线盒及电缆检查。打开电动机接线盒进行检查，电动机电源线接线绝缘良好，无老化和过热损伤的迹象；接线端子及连接片紧固良好，无氧化变色；接线盒密封良好，盒内清洁、无异物。 4）电动机绝缘检查。用1000V绝缘电阻表对电动机绝缘进行测量，绝缘电阻要求大于0.5MΩ。 5）电动机正常运行时的三相电流、电压检查。对电动机运转时的三相电流、电压进行测量，三相电流、电压应平衡。不平衡度按〔（最大值−最小值）/最小值〕计算，电压不平衡度≤2%，电流不平衡度≤10%。 6）联轴器同心度检查。对联轴器同心度进行测量，应符合设备技术文件的要求。 7）其他按照设备技术文件要求需进行的小修工作。 （2）大修工作： 1）小修的所有项目。 2）轴承更换。对电动机和水泵的所有轴承进行更换。 3）轴承外圈与机座及内圈与轴配合检查。检查新安装轴承外圈与机座、内圈与轴的配合，应紧固，无松动现象。	/	停电检修时

设备内容	巡维类别	运行维护策略	周期	执行月份
阀冷系统	停电巡维	4）水泵油封更换。 5）水泵机械密封密封面检查。水泵机械密封密封面应光滑、平整，若密封面磨损，需对机械密封进行更换。 6）水泵机械密封垫圈更换。 7）水泵叶轮检查。水泵叶轮无碰撞痕迹，无锈蚀。 8）电动机抽芯检查。电动机铁芯漆皮无脱皮锈蚀，风道畅通无阻塞，转子平衡块紧固可靠，槽楔装配紧固，每根槽楔的空响长度小于1/3槽楔长（或按制造厂规定）；鼠笼端环与铜（铝）条连接良好、无断裂，端环无裂纹，绝缘层清洁、无破损；绕组扎锁紧固，引线连接牢固。 9）回路逆止阀检查。检查逆止阀内部，特别是两个阀片之间的限位杆和回力弹簧。回力弹簧应无锈蚀，限位杆应无明显磨损，对弹簧存在锈蚀或限位杆明显磨损的逆止阀需进行更换。 10）电动机前后端盖面、磨损环磨损检查。电动机前后端盖面形态完好，无龟裂。塑料型磨损环无老化、龟裂，金属型磨损环无变形、磨损。 11）电动机风扇检查。检查电机风扇无老化，无裂纹，无卡涩。 12）电动机定子冷态直流电阻检查。对定子冷态直流电阻进行测量，三相直流电阻应平衡。不平衡度按[（最大值－最小值）/最小值]计算，三相绕组电阻相间不平衡度≤1%，线间不平衡度≤2%。其他按照阀冷系统维护手册或设备技术标准要求需进行的大修工作	/	停电检修时
		补水泵与电动机维护： （1）添加润滑脂（免维护轴承除外）。定期添加的润滑脂或润滑油型号应符合设备技术文件要求；添加润滑油时，油位应符合设备技术文件的要求。 （2）泵体清洁检查。水泵泵体外表清洁，无灰尘、油渍及杂物。 （3）电动机、水泵振动及声音检查。水泵和电动机声音无明显异常，对水泵和电动机的振动进行测量，测量结果符合设备技术文件的要求。 （4）电动机、水泵温度检查。水泵和电动机温度持续稳定，运行温度范围符合设备技术文件的要求。 （5）电动机、水泵各密封面密封状态检查。 （6）补水泵启停及切换试验。补水泵启停和切换功能应正常。 （7）补水泵三相电源电压和三相电流测量。对电动机运转时的三相电流、电压进行测量，三相电流、电压应平衡。不平衡度按[（最大值－最小值）/最小值]计算，电压不平衡度≤2%，电流不平衡度≤10%	/	停电检修时
		补水箱维护：对补水箱进行清污和补水。 （1）利用干净的自来水对水箱外壁进行清污，要求清污后外壁洁净、无污痕。 （2）利用补充水对敞开式水箱箱体内壁进行清污，要求清污后内壁洁净、无污痕，无杂物遗留在水箱中。 （3）封闭式水箱由运行单位根据设备手册的要求进行清污作业。 新补充水应纯净无杂质，pH值为6.5～8.5，电导率小于10μS/cm，补水时严禁异物进入补水箱内	/	停电检修时
		主过滤器维护： （1）滤网、滤芯检查与清洗。滤网、滤芯完好，无破损、腐蚀现象；主过滤器滤芯无杂物堵塞现象。如发现异物须验明异物成分，确定异物来源，彻底清除水路异物。 （2）检修后主过滤器压差检查。检修后内冷水主回路压力及主过滤器压差值正常，符合设备技术文件的规定	/	停电检修时
		离子交换器回路过滤器维护：滤网、滤芯检查与清洗。对棉质滤芯必须予以更换，金属材质的滤网可冲洗干净后再使用；清洗后的滤网应清洁，无破损、腐蚀及堵塞现象，处理后离子交换器回路流量正常，符合设备技术文件的要求	/	停电检修时

设备内容	巡维类别	运行维护策略	周期	执行月份
阀冷系统	停电巡维	离子交换器维护： （1）各连接处外观检查。离子交换器各连接处无渗、漏水现象。 （2）流量和电导率检查。主泵启动后离子交换器回路流量计和电导率传感器读数正常，符合设备技术文件的要求。 （3）更换离子交换树脂（非年度检修必要项目，当离子交换器出口电导率和主水管电导率相等，或离子交换器出水电导率接近告警定值时检查更换）。 1）更换前应确认新树脂外观、性能指标满足要求，潮解、开裂及霉变等状态的树脂不得使用。 2）全部重新更换树脂，更换的树脂应是同品牌、型号。 更换安装后，检查所有连接处无渗漏。更换树脂后，离子交换器出水电导率测量值小于 $0.2\mu s/cm$	/	停电检修时
		水管维护（包含主水管、阀门等水路元件）： （1）小修： 1）外观及渗漏检查。 2）螺栓紧固检查。 3）内冷水加压试验。 4）排水与注水（根据检修工作需要）。 5）外冷水水管内壁结垢情况检查，根据结垢情况采取除垢或更换管壁的措施。 （2）大修：管路逆止阀检查	/	停电检修时
		高位水箱维护： （1）箱体外观检查及清污。箱体固定良好。水箱外壁清洁，无污秽，无残水，无渗漏水。水位传感器读数与本体液位指示一致，冗余传感器读数在允许范围内。进出水阀门位置正确，功能正常。进出水连接管连接牢固，无松动现象；如使用软管连接，软管应无变质硬化现象，否则应进行更换。 （2）二氧化碳吸附剂检查。二氧化碳吸附剂应无受潮或变色现象，否则应进行更换	/	停电检修时
		冷却塔本体维护： （1）外观检查及清污。冷却塔无生锈现象，必要时进行防锈处理；冷却盘管、冷却塔壁、积水盘无腐蚀、损伤、污秽、积垢，必要时进行无损除垢。冷却塔进出水阀门、风挡机构工作正常，顶部通风口清洁、无污秽。 （2）冷却塔渗漏检查。冷却塔外壁、水路应无渗漏。 （3）冷却塔喷淋功能检查。所有喷嘴无堵塞，喷淋正常	/	停电检修时
		冷却塔风机维护： （1）小修工作： 1）添加润滑脂。定期添加的润滑脂型号应与设备技术文件的要求一致；添加润滑油时，油位应符合设备技术文件的要求（若添加润滑脂的工作无法在冷却塔运行中进行，则在直流停电期间进行）。 2）振动和声音检查。电动机、皮带振动和声音无明显异常。 3）温度检查。电动机温度正常，符合设备技术文件的要求。 4）风机清洁检查。电动机外表清洁，无灰尘、油渍及杂物。 5）电动机接线盒检查。打开电动机接线盒进行检查，电动机电源线接线绝缘良好，不存在老化和过热损伤的迹象；接线端子及连接片紧固良好，无氧化变色；接线盒密封良好，盒内清洁、无异物。 6）电动机绝缘检查。用1000V绝缘电阻表对电动机绝缘进行测量，绝缘电阻要求大于 $0.5M\Omega$。 7）电动机正常运行时的三相电流、电压检查。对电动机运转时的三相电流、电压进行测量，三相电流、电压应平衡。不平衡度按 ［（最大值−最小值）/最小值］计算，电压不平衡度≤2%，电流不平衡度≤10%。 8）风扇皮带松紧度检查。风扇皮带松紧适中，符合设备技术文件的要求。	/	停电检修时

设备内容	巡维类别	运行维护策略	周期	执行月份
阀冷系统	停电巡维	9）电动机除锈及防锈处理。电动机外壳无生锈现象，必要时进行防锈处理。 10）其他按照设备生产商说明书要求需进行的大修工作。 （2）大修工作： 1）小修的所有项目。 2）电动机定子冷态直流电阻检查。对定子冷态直流电阻进行测量，三相直流电阻应平衡。不平衡度按［（最大值－最小值）/最小值］计算，三相绕组电阻相间不平衡度不大于1%，线间不平衡度不大于2%	/	停电检修时
		喷淋泵维护： （1）小修工作： 1）添加润滑脂。定期添加的润滑脂或润滑油型号应与设备技术文件的要求一致；添加润滑油时，油位应符合设备技术文件的要求。 2）泵体清洁检查。喷淋泵泵体外表清洁，无灰尘、油渍及杂物。 3）电动机和水泵振动和声音检查。水泵和电动机声音无明显异常；对水泵和电动机的振动进行测量，结果符合设备技术文件的要求。 4）电动机和水泵温度检查。水泵和电动机的温度正常，符合设备技术文件的要求。 5）电动机和水泵各密封面的密封状态检查。电动机和水泵各密封面无渗漏水或渗漏油现象。 6）电动机接线盒检查。打开电动机接线盒进行检查，电动机电源线接线绝缘良好，不存在老化和过热损伤的迹象；接线端子及连接片紧固良好，无氧化变色；接线盒密封良好，盒内清洁、无异物。 7）电动机绝缘检查。用1000V绝缘电阻表对电动机绝缘进行测量，绝缘电阻要求大于0.5MΩ。 8）电动机正常运行时的三相电流、电压检查。对电动机正常运行时的三相电流、电压进行测量，三相电流、电压应平衡。不平衡度按［（最大值－最小值）/最小值］计算，电压不平衡度不大于2%，电流不平衡度不大于10%。 9）叶轮和逆止阀结垢情况抽检。对叶轮和逆止阀的结垢情况进行抽检，若发现结垢情况严重，则需对全部设备进行除垢。 10）其他按照设备生产商说明书要求需进行的小修工作。 （2）大修工作： 1）小修的所有项目。 2）水泵叶轮检查。水泵叶轮无碰撞痕迹，无锈蚀，无结垢现象。 3）逆止阀检查。检查逆止阀内部，特别是两个阀片之间的限位杆和回力弹簧。回力弹簧应无锈蚀，限位杆应无明显磨损，对弹簧存在锈蚀或限位杆明显磨损的逆止阀需进行更换。 4）电动机定子冷态直流电阻。对定子冷态直流电阻进行测量，三相直流电阻应平衡。不平衡度按［（最大值－最小值）/最小值］计算，三相绕组电阻相间不平衡度不大于1%，线间不平衡度不大于2%。 其他按照设备生产商说明书要求需进行的大修工作	/	停电检修时
		外冷水泄水系统维护： （1）外观检查。设备表面清洁，无渗漏水；泄水系统排水正常，管路无堵塞；流量计内壁无水垢，防腐探针无腐蚀现象。 （2）弃水控制功能检查。泄水系统弃水控制功能正常，启动与停止符合设定条件，满足设备技术文件的要求	/	停电检修时
		泵坑排水竖井及集水井维护： （1）排污泵泵体清洁检查，排污泵泵体外表清洁，无油渍及杂物。 （2）电动机和水泵声音检查，水泵和电动机声音无明显异常。 （3）进行排污泵启停运转试验，排污泵自动启停功能正常	/	停电检修时
		加药（软化水及杀菌）装置维护： （1）外观检查。药箱内壁和加药管路应洁净、无异物，药剂液位正常。 （2）功能检查。装置加药功能应正常	/	停电检修时

设备内容	巡维类别	运行维护策略	周期	执行月份
阀冷系统	停电巡维	外冷水循环砂过滤器维护： （1）过滤器罐体表面清洁。过滤器罐体表面应清洁、无积污。 （2）砂过滤泵外观、温度及声音检查。砂过滤泵无渗、漏水；过滤器压差正常，温度正常，声音无明显异常，符合设备技术文件的要求。 （3）自动、手动反冲洗功能检查。自动、手动反冲洗功能应正常，符合设备技术文件的要求。 （4）连接管内壁清垢。连接管内壁应无结垢、堵塞现象。 （5）自动调节阀清污、调节功能检查。自动调节阀无积污，调节功能正常，符合设备技术文件的要求	/	停电检修时
		外冷水进水系统维护： （1）进水过滤器压差检查。进水过滤器压差正常，无堵塞现象；若过滤器堵塞严重须进行清洗。 （2）进水电动阀门分合试验。进水电动阀门分合功能正常，阀门启停动作符合设定条件	/	停电检修时
		传感器、表计维护： （1）传感器、表计外观检查。传感器、表计外观清洁，连接处应无渗、漏水。 （2）传感器、表计读数检查。传感器、表计读数正常，冗余传感器及同位置表计的读数一致。 （3）传感器、表计历史数据分析。在工作站上对传感器历史数据变化趋势进行专业分析，确认历史数据变化趋势符合定值及实际情况。 （4）喷淋水水位传感器除垢。喷淋水池水位计指示正确，连接可靠，无污秽，无结垢，无藻类等附着物。 （5）传感器、表计自行校验。自行校验可采用自购仪器校验、同类传感器数据对比分析、本传感器历史数据对比分析等方式进行，传感器自行校验工作完成后，传感器校验报告必须按正常审批流程进行审批。 （6）传感器、表计性能和精度专业校验（周期3年）。专业校验须将传感器、表计送到有资质的校验单位或由有资质的校验单位来现场开展性能和精度校验，检测单位及时出具校验报告，若传感器拆装或送检难度较大（如主水流量传感器），可采用自行校验代替专业校验	/	停电检修时
		水质检测： （1）内冷水水质专业检测。所取内冷水水样应纯净、无杂质，取水样时应缓慢开启阀门，防止膨胀水箱水位低导致跳闸。内冷水水质检测内容包括内冷水电导率、pH值、离子成分及含量，并由检测分析机构出具水质检测报告。 （2）外冷水水质专业检测。外冷水水质检测内容包括：外冷水电导率、pH值、杂质和离子成分及含量，并由检测分析机构出具水质检测报告	/	停电检修时
开关元件	专业巡维	（1）SF_6气体压力分析。通过运行记录对断路器SF_6气体压力值进行横向、纵向比较。进行是否存在SF_6泄漏的早期判断。 （2）红外测温数据分析。通过运行记录对断路器红外测温数据进行横向、纵向比较，判断断路器是否存在向一次接头发热发展的趋势。对已出现异常或缺陷的断路器，结合每月"运行数据多维度分析表"开展分析。 （3）打压次数分析。通过运行记录的打压次数及操动机构压力值进行比较，进行操动机构是否存在泄漏的早期判断，如果发现打压次数增加，应结合专业巡维对相关高压管路进行重点关注。 （4）机构箱内可视传动部件的检查：机构箱传动部件外观正常，无锈蚀现象。机构连接螺栓无松动、锈蚀现象。机构各轴销外观检查正常。如发现传动部件外观异常，应查明原因。在停电维护工作中，如发现锈蚀，应启动机构箱密封检查处理工作。	1次/月	1~12月

设备内容	巡维类别	运行维护策略	周期	执行月份
开关元件	专业巡维	（5）本体分、合闸指示牌检查：分、合闸指示牌应到位，可通过划线标示分、合对应位置（在安装及停电检修时做好标示）对是否发生位移进行判断。若断路器分、合闸指示牌倾斜过大，应查明原因。 （6）液压系统检查： 1）读取油压表油压指示值，油压应满足技术参数的要求。 2）液压系统各管路接头及阀门应无渗漏现象。 3）观察油箱内液位应处于最高与最低标识线之间。 （7）TA 和 TV 接线盒检查：二次接线盒表面无严重锈蚀和涂层脱落，二次接线盒应密封良好。 （8）伸缩节限位检查：补偿功能伸缩节的功能应无异常。 （9）机构箱及汇控柜检查： 1）电器元件及其二次线应无锈蚀、破损、松脱，机构箱内无烧糊或异味。 2）箱内分、合闸指示灯、储能指示灯及照明完好。 3）检查机构箱底部应无碎片、异物，二次电缆穿孔封堵应完好。 4）呼吸孔无明显积污现象。 5）动作计数器应正常工作。 （10）本体压力值及 SF_6 气体密度继电器检查： 1）检查 SF_6 气体密度继电器观察窗面清洁情况，气压指示应清晰可见。 2）外观无污物、损伤痕迹。 3）SF_6 密度继电器与本体应可靠连接，无松动。 4）压力值应在温度曲线合格范围内，并与上次记录的断路器本体压力值进行比对，以提前发现 SF_6 是否存在泄漏。 （11）外观检查： 1）引流线应连接可靠，引流线应呈悬链状自然下垂，三相松弛度应一致。 2）瓷套表面应无严重污垢沉积，无破损伤痕，法兰处应无裂纹、闪络痕迹。 3）壳体表面各部件无生锈、腐蚀、变形、松动等异常现象，外壳接地良好。 4）运行过程无异响。 5）构架接地应良好、紧固，无松动、锈蚀。 6）基础应无裂纹、沉降。 7）构架螺栓应紧固	1次/月	1~12 月
	停电巡维	重点预试： （1）开展气室 SF_6 微水测试。 （2）SF_6 气体分解产物成分分析	1次/3 年	停电检修时
		（1）接线板及套管检查： 1）接线板固定螺栓无锈蚀、松动。 2）套管无破损和闪络放电痕迹。 （2）防爆膜检查：防爆膜应无严重锈蚀、氧化及变形现象。 （3）SF_6 密度继电器（压力表）检查： 1）本体 SF_6 密度继电器接线盒密封应良好，无进水、锈蚀情况，观察窗应无污秽，刻度应清晰可见。 2）本体 SF_6 密度继电器的压力告警、闭锁功能应能正常工作。 3）密度继电器的绝缘电阻不低于 10MΩ。 （4）机构箱及汇控箱电器元件检查： 1）检查并紧固接线螺钉，清扫控制元件、端子排。 2）储能回路、控制回路、加热和驱潮回路应正常工作。 3）二次元器件应正常工作，接线牢固，无锈蚀情况	1次/6 年	停电检修时

设备内容	巡维类别	运行维护策略	周期	执行月份
开关元件	停电巡维	（5）机构箱检查： 1）检查机构箱内所有螺栓连接应无松动、伤痕、裂纹。 2）机构做标记位置应无变化。 3）对各连接杆、拐臂、联板、轴、销进行检查，无弯曲、变形或断裂现象。 4）各紧固锁死件（开口销、蝶形卡、轴销、卡槽、垫圈等）应完好。 5）对轴销、轴承、齿轮、弹簧筒等转动和直动产生相互摩擦的地方涂敷润滑脂。 6）各截止阀门应完好。 7）储能打压电动机应无异常声响、异味，建压时间应满足设计要求。 （6）不同类型机构的检查： 1）液压机构检查。管路的各连接头、各压力元件应无渗漏现象，压力控制值应正常，若有异常则需要重新调整压力控制单元；主油箱油位应正常、真实，油位显示偏低时应补充液压油；机构的各操作压力指示应正常；油泵工作应正常，无单边工作或进气现象；如有防慢分装置，应检查防慢分装置是否无异常、无锈蚀，且功能是否正常。 液压机构及采用差压原理的气动机构防失压慢分试验：当断路器本体在合闸时，由零压开始建压至额定压力的过程中，检查本体合闸位置应保持无变化。 2）断路器操动机构储能电动机检查：操动机构储能电动机（直流）电刷无磨损，电动机运行应无异常声响、异味、过热等现象，若有异常情况，应进行检修或更换。 3）驱动机构检查：检查锁紧螺母，其他螺栓连接和锁片的可靠入位及腐蚀情况。为进行检查，用电动机驱动机构将隔离开关及接地开关分合5次，记录断路器运动的任何异常现象。 4）检查位置指示器机械触点的损坏和磨损。 5）分、合闸线圈检查：分、合闸线圈铁芯应灵活、无卡涩现象；分、合闸线圈安装应牢固，接点无锈蚀，接线应可靠；分、合闸线圈直流电阻值应满足厂家的要求。 6）液压操动机构压力告警、闭锁功能检测。 a. 检查断路器油泵停止和启动压力应正常。 b. 检查从零到额定压力的打压时间。 c. 检查闭锁重合闸、闭锁合闸、闭锁跳闸、闭锁操作各参数告警、闭锁功能应在厂家规定压力下正常动作，且后台报信正常。 d. 检查断路器预压力应正常。 7）对开关设备的各连接拐臂、联板、轴、销进行检查。 a. 检查断路器及机构机械传动部分正常。 b. 对拐臂、联板、轴、销逐一检查，位置及状态应无异常，其固定的卡簧、卡销均稳固。 c. 检查机构所做标记位置应无变化。 d. 检查连接杆的紧固螺母应无松动，划线标识应无偏移。 e. 对各传动部位进行清洁及润滑，尤其是外露连接杆部位。 f. 所使用的清洁剂和润滑剂必须符合厂家的要求。 8）液压油过滤、油箱清扫及液压油补充：油箱、过滤器应洁净，液压油无水分及杂质，应对液压油进行过滤，补油时应使用滤油机进行补油。如发现杂质应制定相应的检修方案。 9）辅助开关传动机构的检查。 a. 辅助开关传动机构中的连接杆连接、辅助开关切换应无异常。 b. 辅助开关应安装牢固、转动灵活、切换可靠、接触良好，并进行除尘清洁工作。 10）断路器机构箱体检查。 a. 检查加热装置应正常运行。 b. 清理机构箱呼吸孔的尘埃。 c. 检查机构箱内二次线端子排接触面无烧损、氧化，各端子逐一紧固，检测绝缘不低于2MΩ，否则需干燥或更换。 d. 装复线插外部的防雨罩应正常锁紧。 e. 箱门平整、开启灵活、关闭紧密，转动部分可添加润滑剂。 f. 机构运行后需结合停电检修维护对机构箱体进行密封检查，检查机构门封无破损、脱落，结合大修期更换门封，每次检查门板、封板等应不存在移位变形。 11）预试：按照预试规程的要求进行试验。	1次/6年	停电检修时

设备内容	巡维类别	运行维护策略	周期	执行月份
开关元件	停电巡维	（7）外传动部件检修： 1）各传动、转动部位应进行润滑。 2）拐臂、轴承座及可见轴类零部件无变形、锈蚀。 3）拉杆及连接头无损伤、锈蚀、变形，螺纹无锈蚀、滑扣。 4）各相间轴承转动应在同一水平面上。 5）可见齿轮无锈蚀，丝扣完整，无严重磨损；齿条平直，无变形、断齿。 6）各传动部件的锁销齐全，无变形、脱落。 7）螺栓无锈蚀、断裂、变形，各连接螺栓的规格及力矩应符合厂家要求。 （8）隔离开关操动机构箱检修： 1）电气元件检修。 a. 端子排编号清晰，端子无锈蚀、松动。 b. 机构箱内各电器元件书正确，切换动作灵活，无卡滞。 c. 驱潮装置功能正常，加热板阻值符合厂家要求。 d. 电机阻值符合厂家要求，壳体无裂纹，无锈蚀，转动灵活，可见轴承及所有轴类零部件，无变形、锈蚀。 e. 二次回路及电器元件绝缘电阻大于 2MΩ。 2）机械元件检修。 a. 变速箱壳体无变形，无裂纹，可见轴承及轴类灵活、无卡滞；蜗轮、蜗杆动作平稳、灵活，无卡滞。 b. 机械限位装置无裂纹、变形。 c. 抱夹铸件无损伤、裂纹。 d. 机构转动灵活，无卡滞。 e. 各连接、固定螺栓（钉）无松动。 f. 机构箱体无锈蚀、变形、密封胶条完好、无破损，机构箱内无渗水现象。 g. 各传动、转动部位应进行润滑	1次/6年	停电检修时
联络变压器	专业巡维	（1）油色谱在线装置检查： 1）对在线装置的功能进行检查。 2）根据载气装置的压力数据，及时对载气压力不足的载气装置进行更换。 3）对在线监测数据进行趋势分析，若有明显的异常波动，应进行取样试验分析。 （2）其他在线监测装置的检查与数据分析：对在线装置的功能进行检查。 （3）数据分析： 1）对在线监测的数据进行趋势分析。 2）对轻瓦斯告警、缺陷等进行多维度分析。 3）针对以上分析形成书面记录存档。 （4）迎峰度夏期间，每月开展离线油色谱测试，并做好油色谱数据的分析	1次/月	1～12 月
		（1）检查冷却器风机应正常，无异常声响、不存在风机启动时空气断路器跳闸、熔断器熔断等情况，当出现异常时，检修人员应当进行检查、分析。 （2）根据冷却器脏污情况确定清洗的时机，一般可按每 3 年清洗 1 次的周期（联络变压器 1 年 1 次）进行，需注意清洗过程中的安全控制	1次/季	3、6、9、12 月
		检查的部位：变压器本体油箱、套管等。 （1）采用红外成像技术进行检查，特别对变压器油箱、套管进行检查，重点区分套管外部与套管内部过热，若发现发热异常，应认真查明原因并及早处理，防止缺陷扩大。 （2）采用红外成像技术检查储油柜油位和套管油位	1次/半年	12 月

设备内容	巡维类别	运行维护策略	周期	执行月份
联络变压器	停电巡维	其他维护： （1）变压器抗短路能力维护 　1）检查变压器油位和有载分接开关油位是否正常，特别关注油位已看不到的情况。 　2）变压器保护设置及装置运行正常，按反事故措施的要求在低压侧增加快速保护功能。 　3）未开展过绕组变形测试的变压器应采用频率响应法进行测试及采用低压短路阻抗法进行绕组变形测试（未开展的应列入计划），保存电子文档数据。 （2）冷却器附件更换：对运行时间超过6年的热偶继电器、接触器，应有计划、有选择地开展更换。 （3）铁芯消磁：测试变压器直流电阻之后，采用消磁措施以降低在投入主变压器时剩磁引起的主变压器的损伤；也可变动试验顺序，试验时先做直流电阻测试，减少直流偏磁的影响。 （4）铁芯接地电流异常处理： 　1）检查铁芯是否存在多点接地的现象，应测试铁芯对地绝缘电阻、夹件对地绝缘电阻、铁芯对夹件绝缘电阻。 　2）若存在铁芯多点接地的现象，在变压器暂不能退出运行时，可采取串电阻等方式将铁芯接地电流控制在100mA左右。 　3）停电时，可采取电容放电冲击法等方法进行消除多点接地。若仍无法消除，则应及时与制造厂进行沟通，根据实际情况确定合适的处理方案，直至吊罩或进入变压器内部查找原因并处理。 （5）糠醛含量检测：定期进行糠醛含量检测，并跟踪油中糠醛的含量。 （6）端子检查：对就地端子箱的所有接线端子进行防松动检查	/	停电检修时
直流电压测量装置	专业巡维	（1）检查防潮器硅胶是否变色，变色超过2/3应更换。 （2）红外成像、紫外成像检查： 　检查的部位：分压器接线部分。采用红外成像进行检查，特别对接线部位过热进行检查，若发现发热异常，应认真查明原因并及早处理，防止缺陷扩大。采用紫外成像仪检查连接线部分	1次/半年	6、12月
	停电巡维	（1）绝缘外套清扫与检查： 　1）对套管伞裙进行清扫。 　2）对硅橡胶伞裙进行憎水性试验，憎水性应能达到3级。 （2）端子检查：就地端子箱的所有接线端子进行防松动检查，端子接线连接可靠；检查密封和防潮，必要时增加干燥剂	/	停电检修时
站用变压器	专业巡维	（1）温升对比检查：根据变压器负荷电流、环境温度、上层油温、绕组温度、油位指示，对比以前类似运行条件下的温升无明显异常。 （2）冷却效率检查：冷却器散热管束无明显脏污、堵塞；用手触摸运行的冷却器散热管束，应明显感觉有风，并与其他冷却器对比无明显异常。可综合温升对比检查和红外测温项目进行冷却器脏污情况的判断	1次/半年	6、12月
	停电巡维	（1）渗漏油检查处理：检查是否有渗漏油，查找渗漏点，明确渗漏部位，根据渗漏情况，采取更换密封件、紧固螺栓、补焊等工艺进行处理，处理后应无渗漏迹象。 （2）油箱清洁、螺栓紧固： 　1）清扫油箱，清扫后应清洁、无油污。 　2）无大面积脱漆，否则应进行补漆。 　3）检查油箱钟罩螺栓，必要时按厂家规定力矩进行紧固。 　4）必要时，打磨处理上、下钟罩连接片的接触面，按厂家规定力矩紧固螺栓，装复后应保证接触良好。 （3）油位计检修： 　1）核对油位指示是否在标准范围内，是否与温度校正曲线相符。 　2）观察油位指示，应随油温变化同步动作，否则应对油位计进行解体检修。备注观察方法：观察记录变压器检修停电前的油温和油位指示，停电油温明显下降后观察记录油温和油位指示，前后油温变化和油位指示变化应同步动作。	/	停电检修时

设备内容	巡维类别	运行维护策略	周期	执行月份
站用变压器	停电巡维	3）必要时，用连通管对实际油位进行复核，实际油位应与油位指示一致，否则实际油位应对油位计或胶囊进行解体检修。 4）用 500V 或 1000V 绝缘电阻表测量油位计绝缘电阻，绝缘电阻应在 1MΩ 以上或符合厂家要求。 （4）瓷套检查： 1）清扫瓷套，检查瓷套应完好，无裂纹、破损。 2）增爬裙（如有）粘着牢固，无龟裂、老化现象，进行憎水性试验，憎水性分级（HC 值）要求达到 HC1-4 级，否则应更换增爬裙。 3）检查防污涂层（如有）无龟裂、老化、起壳现象，进行憎水性试验，憎水性分级（HC 值）要求达到 HC1-4 级，否则应重新喷涂。 （5）末屏检查： 1）套管末屏无渗漏油，可靠接地，密封良好，无受潮、浸水、放电、过热痕迹。 2）每 12 年更换 1 次末屏封盖的密封胶圈。 （6）导电连接部位检修： 1）检查接线端子的连接部位，金具应完好，无变形、锈蚀，若有过热、变色等异常现象，应拆开连接部位检查、处理接触面，并按标准力矩紧固螺栓。 2）必要时检查套管将军帽内部接头是否连接可靠，且无过热现象。 3）引线长度应适中，套管接线柱不应承受额外应力。 4）引流线无扭结、松股、断股或其他明显的损伤或严重腐蚀等缺陷。 （7）有载分接开关检查： 1）检查紧固机械传动部位螺栓，传动轴锁定片（如有）应锁定正确。 2）检查传动齿轮盒，加油润滑。 3）正、反两个方向各操作至少 2 个循环分接变换，各元件运转正常，触点动作正确，挡位显示上、下及主控室显示一致；分接变换停止时，位置指示应在规定区域内，否则应进行机构和本体连接校验与调试。 （8）本体、有载气体继电器： 1）无残留气体，无渗漏油。 2）必要时进行校验，检验不合格的应及时更换。 3）继电器防雨罩应完好、无锈蚀，必要时除锈修复。 （9）压力释放阀（安全气道）检查： 1）无阻塞，无喷油、渗油现象，触点位置正确。 2）必要时进行校验，对校验不合格的应及时更换。 3）安全气道结合大修更换为压力释放阀	/	停电检修时
电容式电压互感器	专业巡维	（1）检查电压互感器是否有渗油。 （2）检查电压互感器接地线是否连接良好	1次/季	3、6、9、12 月
	停电巡维	（1）瓷套检查： 1）清扫瓷套，检查瓷套应完好，无裂纹、破损。 2）增爬裙粘着牢固，无龟裂、老化现象。 3）检查防污涂层应无龟裂、老化、起壳现象。 4）检查无渗漏油。 （2）复合绝缘外套检查： 1）清洁复合套管，检查应完整，无龟裂、老化迹象。 2）必要时做修复处理。 （3）电磁单元油箱和底座检查： 1）油箱与底座的接缝焊接可靠，无渗漏油。 2）油箱油位正常。 3）清扫油箱，检查无锈蚀，漆膜完整。 （4）二次接线盒检查： 1）检查二次接线盒应密封良好，无进水、凝露现象。 2）检查二次接线板应完整，标志清晰，无裂纹、起皮、放电、发热痕迹。 3）二次接线柱应清洁，无破损、渗漏，无放电烧伤痕迹。	/	停电检修时

设备内容	巡维类别	运行维护策略	周期	执行月份
电容式电压互感器	停电巡维	（5）电压抽头接线盒检查： 1）检查电压抽头接线盒应密封良好，无进水、凝露现象。 2）清扫接线柱，应无破损、渗漏，无放电烧伤痕迹。 （6）单独配置的阻尼器检查：阻尼器外观完好，接线牢靠。 （7）引流线检修： 1）检查接线端子的连接部位，金具应完好，无变形、锈蚀，若有过热、变色等异常现象，应拆开连接部位检查、处理接触面，并按标准力矩紧固螺栓。 2）引流线长度应适中，接线柱不应承受额外应力。 3）引流线无扭结、松股、断股或其他明显的损伤或严重腐蚀等缺陷。 （8）接地检查：连接可靠，无严重锈蚀	/	停电检修时
电流互感器	专业巡维	（1）检查互感器油位是否正常，是否有渗漏油情况。 （2）检查互感器绝缘是否完好，有无放电痕迹	1次/季	3、6、9、12月
电流互感器	停电巡维	（1）检查电流互感器绝缘伞裙有无破损、脏污情况，并使用专业清洗剂进行清洗。 （2）检查电流互感器支柱绝缘子上是否有放电痕迹。 （3）检查电流互感器接地是否良好。 （4）检查电流互感器连接处螺栓是否有损坏、生锈，若有，需更换新螺栓，并按有关规程进行。 （5）按照规范要求进行力矩检查。 （6）检查接头处应无过热现象发生。 （7）检查电流互感器应无渗漏油现象。 （8）检查末屏处是否有放电痕迹；检查末屏接地是否良好，接地螺栓是否紧固	/	停电检修时
避雷器	专业巡维	核实避雷器备品、备件的情况，根据设备故障率情况提早申报物资计划，缩短备品、备件的采购周期	1次/半年	6、12月
避雷器	停电巡维	（1）瓷套检查： 1）清扫瓷套，检查瓷套应完好，无裂纹、破损。 2）增爬裙粘着牢固，无龟裂、老化现象。 3）检查防污涂层无龟裂、老化、起壳现象。 4）压力释放装置的紧固螺栓无锈蚀，密封完整。 （2）均压环检查：紧固螺栓，检查均压环无偏斜。 （3）放电计数器检查：放电计数器外观完好，连接线牢靠，内部无积水现象。 （4）避雷器绝缘基座的检查：无积水和锈蚀，瓷套清洁、完好。 （5）避雷器引流线检查：检查接线端子的连接部位，金具应完好，无变形、锈蚀，若有过热、变色等异常现象，应拆开连接部位检查、处理接触面，并按标准力矩紧固螺栓	/	停电检修时
直流电流测量装置	专业巡维	核实直流电流测量装置备品、备件情况，根据设备故障率情况提早申报物资计划，缩短备品、备件的采购周期	1次/半年	6、12月
直流电流测量装置	停电巡维	（1）外表清洁、无积污，无电弧灼伤痕迹：使用毛巾擦拭外表，确保无积污。 （2）外筒表面无过热痕迹：观察外筒是否有放电的黑色痕迹。 （3）外筒上的冷却孔没有异物覆盖：检查外筒冷却孔有无异物。 （4）光电转换回路及端子箱密封良好，无受潮：观察端子箱内是否结露。 （5）支柱绝缘子表面清洁，无积污：使用毛巾清洁绝缘子确保无积污。 （6）检查复合绝缘子有无老化、起皮、龟裂等现象：沿着伞裙一片一片检查。 （7）复合绝缘套管表面无积污，检查憎水性是否正常：使用喷壶喷水进行检查。 （8）两端护套密封良好，无进水痕迹：检查护套内部是否进水。 （9）基本构架完好，金属部件无锈蚀；接地线连接牢固、可靠；无锈蚀，接地线接地可靠。 （10）二次光纤槽盒开盖检查： 1）检查传感盒、接线盒内部清洁、干燥、无虫，密封良好。 2）光纤连接正常，无松动、脱落。 3）更换传感箱内部干燥剂，更换传感箱密封胶垫	/	停电检修时

设备内容	巡维类别	运行维护策略	周期	执行月份
高压电抗器	专业巡维	（1）油色谱在线装置检查： 1）对在线装置的功能进行检查。 2）根据载气装置的压力数据，及时对载气压力不足的载气装置进行更换。 3）对在线监测数据进行趋势分析，若有明显的异常波动，应进行取样试验分析。 （2）其他在线监测装置的检查与数据分析：对在线装置的功能进行检查。 （3）数据分析： 1）对在线监测的数据进行趋势分析。 2）对有载轻瓦斯告警、缺陷等进行多维度分析。 3）针对以上分析形成书面记录存档	1次/月	1～12月
		检查冷却器风机应正常，无异常声响、不存在风机启动时空气断路器跳闸、熔断器熔断等情况，当出现异常时，检修人员应当进行检查、分析	1次/季	2、5、8、11月
	停电巡维	其他维护：与联络变压器"其他维护"内容相同	/	停电检修时
交流母线	专业巡维	（1）检查管母线是否正常，有无下垂、歪斜情况。 （2）检查管母线与各接线接头处是否发热迹象。 （3）对母线绝缘子进行清扫	1次/年	12月
低压电抗器、桥臂电抗器	专业巡维	（1）检查电抗器运行声音是否正常，是否有异常振动。 （2）检查电抗器表面应无爬电痕迹，无涂层脱落现象，无发热变色现象	1次/季	3、6、9、12月
	停电巡维	（1）支柱绝缘子应无破损、裂纹、爬电现象。 （2）外包封表面应清洁、无裂纹，无爬电痕迹，无涂层脱落现象，无发热、变色现象。 （3）检查撑条无错位、脱落。 （4）清扫器身，无脏污、落尘。 （5）检查表面涂层应无龟裂、脱落、变色现象；包封表面进行憎水性试验，无浸润现象。 （6）检查包封表面无发热、变色痕迹。 （7）支撑绝缘子清扫，检查绝缘子应清洁、无破损。 （8）检查接线端子的连接部位，金具应完好，无变形、锈蚀，若有过热、变色等异常现象，应拆开连接部位检查、处理接触面，并按标准力矩紧固螺栓。 （9）引线长度应适中，接线柱不应承受额外应力。 （10）引流线无扭结、松股、断股或其他明显的损伤或严重腐蚀等缺陷。 （11）清扫通风道，清除异物，保证通风道清洁、无堵塞。 （12）对运行时间超过5年的35kV及以上的干式电抗器，若其外表面有龟裂或爬电痕迹应喷涂PRTV涂料	/	停电检修时
油色谱在线监测装置	专业巡维	（1）检查在线色谱装置是否运行正常。 （2）检查在线色谱装置的气瓶压力是否充足。 （3）分析在线色谱装置的数据是否正常	1次/季	3、6、9、12月
	停电巡维	（1）检查在线色谱装置的气瓶压力是否充足，若气压低于1bar（1bar=10^5Pa），则应对气瓶进行更换。 （2）检查色谱仪的色谱柱是否渗油，若发现渗油，则对色谱柱进行更换。 （3）检查色谱仪的油路管路是否有渗油，若有，应进行处理。 （4）在后台检查色谱装置的数据是否能够正常上传	/	停电检修时

设备内容	巡维类别	运行维护策略	周期	执行月份
VBC 系统、阀控系统	专业巡维	（1）屏内检查： 1）各板卡信号指示灯指示正常，主、备用系统完好，主、备用板卡良好。 2）屏内小开关在正常的分、合位置。 3）电源模块指示灯正常，红外测温无异常发热，必要时提供红外测温照片。 4）触发光纤、回检光纤无脱落、断裂，光纤收发模块红外测温无异常发热。 5）继电器指示灯正常，无异常声响，红外测温无异常发热。 6）检查端子接线无明显脱落，用红外测温仪对 VBC 屏柜内的所有端子进行测温检查。 7）屏柜冷却风扇正常运行，无异常声响，屏内温度为 20～25℃。 8）装置无异常声响、发热、冒烟现象，无烧焦等异常气味。 9）屏柜内部无异物，屏柜内外无水迹，无明显受潮现象，周围无明显强磁场源、强热源；屏柜接地可靠，底部电缆进线孔封堵严实。 （2）备品、备件检查：核实 VBC 系统备品、备件情况，根据设备故障率情况提早申报物资计划，缩短备品、备件的采购周期（检查周期为 1 次/半年）	1次/月	1～12 月
	停电巡维	（1）外观检查： 1）设备标志完整、清晰，各类信号灯的状态及信号继电器的指示正确。 2）各元件固定牢靠，无松动，外观端正，线缆连接正确、牢固，背板接线良好。 3）端子连接可靠，标志清晰、正确。 4）屏柜接地可靠，底部电缆进线孔封堵严实。 5）各通信接口模块的线缆连接正确、牢固，指示灯指示正确。 6）各板卡插件固定良好，无松动现象，外形端正，无明显损坏及变形现象，板卡面板指示灯指示正确。 （2）光纤检查： 1）光纤标志清晰、准确。 2）光纤插接正确、可靠，光纤的弯曲半径不小于 15 倍的光纤外径。 3）备用光纤盘放整齐，接头具有完好的保护措施。 4）根据技术规范对 VBC 光纤进行光衰抽检，对不符合要求的光纤进行处理或更换。 （3）电源模块检查：检查并验证电源模块工作电压正常，视情况进行维修或更换。 （4）屏柜内的标志检查：检查设备标志应正确、完整、清晰，信号灯及信号继电器指示标志正确。 （5）设备清扫。 （6）屏内各元件表面清洁，若无积污，建议采用软刷和真空吸尘器清洁。 （7）根据竣工图核对电缆编号及端子排连接片，确保两者一致。 （8）检查电源风扇工作是否正常，是否有异常声响。 （9）检查设备安装是否稳固，以耳贴屏柜外壁，检查是否有异常声响及振动。 （10）检查设备是否清洁，设备所处环境的温度值、湿度值在规定范围内。 （11）连接片、把手、按钮检查：连接片、把手、按钮的安装应端正、牢固，接触良好。 （12）柜内环境检查：屏柜内外无水迹，无明显受潮现象，周围无明显强磁场源、强热源，温度在 20～25℃左右。 （13）继电器的检查：检查继电器安装是否牢固，触点是否出现卡滞或者触点粘连，触点是否锈蚀，二次接线是否牢固，绑扎是否整齐。 （14）电源检查：直流电源电压偏差值在±5%范围内。	/	停电检修时

设备内容	巡维类别	运行维护策略	周期	执行月份
VBC 系统、阀控系统	停电巡维	（15）端子排检查：检查其接线是否牢固，是否存在锈蚀，对端子进行紧固。 （16）装置部件检查：检查装置安装牢固，插件无松动现象，二次接线无虚接，接线盘放美观，无缠绕现象。 （17）装置散热风扇检查：装置风扇工作正常且无异常声响，屏内温度为 20～25℃。 （18）信号回路检查：与直流极控（组控）、保护及告警回路联调正常，包括 ESOF 及重要告警回路检查正常。 （19）漏水探测功能检查：漏水探测功能一段、二段均正常。 （20）系统正常切换试验检查。 （21）系统故障切换试验检查	/	停电检修时
阀冷控制系统	专业巡维	（1）阀冷控制系统屏检查：与 VBC 系统"屏内检查"要求相同。 （2）阀冷控制器检查： 1）各指示灯指示正常，无异常告警信号，主、备用系统完好。 2）连接电缆外观正常，连接可靠。 3）红外测温检查无异常发热。 （3）变频控制器检查： 1）指示灯指示正常，检查风扇出风正常。 2）连接电缆外观正常，连接可靠。 3）变频器无异常声响，红外测温检查无发热异常，变频器运行正常。 （4）屏内其他元器件（空气断路器、继电器、交流接触器、电源转换模块、通信模块等）的检查： 1）元件指示灯指示正常，外观正常，无灼烧、变形现象，无异味。 2）红外测温检查无异常发热（重点检测主电源和主泵空气断路器、相关回路继电器、交流接触器、软启动器及其接线端子）。 3）检查各空气断路器、继电器是否在正确位置，检查跳闸回路继电器状态是否正确。 4）装置无异常声响、发热、冒烟现象，无烧焦等异常气味。 （5）屏内其他接线端子检查： 1）端子外观无异常，连接可靠。 2）红外测温检查无异常发热（包括阀冷系统改造项目中增加的电源接线）。 （6）阀冷接口屏检查：无异常声响，无告警指示。 （7）专业数据分析： 收集传感器采样数据，对比历史数据，判断传感器或采集装置运行正常	1次/月	1～12 月
阀冷控制系统	停电巡维	（1）动力电源系统维护： 1）外观检查。各元器件标志、电缆标号应正确、完整、清晰；元器件清洁无积灰；变频器运行平稳，声音无异常；电缆进线孔封堵严实。 2）端子紧固。端子应紧固，接线连接应可靠，不存在虚接及松动现象。 3）绝缘检查。使用 1000V 绝缘电阻表测量动力电缆芯线对地的绝缘电阻，结果应大于 10MΩ。 4）软启动器、电动机断路器等定值的核对。软启动器、电动机断路器等定值与设备技术文件中的一致。 5）交流电源切换试验。断开交流电源侧空气开关，检查交流电源能否正常切换至备用电源。 6）变频器掉电自启动试验。模拟变频器短时（小于故障判定延时）断电后复电，检查变频器自启动是否正常。	/	停电检修时

设备内容	巡维类别	运行维护策略	周期	执行月份
阀冷控制系统	停电巡维	（2）控制器维护： 1）外观检查。控制器标志应正确、完整、清晰；操作面板显示清晰，文字清楚。 2）控制保护定值核对。控制保护定值与控制保护定值单一致。 3）软件备份。对控制器的软件进行备份，一式两份，分开独立存放，注明备份时间及说明。 （3）二次回路维护： 1）外观检查。元器件标志、电缆标号应正确、完整、清晰；按钮、把手及空气开关外观良好；继电器、空气开关辅助触点连接可靠。 2）端子紧固。端子应紧固，接线可靠连接，不存在虚接及松动现象。 3）绝缘检查。用 1000V 绝缘电阻表测量跳闸回路电缆每芯对地及各芯间的绝缘电阻，其绝缘电阻应不小于 2MΩ。 4）交、直流电压监视继电器定值核对与动作试验。交、直流电压监视继电器设置定值与批准定值一致。核查定值后进行低压动作试验，验证低压动作定值与延时的准确性，继电器性能完好。 5）软启动器参数核对。软启动器参数与设备技术文件中的一致。 6）传动试验。传动试验应确保阀冷控制系统跳闸出口回路正确，跳闸出口回路校验可以通过保护接口屏压板电压测量、出口继电器核对、阀冷接口屏端子电压测量等方式开展。传动试验完成后，不能在阀冷控制系统跳闸回路上开展任何工作。 （4）阀冷系统试验： 1）常规试验： a. 交流电源切换试验。交流电源切换试验应无异常信号，且结果正常。 b. 主循环泵切换试验。主循环泵切换试验须包含面板控制切换、断开主泵电源切换的试验，切换过程平滑，无异常信号。 c. 喷淋泵切换试验。喷淋泵切换试验须包含面板控制切换、断开喷淋泵电源切换的试验，切换过程平滑，无异常信号。 d. 控制器切换试验。控制器切换试验必须在阀冷系统正常运行情况下开展，项目包含断开电源模块开关切换、模式转换切换、断开控制器电源空气断路器切换 3 种模式，切换过程平滑，无异常信号。 e. 补水泵启停试验。补水泵启停试验必须在阀冷系统正常运行下开展，包含补水泵"自动/手动"模式转换与相应模式下的启停，试验结果正常，试验过程无异常信号。 f. 外冷水补水功能试验。外冷水自动补水功能应包含"自动/手动"模式转换与相应模式下的启停，试验结果正常，试验过程无异常信号。 2）保护功能检验。 a. 采样值检查。在控制器的模拟量输入通道中加入电流/电压量，装置得到的采样值应与输入量一致，采样值应至少包含正常采样值、告警值、动作值、复归值。 b. 保护功能检验：入水温度保护、膨胀箱水位保护、入水压力保护、阀塔顶部压差保护、内冷水电导率保护、内冷水流量保护、喷淋水水位保护。保护功能检验时，应按照上述阀冷系统保护项目，对每项保护功能逐一检查。 注：开展保护功能检验和采样值检查前，应将传感器与装置采样回路隔离。 c. 特殊试验 1. 站用电备用进线自动投入装置切换试验（站用电备用进线自动投入装置定值修改后、阀冷控制系统与交流电源切换相关的定值修改后，以及阀冷控制系统初次投入运行前进行）。 d. 特殊试验 2. 主泵切换到故障泵后的回切试验（周期 3 年）。切换到故障泵后能及时自动回切至正常泵运行，切换过程无异常	/	停电检修时

设备内容	巡维类别	运行维护策略	周期	执行月份
极控系统	专业巡维	（1）外观检查： 1）检查极（组）控屏柜右上角绿灯亮。 2）极（组）控屏柜附近应无明显强热源、强电磁干扰源，有空调设备，室内环境温度、湿度满足相关规定。 3）检查极（组）控屏柜内部是否存在异物。 4）检查极（组）控屏柜内外无水迹，无明显受潮现象。 5）检查极（组）控屏柜接地可靠，底部电缆进线孔封堵严实。 （2）红外测温：对极（组）控系统主机、板卡、端子排、电源模块进行红外测温巡视，检查温度正常，无过热现象。 （3）极控屏：与 VBC 系统"屏内检查"要求相同	1 次/月	1~12 月
	停电巡维	（1）外观及接线检查： 1）检查极控屏连接片、把手、按钮的安装应端正、牢固，接触良好。 2）检查极控屏附近应无强热源、强电磁干扰源，有空调设备，环境温度、湿度满足相关规定。 3）极控屏与二次回路无灰尘，清洁良好。 4）极屏柜内光耦合器、继电器工作正常。 5）极控屏柜接地可靠，底部电缆进线孔封堵严实。 （2）屏柜检查：与 VBC 系统"屏内检查"要求相同。 （3）极控软件备份：对极（组）控软件进行备份，一式两份，分开存放，并注明日期。对于修改后的极（组）控软件须分别备份新旧版本。 （4）光纤回路检查：与 VBC 系统"光纤检查"要求相同。 （5）屏柜电源检查：检查极（组）控屏内供电电源端子号，并与屏柜内实际接线核对。在装置运行的情况下，测量带负荷时空气断路器处电压；将装置断电，逐一测量带空载时空气断路器处电压。 （6）模拟量采样幅值特性检查： 1）电流量的采集校验，采样显示值与输入电流折算值的误差应小于 5%。 2）电压量的采集校验，采样显示值与输入电压折算值的误差应小于 5%。 （7）开入量检查： 1）根据硬件图纸及软件设计报告，改变相应硬件端子电位，软件设计报告所对应的地址能准确、快速地产生状态变位。 2）每 3 年至少开展一次部分检验，每 6 年至少开展一次全面检验。部分检验时，开入回路检查可随装置的整组试验一并进行。全部检验时，对已投入的开关量输入回路依次加入激励量观察装置的行为。 （8）开出量及出口继电器检查： 1）继电器外观清洁，无烧损、变形、偏移。 2）各开出量所对应的继电器应正确动作，继电器指示灯指示正常。 3）从动触点接触良好，动作灵活，无抖动现象。 4）每 3 年至少开展一次部分检验，每 6 年至少开展一次全面检验。部分检验时，开出回路检查可随装置的整组试验一并进行。全部检验时，对已投入的开关量输出回路依次加入激励量观察装置的行为。 （9）系统切换试验检查：切换过程中系统能保持稳定运行，无异常告警。 （10）整组传动试验： 1）主控楼主控室和开关场均应有专人监视，并应具备良好的通信联络设备。 2）启动 ESOF，交流进线断路器跳开，监控系统信号指示正确。 3）检查极（组）控屏柜内端子排的螺栓应坚固可靠，无严重灰尘，无放电痕迹。 4）对极（组）控屏柜内所有端子重新进行紧固。 5）每 3 年至少进行一次整组传动试验	/	停电检修时

设备内容	巡维类别	运行维护策略	周期	执行月份
交、直流站控系统	专业巡维	（1）外观检查：与极控系统"外观检查"要求相同。 （2）交流站控屏：与 VBC 系统屏内检查要求相同	1次/月	1～12 月
	停电巡维	（1）屏体及屏内设备检查：与 VBC"屏内检查""光纤检查"要求相同。 （2）设备清扫： 1）屏内各元件表面清洁，若无积污，建议采用软刷和真空吸尘器清洁。 2）根据竣工图核对电缆编号及端子排连接片，确保一致。 3）检查电源风扇工作是否正常，是否有异常声响。 4）检查设备安装是否稳固，以耳贴屏柜外壁，检查是否有异常声响及振动。 5）检查设备是否清洁，设备所处环境的温度值、湿度值在规定范围内。 （3）主机及板卡上电检查： 1）I/O 电源指示灯显示正常。 2）主机电源指示灯显示正常。 （4）开入、开出量检查： 1）所有交流站控信号二次回路正常，站控相应功能软件处开关量变位情况正确。 2）每 3 年至少开展 1 次部分检验，每 6 年至少开展 1 次全面检验。部分检验时，开入、开出回路检查可随装置的整组试验一并进行。全部检验时，对已投入的开关量输入、输出回路依次加入激励量观察装置的行为。 （5）通信检查：主机间通信正常，站控相应软件处状态信号正确。 （6）程序备份： 1）数据备份一式两份，分开存放，注明备份时间及其他说明。 2）保证备份程序为数据库中的最新版本。 （7）主、备系统切换试验： 1）试验前，检查交流站控系统 A、系统 B 运行正常。 2）系统选择切换单元逻辑正确，"自动/手动"切换功能正常，切换平滑。 3）系统选择切换单元信号指示与实际相符，无异常信号。 （8）端子紧固：确保交流站控系统设备端子无松动，接线牢靠	/	停电检修时
直流测量系统	专业巡维	（1）外观检查：与极控系统"外观检查"要求相同。 （2）直流测量屏检查： 1）直流测量屏各指示灯显示正常，无告警信号。 2）屏柜空气断路器、接触器、继电器、按钮在正确位置。 3）屏柜接线外观正常，无灼伤、破损。 4）光纤弯曲半径不小于 15 倍的光纤外径。 5）备用光纤盘放整齐，接头具有完好的保护措施。 （3）直流分压器、分流器二次端子箱外观检查： 1）检查二次端子箱箱体无锈蚀，无破损，封堵严实。 2）二次端子箱接地可靠，底部光缆、电缆进线孔密封严实。 （4）光缆、二次电缆检查： 1）光缆、二次电缆排列整齐，固定完好，无扭折。 2）光缆、二次电缆无破损，无受潮。 （5）直流测量相关监视检查： 1）直流测量量监视指示灯指示正常，监视数据正常。 2）直流测量量曲线图数据变化正常，无跳变	1次/月	1～12 月

设备内容	巡维类别	运行维护策略	周期	执行月份
直流测量系统	停电巡维	（1）外观及接线检查：与极控系统"外观检查"要求相同。 （2）绝缘检查： 1）检查采用 1000V 绝缘电阻表。 2）电流、电压二次电缆各回路对地绝缘电阻、相互间的绝缘电阻均应大于 10MΩ。 3）结合部检和全检开展。 （3）端子检查与紧固： 1）检查屏柜内端子排的螺栓应紧固、可靠，无严重灰尘，无放电痕迹。 2）对屏柜内所有端子重新进行紧固。 （4）直流分压器、分流器二次端子箱检查： 1）检查二次端子箱箱体无锈蚀，无破损，接地良好。 2）检查二次端子箱内部清洁、干燥、密封良好。 3）检查光纤连接正常，无松动、脱落。 4）更换传感箱内部干燥剂。 5）做好二次端子箱密封。 （5）直流测量相关监视检查： 1）直流测量量监视指示灯指示正常。 2）直流测量量监视数据正常。 （6）光纤回路检查： 1）开环测试：使用光功率计对光纤回路进行测量。光功率计发射端接光纤一端，测量端接相应光纤另一端，读取测量的衰耗值，衰耗值应满足光缆技术参数要求。 2）备用通道每 3 年进行一次检查	/	停电检修时
控制系统接口屏、就地控制屏	专业巡维	（1）屏柜外观检查：与极控系统"外观检查"要求相同。 （2）控制系统接口屏检查： 1）控制系统接口屏指示灯显示正常，无告警信号。 2）屏柜空气断路器、接触器、继电器、按钮在正确位置。 3）屏柜接线外观正常，无灼伤、破损。 （3）就地控制屏检查： 1）就地控制屏各指示灯显示正常，无告警信号。 2）屏柜空气断路器、接触器、继电器、按钮在正确位置。 3）屏柜接线外观正常、无灼伤破损	1 次/半年	6、12 月
	停电巡维	（1）外观及接线检查：与极控系统"外观检查"要求相同。 （2）设备清洁： 1）屏内各元件表面清洁，若无积污，建议采用软刷和真空吸尘器清洁。 2）根据竣工图核对电缆编号及端子排连接片，确保一致。 3）检查设备安装是否稳固，以耳贴屏柜外壁，检查是否有异常声响及振动。 4）检查设备是否清洁，设备所处的环境温度值、湿度值在规定范围内。 （3）直流电源检查：直流电源电压偏差值在允许范围内按 DL/T 724—2000《电力系统用蓄电池直流电源装置运行与维护技术规程》执行。 （4）软件备份：每 3 年至少对装置配置文件进行一次备份，一式两份，分开存放，并注明日期。对于修改后的配置文件需分别备份新旧版本。 （5）遥信正确性检查： 每 3 年至少开展一次遥信正确性检查，应包含但不限于以下内容： 1）检查断路器、隔离开关、接地开关变位是否正确。 2）检查主变压器抽头挡位是否正确。	/	停电检修时

设备内容	巡维类别	运行维护策略	周期	执行月份
控制系统接口屏、就地控制屏	停电巡维	3）检查设备内部状态变位是否正确。 （6）遥测正确性检查：每 3 年至少开展一次遥测正确性检查，应对电压、电流、频率、功率因数进行精度检查。 （7）遥控正确性检查： 每 3 年至少开展一次遥控正确性检查，应包含但不限于以下内容： 1）断路器遥控分、合检查。 2）隔离开关遥控分、合检查。 （8）最后断路器、线路开入、开出信号检查：未进行过功能验证的需采用在交流站控软件中置位的方式，对就地控制装置中最后断路器的开入、开出信号进行检查，改扩建工程中涉及该逻辑修改的需对改动部分进行现场补充验证	/	停电检修时
PMU 远动	专业巡维	（1）外观检查：与极控系统外观检查要求相同。 （2）装置面板液晶屏检查：检查装置面板液晶屏无异常。 （3）PMU、远动系统屏检查： 1）屏柜指示灯显示正常，无告警信号。 2）屏柜空气断路器、接触器、继电器在正确位置。 3）屏柜接线外观正常，无灼伤、破损	1 次/月	1～12 月
PMU 远动	停电巡维	（1）外观及接线检查： 1）设备标志应正确、完整、清晰，信号灯指示正确。 2）除去装置上备用连接片的原有标志或加注的"备用"字样，所有连接片及电缆编号应与图纸相符合。 3）连接片、把手、按钮的安装应端正、牢固，接触良好。 4）屏柜附近应无强热源、强电磁干扰源，有空调设备，环境温度、湿度应满足相关规定。 5）设备与二次回路无灰尘，清洁良好。 6）端子排应坚固、可靠，无严重灰尘，无放电痕迹，端子排上内部、外部连接线，以及沿电缆敷设路线上的电缆标号是否正确、完整，与图纸是否吻合。 7）相关 TA、TV 端子排的螺栓应坚固、可靠，无严重灰尘，无放电痕迹，端子排上内部、外部连接线，以及沿电缆敷设路线上的电缆标号是否正确、完整，与图纸是否吻合。 8）设备及二次回路的接地情况是否符合国家规程和反事故措施要求。 （2）通信通道定检： 1）每 3 年至少对通信通道进行 1 次误码率测试。 2）每 3 年至少对通信通道进行 1 次传输时延测试。 （3）光缆维护：对光缆衰耗大的节点进行处理。 （4）绝缘检查： 1）检查采用 1000V 绝缘电阻表。 2）电流、电压各回路对地绝缘电阻、相互间的绝缘电阻均应大于 $10M\Omega$。 3）结合部检和全检开展。 （5）抗干扰试验：PMU 和远动装置应不误动和误发保护动作信号。 （6）装置时钟功能检查：在有 GPS 对时信号的条件下，先设定装置时钟，过 24h 后，确认装置时钟误差在 10ms 以内	/	停电检修时
UPS	专业巡维	（1）外观检查：与极控系统"外观检查"要求相同。 （2）屏内检查： 1）电流、电压表检查：电流、电压表检查无异常。 2）屏柜空气断路器、接触器、继电器在正确位置。 3）屏柜接线外观正常，无灼伤、破损	1 次/半年	6、12 月

设备内容	巡维类别	运行维护策略	周期	执行月份
UPS	停电巡维	（1）外观检查： 1）检查设备外部是否发生损伤。 2）检查面板指示灯显示是否正常。 3）检查风扇运转状况。 4）检查设备外观的清洁程度。 5）检查设备运行中是否有异常噪声。 （2）电源设备运行参数记录： 1）测量及记录环境温度和湿度。 2）测量及记录主输入、旁路输入电压值。 3）测量及记录逆变器输出电压值、电流值、频率值。 4）测量及记录负载量。 （3）电源设备检查： 1）检查并清洁设备内部。 2）检查并紧固输入、输出电缆的连接处。 3）检查并紧固内部电路连接处。 4）隔离变压器外观检查。 （4）电源设备切换功能测试： 1）测试由逆变器运行手动转换到静态旁路运行。 2）测试由静态旁路运行手动转换到逆变器运行	/	停电检修时
直流保护	专业巡维	外观检查：与极控系统"外观检查"要求相同	1次/月	1~12月
		对直流保护系统主机、板卡、端子排、电源模块进行红外测温巡视，检查温度正常，无过热现象		
		（1）直流保护屏散热风扇声音正常，电源正常，无告警信号。 （2）屏柜内各指示灯显示正常，无告警信号。 （3）屏柜空气断路器、接触器、继电器、按钮正常。 （4）屏柜接线外观正常，无灼伤、破损，光纤无断裂、破损		
	停电巡维	外观检查：与极控系统"外观检查"要求相同	/	停电检修时
		（1）屏柜内应无严重灰尘，无放电痕迹。 （2）屏柜门密封良好，屏内应无严重潮湿、进水现象。 （3）屏柜接地正确、完好。 （4）屏柜内各种标志应正确、齐全		
		对直流保护软件进行备份，一式两份，分开存放，并注明日期。对于修改后的直流保护软件需分别备份新旧版本		
		（1）光纤标志清晰、准确。 （2）光纤插接正确、可靠，光纤的弯曲半径不小于15倍的光纤外径。 （3）备用光纤盘放整齐，接头具有完好的保护措施		
		检查直流保护屏内供电电源端子号，并与屏柜内实际接线进行核对。在装置运行的情况下，测量带负荷时空气断路器处的电压；将装置断电，逐一测量空载时空气断路器处的电压		
		（1）电流量的采集校验，采样显示值与输入电流折算值的误差应小于5%。 （2）电压量的采集校验，采样显示值与输入电压折算值的误差应小于5%		
		根据硬件图纸及软件设计报告，改变相应硬件端子电位，软件设计报告所对应的地址能准确、快速地产生状态变位		
		（1）继电器外观清洁，无烧损、变形、偏移。 （2）各开出量所对应的继电器正确动作，继电器指示灯指示正常。 （3）从动触点接触良好，动作灵活，无抖动现象。		

设备内容	巡维类别	运行维护策略	周期	执行月份
直流保护	停电巡维	（4）主控楼主控室和开关场均应有专人监视，并应具备良好的通信联络设备。 （5）直流保护动作，交流进线断路器跳开，监控系统信号指示正确。 （6）检查直流保护屏柜内端子排的螺栓应坚固、可靠，无严重灰尘，无放电痕迹。 （7）对直流保护屏柜内所有端子重新进行紧固	/	停电检修时
稳控装置	年度检查	稳控装置压板检查： （1）压板标识准确、清晰。 （2）变电站内须保存有效、完整的稳控装置正常运行方式投入/退出表及压板投入/退出记录本。 （3）稳控装置压板投入/退出状态应与上述压板投入/退出表、压板投入/退出记录本的记录一致 有就地出口功能的重要稳控装置均应按照有关检验规范的要求开展出口传动试验 稳控装置定值检查： （1）变电站内须保存有效、完整的稳控装置定值单。 （2）变电站内须保存有效、完整的定值执行记录和回执。 （3）确保稳控装置的实际定值与站内最新的稳控装置定值单对应一致 稳控装置通信通道检查： （1）通信通道界面与稳控装置的连接电缆或尾纤应该整齐、美观、牢固、可靠。 （2）不同机柜间的连接尾纤应有护套管保护，电缆或尾纤不受拉扯；尾纤转弯的弯角半径应符合光纤特性的要求。 （3）电缆或光缆标志牌及编号应整齐，有明显标识，目标表清晰、正确，不褪色。 （4）稳控通道的所有设备（含电源设备）、设备取电开关、线缆、数字配线单元、光纤配线单元、光缆纤芯、连接尾纤应采用明显的标志，标识内容规范、准确、清晰，通道标志与稳控装置屏通道压板标志一致 稳控装置通信通道检查： （1）传输设备、接口设备、ODF单元箱及其出线端子清洁，无锈蚀、污垢，无残缺损伤，接线牢固、可靠，无松动。 （2）稳控装置通道使用的复用设备和电路完好，通道无缺陷。 （3）通道故障告警信号正确接入监控后台或通信网络管理监控系统，并能正确反映通道运行状态。 （4）检查稳控通道的路由、物理及逻辑端口等资源，对专用光纤通道可以采用自环或对测的方式检查光纤通道是否完好。 （5）通过网络管理检查通道、端口的运行状态，现场检查设备运行指示灯、通道告警灯等。 （6）对光纤通道的误码率进行检查	1次/年	7月
	专业巡维	（1）开入量符合实际运行情况。 （2）模拟量测量与监控后台对比正确，符合实际运行情况。 （3）上传的可切量等信息正常。 （4）系统运行方式识别与当前实际运行方式相对应。 （5）查看装置故障告警报文和运行异常告警报文，正常应无装置故障告警报文和运行异常告警报文。 （6）可切机组量信息检查，未出现可切量不足告警，与可切机组容量之和一致。 （7）可切负荷量信息检查，未出现可切量不足告警。 （8）能够显示异常、开入变位及动作报文信息。 （9）录波次数、覆盖情况符合技术规范	1次/季	2、5、8、11月

设备内容	巡维类别	运行维护策略	周期	执行月份
高压电抗器保护、母线差动保护、断路器保护、线路保护、联变变压器保护、站用变压器保护	年度检查	装置定值清单的参数定值（系统参数、装置参数）、数值型定值、控制字定值、软压板定值和最新定值单完全一致	1次/年	7月
		硬压板（包括功能把手）状态符合变电站运行规程的要求		
		保护装置的直流电源插件不得运行超过6年		
	专业巡维	（1）保护装置开入量检查：开入量状态与压板投入/退出状态、断路器位置状态、保护装置状态一致。 （2）保护装置交流模拟量采样检查：查看各插件板的模拟量和派生量（如差动电流、零序电流）的幅值和相角。正常工况下，各模拟量的幅值和相位应平衡；同一间隔内的采样值误差应小于0.03A；线路保护的差动电流应小于0.04A，零序电流一次值应小于100A；主变压器保护的差动电流应小于$0.04I_N$，零序电流一次值应小于100A；母线差动保护的差动电流应小于0.04A，零序电流一次值应小于100A。 （3）通道信息检查（光差保护）：查看通道延时次数、失步次数、误码总数、报文异常数等信息。复用通道延时不大于12ms，专用通道延时不大于5ms。一个专业巡视周期内的通道误码总数、报文异常数、通道延时次数之和应平均每天不超过10次，并且与前几个专业巡视周期相比基本平衡，无明显异常增大情况。 （4）通道信息检查［纵联距离（方向）保护］：检查保护通道及其接口装置的工作状态，检查保护装置最近一次的启动或动作报告中的收、发信记录。保护通道及其接口装置的工作状态正常。收、发信记录无长期收、发信或频繁收、发信等异常	1次/半年	6、12月
		查看装置的告警报告菜单，查看装置故障告警报文（如模拟量采集错、ROM错、EEPROM错、SRAM自检异常、FLASH自检异常、跳闸矩阵定值错等）和运行异常告警报文（如TA断线、跳位异常、长期有差流、远跳开入异常、通道环回长期投入、差动压板不一致、纵联保护地址错等。装置应无装置故障告警报文和运行异常告警报文		
		每年开展一次保护设备区外故障分析： （1）双套保护启动一致，无不启动或频繁启动。 （2）开关量及其变位情况无异常，双套保护采样基本一致，无异常或告警信息。 （3）检查零序电流、电压、差流正常，双套保护一致。 （4）对于无打印功能的保护装置应通过保护信息子站、保护装置工作站等后台核实保护启动情况是否正常		每年发生第一次区外故障时
串内和直流故障录波器	年度检查	装置定值清单的参数定值（系统参数、装置参数）、数值型定值和最新定值单完全一致	1次/年	7月
	专业巡维	（1）采样检查：查看各通道实时采样值的幅值和相角。正常工况下，各模拟量的幅值和相位应平衡。 录波功能检查：手动触发录波，录波文件生成及时，波形记录正确。 （3）运行情况检查：指示灯正常，运行日志无异常记录	1次/半年	6、12月
蓄电池	年度检查	装置定值和最新定值单完全一致	1次/年	7月
	专业巡维	（1）运行情况检查：指示灯正常，无异常告警，两端母线负荷基本平衡。 （2）蓄电池液面检查：检查蓄电池液面是否过低。 （3）监控器运行记录检查：检查历史记录，是否存在运行异常的情况。 （4）母线电压及对地绝缘电阻检查：检查对地绝缘电阻是否正常，正、负母线电压偏差是否过大。 （5）蓄电池单体运行情况检查： 　　蓄电池极差＝$U_{max}-U_{min}<100mV$ 　　蓄电池偏差＝$U_{max}-U_{cp}$或$U_{cp}-U_{min}\leqslant50mV$ 　　离散度＝$(U_{max}-U_{min})/U_{cp}\times100\%<4.5\%$ 　　式中：U_{max}为蓄电池最高电压，U_{min}为蓄电池最低电压，U_{cp}为蓄电池平均电压	1次/半年	7月

设备内容	巡维类别	运行维护策略	周期	执行月份
高频开关电源	专业巡维	（1）通信电源交流输入状态：通信电源交流输入A、B、C三相输入电压为187~264V，且数值稳定。如有双交流电源输入，两路输入都应正常。 （2）整流模块状态：运行中的各整流模块无告警。 （3）整流系统状态：电压输出较之前没有重大变化（浮充电压为53.52~54.72V）。 （4）蓄电池状态：每节蓄电池无漏液、结霜、鼓起、开裂、发热。 （5）防雷模块状态：模块正常，箱体正常，外观无烧焦，无烧焦气味。 （6）检查设备外观：补空板齐全，清洁度好。 （7）检查设备运行状态：指示灯、供电电压、各模块运行状态、设备风扇等正常。正常情况下，设备、板卡无新增告警指示灯，供电电压正常，设备子架清洁。 （8）线缆状态检查：电源线连接、机架、设备接地线连接正常，无松动、破损等。 （9）设备标志、标牌检查：机架、线缆、接地线、电源开关等标识牌正确，图实相符	1次/月	设备移交后
	年度检查	（1）告警功能测试。 （2）运行参数校对。 （3）交流切换试验。 （4）蓄电池容量核对。 （5）蓄电池电导测试	1次/年	
光传输设备、调度数据网设备、接入设备、语音交换设备	专业巡维	（1）检查设备外观：补空板齐全，清洁度好。 （2）检查设备运行状态：指示灯、供电电压、各模块运行状态、光功率放大器、设备风扇、设备子架滤网等正常。正常情况下，设备、板卡无新增告警指示灯，供电电压正常，设备风扇运转正常，子架滤网清洁。 （3）线缆状态检查：尾纤连接布线、电源线连接、机架、设备接地线连接正常，无松动、破损等。 （4）设备标志、标牌检查：机架、线缆、接地线、电源开关等标志牌正确，图实相符	1次/月	设备移交后
	年度检查	语音交换设备巡维： （1）设备负载状况检查。 （2）设备双电源测试。 （3）设备主、备控制系统冗余性测试。 （4）设备调度DTU中继卡功能测试。 （5）用户卡功能测试	1次/年	设备移交后
稳控通道、保护通道、备用通道	年度检查	（1）通道时延测试。 （2）通道误码测试	1次/3年	与稳控系统定检同步进行
OPGW光缆	专业巡维	OPGW光缆引下线接口处检查：正常时勿过度弯曲、挤压	1次/月	设备移交后
	年度检查	（1）OPGW光缆引下线接口处检查：正常时勿过度弯曲、挤压。 （2）空闲纤芯抽测	1次/年	设备移交后
机房环境监控	专业巡维	巡视机房温度、湿度、烟感、门禁系统是否正常	1次/月	设备移交后
工作站及LAN系统	年度检查	（1）装置外观整洁。 （2）开展内部硬件清洁、除尘。 （3）工作站系统软件备份及文档数据清理。 （4）防病毒扫描及病毒库更新	1次/年	设备移交后
	专业巡维	（1）查看工作站及后台服务器无蓝屏、死机、运行缓慢现象。 （2）测量UPS电源在正常范围内。 （3）查看防病毒软件的运行情况	1次/半年	设备移交后
全站主时钟系统	年度检查	（1）装置外观整洁。 （2）GPS天线检查。 （3）信号输出端子紧固，无松动。 （4）软件运行正常，搜索卫星信号正常	1次/年	设备移交后
	专业巡维	（1）装置屏柜绿色灯点亮。 （2）装置面板显示搜索卫星正常。 （3）装置面板显示信号输出正常	1次/半年	设备移交后

3.4 设备缺陷管理与应急处置

3.4.1 设备缺陷管理

3.4.1.1 缺陷的分类

设备缺陷指生产设备在制造运输、施工安装、运行维护等阶段发生的设备质量异常现象，包括不符合国家法律法规、国家（行业）强制性条文，违反企业标准或反事故措施的要求，不符合设计或技术协议的要求，未达到预期的观感或使用功能，威胁人身安全、设备安全及电网安全的情况。设备缺陷按照严重程度分为紧急缺陷、重大缺陷、一般缺陷和其他缺陷。

1. 紧急缺陷

紧急缺陷指生产设备运行维护阶段中发生的，不满足运行维护标准，随时可能导致设备故障，对人身安全、电网安全、设备安全、经济运行造成严重影响，需立即进行处理的设备缺陷。

2. 重大缺陷

生产设备运行维护阶段中发生的，不满足运行维护标准，对人身安全、电网安全、设备安全、经济运行造成重大影响，设备在短时内还能坚持运行，但需尽快进行处理的设备缺陷。

3. 一般缺陷

生产设备运行维护阶段中发生的，基本不对设备安全、经济运行造成影响的设备缺陷。

4. 其他缺陷

生产设备在运行维护阶段中发生的，不影响人身安全、电网安全、设备安全，可暂不采取处理措施，但需要跟踪关注的设备缺陷。在基建工程验收时，不符合相关标准的不合格项，同时未达到一般及以上缺陷等级的设备质量问题，也纳入其他缺陷。

不同设备在遇到紧急缺陷、重大缺陷、一般缺陷时分别对应的处理时限如表3-8所示。

表3-8 缺陷处理时限表（运行维护阶段）

缺陷等级	一次设备	保护设备	稳控设备	通信设备	自动化设备
紧急缺陷	24h	24h	2h	24h	2h
重大缺陷	7天	7天，其中220kV及以上主保护缺陷：36h	220kV及以上稳控装置缺陷：36h，其余缺陷：48h	7天	72h
一般缺陷	180天	90天	7天	90天	60天

缺陷降级指紧急缺陷或重大缺陷经过临时处理（包括通过调整缺陷设备的运行方式），使其严重程度降低，但仍未能彻底消除的情况。缺陷标准库指对缺陷部位、缺陷类型、缺陷表象、严重等级、缺陷原因、缺陷发现来源、缺陷处理措施等信息进行规范性描述的标准知识库。以主变压器为例，介绍设备缺陷定级情况，如表3-9所示。

　　　　　　　　　　　　　　主变压器缺陷定级示例

设备名称	缺陷类型	缺陷部位	缺陷表象	严重等级
主变压器	电气试验数据异常	本体	介质损耗因数、电容量变化超标	重大
			介质损耗因数未超标准限值，但有显著性差异（$\tan\delta$值与历年数值比较偏差应不大于30%）	一般
			绕组连同套管的绝缘电阻、吸收比或极化指数异常	重大
		铁芯	铁芯及夹件绝缘电阻不合格	一般
			铁芯接地电流为 0.1～0.3A，色谱无异常	一般
			铁芯接地电流超过 0.3A，未采取措施；或虽采取限流措施，但色谱仍呈现过热性缺陷特征（产气速率<10%/月）	重大
		绕组	直流电阻不合格： （1）600kVA 以上变压器，各相绕组电阻相互间的差别大于三相平均值的 2%，无中性点引出的绕组，线间差别大于三相平均值的 1%。 （2）1600kVA 及以下的变压器，相间差别大于三相平均值的 4%，线间差别大于三相平均值的 2%。 （3）预试测得值与以前相同部位测得值比较，其变化大于 2%（若变化大于1%，应引起关注）	重大
			绕组变形测试异常，或短路阻抗与原始值的相对变化大于±3%	重大
			短路阻抗与原始值的相对变化范围是±（2%～3%）	一般
	油/气试验数据异常	本体	总烃含量超标，且有明显增长趋势（总烃相对产气速率大于 10%/月，或者绝对产气速率大于 12mL/天）	重大
			总烃含量超标，但无明显增长趋势	一般
			氢气含量超标，且有明显增长趋势（绝对产气速率大于 10mL/天）	重大
			氢气含量超标，但无明显增长趋势	一般
			乙炔含量大于 5μL/L（110～220kV 变压器）、1μL/L（500kV 变压器）	重大
			500kV 变压器油含气量超标	重大
			绝缘老化严重（油中糠醛含量测试值大于4mg/L）	重大
			绝缘老化异常（油中糠醛含量超出正常值）	一般
		本体箱壳	油中水分含量超标（110kV 变压器水分不小于 35mg/L，220kV 变压器水分不小于 25mg/L，500kV 变压器水分不小于 15mg/L）	重大
			油介质损耗因数超标（110～220kV 变压器 $\tan\delta$≥4%；500kV 变压器 $\tan\delta$≥2%）	一般
			油击穿电压不合格（110～220kV 变压器油击穿电压小于或等于 35kV；500kV 变压器油击穿电压小于或等于 50kV；35kV 及以下变压器油击穿电压小于或等于 30kV）	重大
		本体	其他绝缘油试验不合格	一般
			SF$_6$气体水分超标	重大
			SF$_6$成分分析试验不合格	重大
	渗漏	本体	SF$_6$气体泄漏低于告警值	重大
			SF$_6$气体泄漏高于告警值	一般

设备名称	缺陷类型	缺陷部位	缺陷表象	严重等级
主变压器	渗漏	箱壳	喷油或形成油流	紧急
			滴油（每分钟 12 滴及以上，未形成油流）	重大
			一般渗漏油（每分钟不超过 12 滴）	一般
			轻微渗漏油（未见滴油但有渗油迹象）	其他
	温度异常	绕组	上层油温超过规定值（厂家有规定值时按厂家要求；厂家没有规定值时按标准：自然循环自冷、风冷一般不应超过 95℃，强迫油循环风冷一般不应超过 85℃，强迫油循环水冷一般不应超过 70℃）	紧急
	声音异常	本体铁芯	振动与声音持续异常	一般
	外观异常	本体	基础有轻微下沉或倾斜，造成变压器轻微移位或变形	一般
			基础有严重下沉或倾斜，造成变压器移位或变形，影响设备的安全运行	重大

3.4.1.2　缺陷分析的方法

要提高供电运行的可靠性，就要重视加强对电网设备的缺陷分析。缺陷分析的方法主要是运用表格的形式对电网设备出现的各种缺陷加以分析和汇总。这种方法无论是对电网设备的先天缺陷还是后天缺陷都是行之有效的。对于电网设备的先天缺陷，可以采用表格的形式，将设备的数量、类型、生产厂商、出现的缺陷等情况进行统计和分析，就能很清楚地看出这种设备不同种类之间存在的差别，从而选择出优质的设备。对于电网设备的后天缺陷，主要是在日常变电运维工作中，对出现的各种故障原因进行分析和总结，把导致相同故障的设备缺陷总结起来。这样有利于变电运维工作人员迅速辨别设备缺陷并加以消除，防止安全事故的发生，保障电网设备的安全运转。

还可把缺陷分析的方法和先进的计算机技术相结合。因为工作人员手工绘制各种设备缺陷分析的表格需要花费大量的时间和人力、物力，并且存在设备缺陷信息收集不全、查找和使用不方便等诸多问题。若把先进的计算机技术引入设备缺陷分析中，不仅能够节省时间和精力，而且可以对设备缺陷进行多方面的查询和分析（如根据设备的类型、设备缺陷的原因或设备缺陷的程度等进行查询和分析），做到快速有效地消除设备缺陷。

3.4.1.3　缺陷分析的应用

1. 设备选型方面的应用

电网设备的正常运行是确保整个电网安全运行的基础。面对种类繁多的电网设备，利用缺陷分析可以很直观地看出设备存在的缺陷，比较设备质量的等级差别，选择高质量的设备生产厂家，购买优质的电网设备。设备缺陷分析不仅对选择变电运行中正在使用的设备有重要的作用，对备品、备件的选择和定额也有着举足轻重的作用。备用设备主要是为设备检修而储存的设备，是维护电网安全运行的重要保障。

2. 缺陷管理系统方面的应用

设备的缺陷管理系统是变电管理中的重要组成部分，关系整个电网的安全运行。在设备缺陷管理系统中，首先要做好设备的缺陷分析。只有加强对设备的缺陷分析，发现缺陷，才能做好设备的缺陷管理工作。缺陷管理流程如图 3-19 所示。变电运行人员发现缺陷后，登录缺陷管理系统，把发现的设备缺陷的详细信息输入该系统，该系统会自动将这条信息发送给相关专责。相关专责选择合适的部门来处理该设备缺陷。各班组工作人员登录缺陷管理系统后，将看到需要本班组去解决的设备缺陷，然后派出工作人员消除缺陷，最后对设备缺陷的解决情况进行验收和消除缺陷操作。这个系统运行的关键在于首先做好设备的缺陷分析。只有这样，变电运行人员在发现缺陷时，各班组才能迅速、有效地开展工作，快速消除设备缺陷。

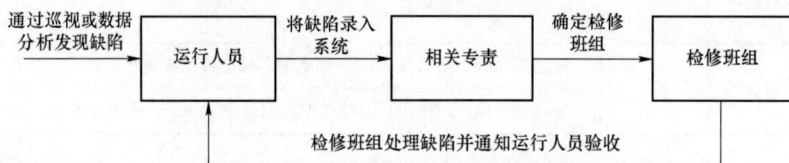

图 3-19　缺陷管理流程图

3. 巡视设备方面的应用

对设备的缺陷分析直接影响工作人员对变电设备的巡视质量，因此要加强工作人员对设备的缺陷分析，使其熟练地掌握由于设备缺陷而出现的各种故障情况及相应的消除缺陷的方法。这样在设备巡视中，当设备出现发热、异常声响、超负荷、电压超标等情况时，工作人员就能迅速找出消除缺陷的方法，从而有利于提高设备的健康水平，减少设备故障或变电运行安全事故的发生。同时，对于缺陷率高的设备，运行人员也能做到心中有数，有针对性地加大巡视力度。

4. 缺陷分析在提高专业素质方面的应用

电网系统的安全运行离不开一支高素质的专业队伍，尤其是二次设备的巡视和检修，对工作人员的专业素质要求更高。在变电运行工作中，加强设备的缺陷分析，有利于提高工作人员的专业素质。通过对设备的缺陷分析，工作人员了解到缺陷不断发展的严重性，激发了工作人员的责任感和防微杜渐的意识，以及对设备缺陷的警觉和敏感意识。工作人员在进行设备缺陷分析时，不仅能够了解到该设备缺陷产生的原因、缺陷出现的外在标志，掌握缺陷消除的方法，还可以预测可能出现该缺陷的其他部位，从而防患于未然。因此，工作人员在实际工作中，遇到设备缺陷造成的故障或安全事故时，能够做到临危不乱，迅速发现并消除设备缺陷。

3.4.1.4　设备缺陷管理流程

1. 基本要求

设备缺陷按照资产生命周期阶段进行管理。设备制造运输阶段发现的缺陷由设备运行维护单位物资部门负责牵头处理，设备施工安装阶段发现的缺陷由设备运行维护单位基本建设部负责牵头处理，设备运行维护阶段发现的缺陷由设备运行维护单位各设备专业管理部门负责牵头处理。在运行维护阶段和施工安装阶段发现的产品质量缺陷，应及时反馈物资部门，在运行维护阶段发现的施工质量缺陷，应及时反馈基本建设部门。管理部门各牵头部门可分别编制缺陷管理业务指导书，规范各阶段、各专业的缺陷处理工作。

缺陷处理应坚持及时发现、正确定级、按时消除、原因清晰、责任明确、措施到位，坚持闭环管控与持续改进原则。

设备生命周期各阶段的缺陷信息应通过信息管理系统实现信息交互，并建立详细、准确的设备缺陷信息档案，满足设备生命周期管理的需求。设备制造、施工建设等阶段的设备缺陷信息作为基础资料移交，设备投入运行前，项目建设单位应组织物资、基本建设、运行等部门对缺陷信息的完整性、准确性及物资编码、设计编号与设备编号的对应关系进行验收。设备缺陷信息要及时更新至设备台账。

设备缺陷定级标准和缺陷标准库由生产设备管理部组织统一制定和颁布，定期组织修编。

2. 缺陷处理

缺陷处理流程包括设备缺陷的发现和报送、确认和定级、消除缺陷和验收、反馈等环节。

（1）发现和报送。

1）发现缺陷或收到其他信息源提供的缺陷信息后，缺陷管理人员应及时记录，并将缺陷信息报送至对应的缺陷受理部门。

2）巡维和检修过程中发现并在现场立即消除的缺陷，应在 5 个工作日内进行补登。

3）运行维护阶段发现的紧急缺陷及可能随时导致设备停运的缺陷，应及时报送调度部门。

4）发现重大、紧急缺陷，应立即组织技术分析，需要前往现场确认的应及时赶赴现场。

5）缺陷报送信息应包括缺陷发现时间、设备名称/资产编号/设计编号、缺陷部件/部位、缺陷表象、缺陷类别、缺陷原因、严重等级、缺陷发现来源等内容，设备制造运输、施工安装、运行维护各阶段可根据管理需要，在管理业务指导书中规范缺陷记录及表单处理。

（2）确认和定级。

1）每一条缺陷都需要根据相关设备缺陷定级标准进行认真分析比对，正确定级。

2）设备制造运输、基本建设阶段缺陷的严重等级可与运行阶段有所差异，但启动验收阶段缺陷严重等级的判定要按照运行阶段执行。如出现界定不清的情况，需经有关部门或上级部门研究确定。

（3）消除缺陷和验收。

1）缺陷处理人员应严格按照缺陷处理质量要求，在规定时限内及时组织消缺，确保"一次做对、消必消好"。缺陷消除后，应按照设备制造运输、施工安装、运行维护等阶段相应的验收标准进行验收。

2）重大、紧急缺陷通过临时处理降低了严重程度，但未完全消除的，应进行降级处理，原缺陷应视为已处理完毕，降级后的缺陷应作为新缺陷进行登记。

3）在设备生产制造、检验过程发现的质量缺陷，应在产品发运前处理完毕；在运输和施工安装阶段发现的质量缺陷，应在工程投产前处理完毕。对于新建、改/扩建及修理项目，重大及以上等级的设备缺陷未处理完毕的不得投产；暂不具备整改条件且不影响送电及运行的一般缺陷，需经启动委员会同意后方可投入运行，投入运行后由建设单位（业主项目部）协调相关责任单位限时进行消除，并由设备运行维护部门复检、签证合格后，方可移交生产运行；项目移交时仍未处理完毕的一般缺陷将作为工程遗留缺陷，由建设单位（业主项目部）跟踪处理，并对相关责任单位进行考核处罚。

（4）反馈。缺陷消除后，缺陷原因应填报完整，并根据缺陷原因分类，将缺陷反馈至相关责任方进行改进。

3. 批次缺陷处理

批次缺陷处理流程包括发现和报送、确认和发布、消除缺陷和验收等环节。

（1）发现和报送。

1）当发现同批次或同类型设备存在同样设计、材质、工艺等质量问题时，应按照批次缺陷处理流程及时报送。

2）行业协会、制造厂、其他电网企业通报的设备批次缺陷，应按照批次缺陷处理流程及时确认和发布。

（2）确认和发布。

1）设备专业管理部门收到分子公司报送的批次缺陷信息后，应按照专业分类，组织专家组对批次缺陷进行分析、认定，认定为批次缺陷的应由设备管理部及时发布至各基层单位。

2）设备专业管理部门应每年更新并发布有记录以来的批次缺陷统计表。

（3）消除缺陷和验收。

1）设备运行维护单位收到批次缺陷信息后，应组织排查可能存在批次缺陷的设备，梳理缺陷设备清单，并对缺陷设备进行评估，分别制定消除缺陷的措施和实施计划。

2）设备专业管理部门应对所辖设备的批次缺陷定期进行跟踪统计与分析，直至消除缺陷完毕。

3）批次缺陷全部消除后，由分子公司设备专业管理部门组织验收总结，并报总设备管理部门。

4. 缺陷的统计分析与考核

各级设备专业管理部门及设备运行维护单位应按月度、季度、年度定期组织进行设备缺陷统计分析，针对重复出现的缺陷，要从设备采购、施工、验收、运行维护等阶段的相关制度、流程、技术标准、作业标准、人员培训等方面提出改进措施。

缺陷统计分析应采用故障树分析（FTA）、故障模式及后果分析（FMEA）等方法，按照电压等级、设备类型、缺陷部位、制造厂家、运行年限、缺陷等级、缺陷原因、缺陷发现来源等多种条件进行组合分析。

运行维护阶段的缺陷应按年度进行考核，物资阶段和施工安装阶段的缺陷应按单个项目进行考核，考核规定在管理业务指导书中有明确说明。运行维护阶段，设备重大及以上等级的缺陷消除和消除缺陷及时率应为100%，一般缺陷的消除率与消除缺陷及时率不低于85%；统计范围为设备运行维护单位所辖设备，统计周期为月度、季度、年度。物资阶段，设备重大缺陷消除率应为100%，一般缺陷消除率不低于90%；统计范围为单个新建/改建/扩建项目物资，统计时限为中标通知发出日至到货验收日。施工安装阶段，设备重大及以上等级的缺陷消除率应为100%，一般缺陷消除率不低于95%；统计范围为单个新建/改建/扩建项目，统计时限为项目开工至竣工投产。统计期间应消除的缺陷项数包括统计期间内已存在和新发现的，且按规定在统计期内应消除的缺陷总数。

设备运行维护单位应根据实际情况制定缺陷奖励机制，凡及时发现设备重大及以上等级的缺陷，并及时汇报和处理，避免发生三级及以上事件和事故的个人，应根据其贡献程度给予表彰和奖励。对于重大及以上等级的设备缺陷长期未被及时发现，且导致设备发生三级及以上事件和事故的，设备运行维护单位应对相关责任人给予通报批评和绩效处罚。施工安装阶段，缺陷未及时处理的，按照承包商管理办法对承包商进行处罚。

3.4.2 应急处置

3.4.2.1 应急处置内容与机制

背靠背柔性直流输电系统在运行过程中，受各种因素的影响，会产生相应的突发性事件，威胁到背靠背柔性直流输电系统的安全。突发性事件指在一定区域范围内，突然发生的灾害性事件，不仅难以进行准确预测，无法进行完全、有效的防御，而且很难彻底根除。这些事件具有突发性，如果无法进行有效的应急处置，可能产生重大危害性，主要特点如下：① 涉及多个环节；② 影响范围十分广泛；③ 灾害源众多；④ 会造成巨大损失。

1. 应急处置内容

背靠背柔性直流输电系统技术型较强，变电运行工作相对复杂，建立完善、有效的变电运行应急管理机制，提高对突发性灾害的预防和处理能力，对保证变电运行乃至整个电力系统的安全都是十分重要的。背靠背柔性直流输电系统3类问题应急处置主要如下：

（1）重大设备故障。该类故障包括设备自身严重故障、全站停电等。这种事件一般很少出现，但是一旦出现，造成的影响是非常严重的，因此需要对其进行重点管理。首先，在对突发事件进行应急处理时，要做好自身防护，保证人员自身的安全；其次，要从整体层面做好应急预案的编写工作，确保预案具备良好的可操作性，得到电网调度、配电和维护部门的主动配合；然后，对应急预案进行细化，确保实际操作的顺利进行；最后，加强日常培训和演练，使每一个工作人员都可以明确自身的位置。

（2）一般设备故障。此类故障多表现为外部故障造成的单线路断电、越级跳闸等，虽然牵涉范围较小，影响也相对较小，但是发生频率高，同样需要一定的重视。实际上，变电运行一直以来开展的事故模拟、事故演练就是针对这种情况的应急管理，需要加强对于变电运行人员的培训，确保每一个合格的变电运行人员都可以对这些情况进行及时、有效的处理。

（3）自然灾害。自然灾害的应急处理一般以预报、预警为主。例如，在暴雨、狂风等恶劣天气中，相关人员要提前到位，做好物资、设备等的准备工作，一旦发现问题立即进行处理，尽可能将损失和停电时间减少到最小程度。

2. 应急处置机制

要做好背靠背柔性直流输电系统的应急处置工作，确保电力系统的安全稳定运行，需要采取相应的措施，建立起相对完善的应急处置机制，具体包括以下3点。

（1）背靠背柔性直流输电系统的应急处置是一项系统性的工程，需要切实做好事前的准备工作，做到有备无患。

1）充分利用现代化的信息技术，如多媒体技术、网络技术等，建立应急处置指挥小组。

2）充分利用现代化通信技术，时刻保证通信的畅通。

3）做好物资储备工作，为应急处理提供相应的物质基础。

4）加强职工的队伍建设，提升整体素质。

5）对应急预案进行合理编制，确保其具备良好的可操作性。这样才能够在突发事件发生时做到不慌不乱，有序处理。

（2）应急处置最为突出的就是"急"，要确保在第一时间对事件做出反应。首先，对值班人员而言，在事件发生时，应该采取一切手段确保自身安全，并在此基础上尽量保护电网和设备。同时，以最快的速度联系相关单位，进行事故的处理工作。应急反应人员在接到通知后，必须在最短的时间内赶赴现场。

（3）对突发性事件的应急处理必须准确，最大限度地减少事件造成的负面影响和损失。要做到这一点，一方面，需要重视应急方案的编制，确保方案的实战性和可操作性，提高应急工作的效率，使得方案更加精简，更加实用；另一方面，对事件各个环节的细节问题进行全面考虑，查找自身的薄弱环节，并做出有效的改进，确保应急管理的有序性和有效性。

3.4.2.2 异常及事故处理

背靠背柔性直流输电系统的设备种类多、数量大，受运行环境、设备老化、电网故障、控制逻辑等因素的影响，设备发生异常状况不可避免。当异常状况发生时，如何进行有效的应急处置对保证背靠背柔性直流输电系统的稳定运行具有重要的意义。事故处理的一般原则如下：① 尽快限制事故扩大，解除人身和设备的危险；② 尽快恢复站用电电源；③ 及时处理设备故障，尽快恢复设备送电，处理事故时严防误操作；④ 事故发生后，应根据计算机、表计、保护、报警信号、自动装置动作情况进行全面分析，制定出正确的处理方案，处理过程中应特别注意防止非同期并列和系统事故的扩大；⑤ 事故发生的时间、原因、主要操作、保护自动装置动作、系统运行方式的变化、潮流情况及主要处理过程等必须记录清楚、详细、真实，并及时汇报主管领导和调度。

事故发生后，当班运行人员应在规定的时间内整理出故障录波图，并及时汇报主管领导和联系检修人员。事故处理时，严禁使用主控室调度台电话联系与事故处理无关的事情。运行中的设备不得无保护运行。电气设备和高压直流系统恢复送电前应复归有关告警信号，不能复归的信号应查明是否会影响设备的输电运行。事故处理必须在值长的统一指挥下进行。发生紧急情况时如果值长因故不在主控室，由运行值班负责人指挥进行紧急事故处理，在设备事故或异常处理告一段落（即不存在扩大事故或异常）时，及时向值长汇报，值长赶到并接管指挥权。值长在值班期间是设备事故或异常处理的第一指挥者。运行人员值班期间出现任何事故或异常情况时，必须马上报告该值值长，并服从值长的指挥。运行设备出现事故或异常时，值长和值班负责人有权调动维护人员对设备事故（异常）进行及时处理。

事故发生后，运行值班员必须在规定时间内将事故发生的时间、天气、故障现象、跳闸断路器、故障元件，以及在主控室能立即观察到的控制、保护及自动化装置的动作信号，简明扼要地汇报地调、集控。经过站内一次设备和保护动作情况的检查后，在规定时间内将现场一次设备的检查情况、控制保护信号情况全面汇总记录，并汇报地调、集控。运行人员应进一步分析相关保护动作和故障录波情况，并尽快将完整的保护动作情况和分析结果汇报地调、集控。

针对背靠背柔性直流换流站部分主要设备，下面介绍相关的异常及事故处理方法。

1. 联络变压器异常及故障处理

（1）联络变压器差动速断保护、比率差动保护动作。

1）检查差动保护范围内的一次设备有无明显故障；联络变压器差动速断保护、比率差动保护动作，应检查从交流侧进线两个断路器 TA 到阀侧套管 TA 间的设备。

2）检查保护、稳控装置的动作情况，打印故障跳闸报告，查看录波波形，查看定值，检查 SER 信号，判断保护是否误动。

3）通知检修人员取油样，并对油样进行化验、分析。

4）联络变压器不允许无差动保护运行。

5）证明联络变压器内部无故障，经分管生产领导及调度同意后试送。

（2）联络变压器过励磁保护、接地阻抗保护、过电流保护、零序过电流等后备保护动作。

1）检查联络变压器外观有无明显故障。

2）检查联络变压器进线 TV 空气开关是否合上，电压回路是否正常。

3）若无明显故障点，经局分管生产领导同意后向调度申请对该联络变压器试充电一次。

4）若试充电不成功，则做好停电安全措施，联系检修人员处理。

（3）本体、有载分接开关的压力释放阀动作。若本体压力释放阀动作，现场检查防爆管是否喷油；有载分接开关的压力释放阀动作，应检查联络变压器本体的分接开关处是否有油流。若喷油，应向调度申请，将联络变压器转检修，并联系检修人员处理；若未喷油，应联系检修人员查明原因；若未发现明显故障，经分管生产领导批准后，向调度申请，可恢复送电。送电前手动复归压力释放阀。

（4）联络变压器冷却器故障告警。检查冷却系统电源是否正常，如电源小开关跳闸，可先测量回路电压是否正常，红外测温是否过高，若正常，可试合一次；试合不成功，不再试合，联系检修人员尽快使电源恢复正常；若电源正常，检查冷却系统控制回路；若冷却系统不能恢复正常运行，且温度不断上升，应向调度申请降低柔性直流输送功率，必要时申请停运。

（5）联络变压器油位下降。

1）油位缓慢下降时，若发现设备漏油，应立即联系检修人员处理。

2）补油时，应退出重瓦斯保护。

3）因大量漏油而使油位迅速下降时，禁止停用重瓦斯保护，采取停止漏油的措施，并联系调度停电处理。

4）若未发现漏油，应用红外测温仪检查储油柜油位是否正常。

（6）联络变压器分接开关故障。

1）工作站出现"调压开关步进停止""电动机保护开关脱扣"等信号，应立即停止自动控制曲线的调整，退出自动控制曲线功能。

2）如果现场检查发现分接开关的三相不一致，运行人员在界面中手动或者现场电动调节三相分接开关至一致，同时通知检修班人员检查处理。

3）机构不能电动操作或机构卡停，应向调度申请停电处理，并通知检修人员。

4）如果运行期间电动机保护开关跳闸，断开联络变压器分接开关控制箱上的有载开关机构箱控制回路电源，然后合上有载开关机构箱电动机电源，最后合上有载开关机构箱控制回路电源。若试合不成功，则将情况立即汇报值长，值长立即安排值班员汇报调度及站部领导，并通知检修人员。

5）故障处理完毕，值长安排值班人员汇报调度，并向调度申请恢复功率调整功能。

（7）联络变压器油温过高。

1）检查联络变压器是否过负荷，三相负荷是否平衡。

2）检查工作站上的温度与现场温度表计的温度是否一致。

3）用红外检测仪检测联络变压器的本体温度是否正常。

4）检查联络变压器冷却系统工作是否正常，现场冷却器工作是否正常，风扇或油泵是否退出运行。

5）检查冷却系统的控制电源小开关是否跳开，若跳开，在检查电源回路无明显故障点时，可以试合控制电源小开关，使冷却器正常运行。

6）如果油温仍然继续上升，则应立即将联络变压器停运。

（8）联络变压器重瓦斯保护动作。

1）确认联络变压器已停电。

2）外观检查有无喷油、损坏等明显故障。

3）如果确认重瓦斯保护误动，应停用重瓦斯保护，但差动及其他保护必须投入；联系检修人员取瓦斯气体和油样进行化验，分析事故性质及原因。

4）若未发现故障，经局分管生产领导同意后向调度申请送电，调度批准后，恢复送电。

（9）联络变压器着火。

1）迅速通过图像监控系统及现场检查联络变压器，确认火灾络警是否属实。若现场检查未发现火情，应复归告警信号，并通知检修人员处理。

2）若火灾告警属实，迅速检查判明联络变压器保护是否正确动作，同时检查消防系统是否自动启动喷水。

3）如联络变压器未停电，立即停运柔性直流输电系统，并马上断开交流电源，停运冷却器，防止火势蔓延。

4）如联络变压器消防系统未能自动启动喷水，则立即手动启动喷淋水系统，同时采取一切措施保证灭火效果。

5）立即拨打火警电话，报告火情，请求公安消防部门增援。

6）及时将现场情况汇报调度和生产部门领导。

2. GIS 高压组合电器异常及事故处理

（1）GIS 断路器气室 SF_6 压力泄漏处理。

1）当发生断路器 SF_6 压力低告警时，立即到现场检查告警设备气室压力。

2）经检查气室压力低但未到闭锁值，立即汇报调度，并申请将对应断路器停运处理。

3）若断路器 SF_6 压力已降至闭锁值，立即汇报调度，并申请将对应断路器两端电源停电，对故障断路器进行隔离处理。

4）若故障断路器为中间断路器，将该断路器两侧边断路器断开，并向调度申请将对应线路停电，对断路器进行隔离处理。

5）若故障断路器为边断路器，将该断路器所在串中断路器断开，并向调度申请将边断路器侧母线及对应线路停电，对断路器进行隔离处理。

6）若故障断路器为联络变压器进线断路器，对该断路器进行隔离时，应先将对应极直流闭锁，然后再对断路器进行隔离处理。

（2）GIS 非断路器气室压力低处理。

1）当发生非断路器气室 SF_6 压力低告警时，立即到现场检查告警设备气室压力。

2）经检查气室压力低属实后，立即将检查情况汇报站领导，并通知检修人员。

3）密切监视漏气设备，利用 SF_6 红外检漏仪检查漏气状况，记录 SF_6 压力下降速度。

4）检查发现 SF_6 压力值下降过快，应立即汇报调度，并向调度申请将对应设备停电处理。

5）检查发现 SF_6 压力值下降缓慢，则应通知检修人员到现场检查处理并补气。

6）若现场检查未发现此设备气室 SF_6 压力低，则通知检修人员对二次回路进行检查。

3．柔性直流换流阀异常及事故处理

（1）功率模块故障处理原则。

1）通过后台遥信、遥测界面检查功率模块旁路是否正常旁路。

2）通过阀控上位机检查故障模块的故障类型。

3）检查功率模块故障数量是否达到冗余值，及时记录功率模块故障数量，并将功率模块故障数量汇报站领导。

4）当某一个桥臂功率模块旁路数量达到某一较低设定值时，应立即通知检修人员，汇报调度，填报重大缺陷，并通知值班站领导按照重大缺陷流程处理。

5）当某一个桥臂功率模块旁路数量达到某一较高设定值时，应立即通知检修人员，汇报调度，填报紧急缺陷，并通知值班站领导按照紧急缺陷流程处理。

（2）换流阀漏水保护告警。

1）检查阀控系统，确认漏水告警阀段。

2）通过图像监控系统观察漏水阀塔底部是否有积水痕迹。

3）密切关注相应阀冷系统的运行情况，特别是膨胀箱水位的变化情况，若经核实确有漏水，应立即通知检修人员，汇报调度及值班站长，及时申请停运。

（3）阀塔冒烟着火。

1）通过图像监控系统确认阀厅内阀塔确已着火，立即手动启动柔性直流单元 ESOF。

2）复归声光信号，并拨打火警电话，告知着火设备需用气体或干粉进行灭火。

3）确认柔性直流单元两端已退至备用状态。

4）确认阀厅空调系统已自动停运，若未停运，应及时停运阀厅空调系统。

5）立即将柔性直流单元两端操作到接地状态。

6）派人到站门口迎接消防车辆，配合消防队迅速到达起火位置，组织灭火。

7）灭火完毕后，手动打开排烟风机及排烟防火阀（常闭）进行排烟，同时可开启空气处理机组内的送风机将室外新风送入阀厅内，关闭消防泵和柴油泵。

8）记录并复归火警信号。

9）配合消防部门做好相关事故调查工作。

10）及时将现场情况汇报相关领导和调度。

4. 直流控制系统异常及事故处理。

（1）系统故障时的切换处理。柔性直流单元控制系统故障等级分为轻微故障、严重故障和紧急故障。其中，轻微故障是不会对正常功率输送产生危害的故障，因此轻微故障不会引起任何控制功能的不可用。发生严重故障的系统在另一系统可用的情况下退出运行，若另一系统不可用，则该系统还可以继续维持运行。发生紧急故障的系统将无法继续控制系统的正常运行。3 种故障原因对照的见表 3-10。

表 3-10　　　　　　　　　　　　　　3 种故障原因对照表

故　障	原　　　　因
轻微故障（MF）	SRAM 自检异常、FLASH 自检异常、调整零漂增益失败、开入异常、开出异常、开入通信中断、开出通信中断、MU 数据异常
严重故障（SF）	通信故障、设备故障、阀控故障、硬件故障、定值错、压板错、系统配置错、MU 设备地址错、下传 FPGA 数据失败、CPU 之间通信异常
紧急故障（EF）	直流保护动作指令

1）轻微故障的处理。当 ACTIVE 系统发生轻微故障时，若另一系统处于 STANDBY 状态，并且无轻微故障，则系统切换；当 STANDBY 系统发生轻微故障时，系统不切换。

2）严重故障的处理。当 ACTIVE 系统发生严重故障时，如果另一系统处于 STANDBY 状态，则系统切换；当 ACTIVE 系统发生严重故障，而另一系统不可用时，则当前系统继续运行，并发出告警；当 STANDBY 系统发生严重故障时，STANDBY 系统应退出 STANDBY 状态，进入 OFF 状态，等待检修。

3）紧急故障处理。当 ACTIVE 系统发生紧急故障时，如果另一系统处于 STANDBY 状态，则系统切换，先前的 ACTIVE 系统进入 OFF 状态，等待检修；当 ACTIVE 系统发生紧急故障时，如果另一系统不可用，则闭锁功能启动，跳断路器；当 STANDBY 系统发生紧急故障时，STANDBY 系统退出 STANDBY 状态，进入 OFF 状态，等待检修。

（2）柔性直流单元控制系统故障告警。

1）故障现象：运行人员工作站上 SER 发××××板卡或者××××插件告警信号。

2）处理措施。

a. 在站网结构中检查柔性直流单元控制系统是否切换成功且有一套在正常运行。

b. 现场检查柔性直流单元控制主机及板卡是否正常运行，板卡间连接线是否整齐、无脱落，小开关是否在适当位置，端子接线是否牢固、无松动等情况。

c. 通知检修人员前来处理。

d. 查看软件，追溯故障根源。

e. 根据检修人员的意见进行系统重启或者停电检修。

5. 直流保护系统异常及事故处理

（1）保护装置发生故障时，应及时汇报调度，联系检修人员处理，当可能引起保护误动时，应立即向调度申请退出保护。当需退出保护装置进行检验时，必须经调度批准。

（2）站内二次设备故障而导致一次设备跳闸，可以实施隔离的（如退出误动的保护装置等），立即申请退出故障的二次设备，并恢复主设备运行。

（3）如保护直流电源消失告警，应立即检查直流电源回路；若该直流电源确已消失，应联系调度，将与该直流电源相关的保护停用。

（4）当电压回路断线和失电压时，应退出带有该电压回路的可能误动的保护装置。及时汇报调度，并迅速联系保护人员进行处理，将电压回路恢复正常。

（5）当保护装置发生内部故障需要掉电重启时，必须先经调度同意，并将保护出口压板全部退出后才允许掉电重启。保护装置经掉电重启恢复正常后，必须经调度同意，方可投入运行。

（6）交流线路保护通道告警时，需检查站内保护装置、通信接口装置是否正常，若站内设备正常，需联系对站是否开展通道上的工作，并及时汇报调度员，必要时按照调度令退出相应通道。

6. 交流站控系统异常及故障处理

（1）装置告警、死机处理。

1）检查装置面板指示灯、小开关是否在正常位置、端子接线是否牢固、无松动。

2）检查另一套备用装置是否正常，系统是否正常切换。

3）向调度申请退出异常装置，征得检修人员同意后，可对装置进行一次掉电重启。

4）如故障无法消除，通知检修人员进行处理。

（2）系统故障时的切换处理与直流控制系统类似。

7. 运行人员控制系统异常及故障处理

（1）任意一台工作站死机时，应：① 观察其他工作站的运行是否正常；② 立即对故障工作站进行一次重启操作；③ 若启动不成功或重启仍不能解决问题，则通知检修人员处理。

（2）工作站 UPS 失电时，应：① 观察正常的其他工作站是否正常运行，确保至少有一台工作站正常运行；② 检查另外一套 UPS 系统是否正常，若正常，则使用该套 UPS 系统；③ 检查工作站 UPS 端子有无送电；④ 通知检修班人员处理。

8. 就地监控系统异常及故障处理

（1）就地控制画面冻结故障。检查工控机，若无明显故障，按下工控机电源按钮重启工控机。若启动不成功，则应填写缺陷报告，通知检修人员处理。

（2）无法进行就地操作。

1）检查控制把手是否切换至"就地联锁"位置。

2）检查小开关是否在合上位置。

3）检查交换机电源指示灯是否正常。

4）检查交换机与相应控制系统间的网线连接是否松动，若检查发现网线松动，则将网线插好，重新进行操作。

5）若故障无法消除，则应填写缺陷报告，通知检修人员进行处理。

9. 稳控系统异常及故障处理

（1）当稳控装置出现异常告警时，运行值班人员应立即按现场运行规程处理，并汇报值班调度员，及时通知运行维护人员。

（2）当稳控装置发生故障（如运行灯熄灭，装置闭锁等）时，运行值班人员可按照现场运行规程，先行退出本装置的所有出口跳闸压板、断开稳控通道，再汇报值班调度员，并通知检修人员到现场处理故障。

（3）检修人员在接到通知后应及时赶到现场，读取并核实信号，打印异常报告、数据记录等，必要时可提出工作申请退出装置进行检查，尽快查明原因，消除缺陷。

（4）通信异常发生后，运行值班人员应立即报告值班调度，若调度确认通道异常不是由计划工作引起的，运行值班人员应通知检修人员，由检修人员根据异常现象初步分析故障原因，并报告相应的专责。

10. 监测诊断及计量系统异常及故障处理

（1）录波数据不能正常上传。

1）现场检查相应屏柜装置是否掉电，网络接线是否松动。

2）若有掉电情况，检查无异常后，立即合上相应小开关。

3）若网络连接线松动，将其插好。

4）若无掉电情况或处理后数据仍不能上传，经得检修人员许可后向总调申请对装置进行掉电重启。若重启仍不能恢复，填写缺陷报告，通知检修人员进行处理。

（2）保护及信息管理子站工作站死机。

1）当工作站出现操作无响应、2～5min 内硬盘灯无闪烁或者蓝屏，则可判断系统死机。

2）按下重启键重新启动工作站。

3）工作站重启后，重新登录系统，检查各项功能正常，无异常告警信息。

（3）保护及信息管理子站数据停止上传。

1）现场检查相应屏柜装置是否存在小开关跳开情况，网络接线是否松动。

2）若小开关跳开，检查无异常后，立即合上相应小开关。

3）若网络连接线松动，将其插好。

4）若无小开关跳开及网线松动情况或处理后数据仍不能上传，应通知检修人员处理。

（4）直流测量系统。

1）如果自检程序发现了装置存在严重损坏，则会通过液晶显示、信号灯或者告警触点给出指示以提醒运行人员处理。同时，程序也会记录下这些异常，以供运行人员以后查询或打印出来。

2）正常运行时，若出现较为严重的硬件故障和异常告警，可能会闭锁装置。此时，运行灯会熄灭。同时，开出信号的装置闭锁触点将会闭合，装置必须退出运行，检修以排除故障。

3）如果装置在运行期间被闭锁，同时发出告警信息，应当通过查阅自检报告找出故障原因。简单重启装置并不能排除故障隐患。如果现场不能发现故障原因，请立即通知厂家。

（5）时间顺序记录系统。

1）指示灯不亮，可能指示灯损坏，更换备用板并通知制造厂。

2）开入板通信中断，外部有开入频繁变位，检查是否有光耦合器亮度不正常，测量不正常光耦合器一次侧的开入电压是否正常。

3）所有的开出都校验出错，可能是电源工作不正常，更换电源插件。

（6）GPS 同步指示灯不亮而异常灯亮。

1）检查 GPS 天线接口与前台管理箱 GPS 板的天线接口是否连接。

2）检查 GPS 同步指示灯是否已坏。

3）检查 GPS 同步指示灯是否长期不亮，若偶尔不亮，可能是由 GPS 接收卫星信号弱所致。

4）通知检修人员进行处理。

（7）电能计量系统。

1）当发现电能计量装置故障时，应及时通知计量管理部门，并通知维护人员处理。

2）值班人员抄算电量后，分别计算每次的电量平衡，如果平衡误差超过 1%，则立即汇报值班负责人，同时联系维护人员处理。

3）若巡视过程中发现电能表处理屏柜有告警信号，运行人员可以尝试复归。

4）若抄录电能量值时发现同一时间区域内主、副表累计电量值差异过大，应立即通知检修人员进行处理，并按缺陷处理流程填写缺陷报告。

5）检查发现电能计量系统工作站无法采集数据，显示通信故障，应立即查看采集器串口单元的通信转换小卡有无异常。若无异常，则立即通知检修班处理。

6）若电能计量工作站死机，重启后仍然无法查看采集数据，须尽快联系检修人员处理，以恢复正常运行。

（8）在线监测系统。

1）当在线监测系统异常时，按照维护手册进行检查：① 装置（传感器部分）是否有外观异常，如松动、脱落现象；② 装置自检是否正常；③ 站控监测单元和监测装置通信测试是否正常。

2）经检查并确认在线监测系统无故障时，应根据维护手册进行人工复位。

3）在线监测系统发生不能恢复的故障时，应及时组织相关单位和厂家查明原因，进行修理或更换。

（9）环境及视频监控系统。环境及视频监控系统的常见故障见表 3-11。

表 3-11　　　　　　　　　　环境及视频监控系统常见故障表

序号	故障名称	故障可能原因	排除方法
1	某路视频丢失	该路视频头未接触良好	重新连接该路视频
2	某个摄像机视频丢失	（1）该摄像机失电。 （2）该摄像机视频未接触良好	（1）通上该摄像机的电源。 （2）重新连接该摄像机的视频
3	整个系统不能控制	系统未通电或者未连接良好	系统通上电并重新连接
4	某个球机不能控制	（1）球机控制器失电。 （2）球机控制器内部控制芯片坏。 （3）球机损坏	（1）重新通上该球机控制器的电源。 （2）更换该芯片。 （3）维修球机

11. 网络及通信系统异常及故障处理

（1）GPS/北斗板卡出错时，应检查板卡是否插好，若未插好，须经检修人员同意后，掉电重启；若故障仍无法排除，通知检修人员处理。

（2）GPS/北斗模块出错时，通知厂家处理。

（3）卫星失步时，应检查卫星天线外观及连接是否完好。

（4）IRIG-B 通道已开启但无输入，应检查相应 GPS/北斗板卡的外观是否完好，

IRIG-B 输入通道的接线和接口设置是否正确，如均无异常，通知检修人员。

12. 辅助系统控制系统异常及故障处理

（1）辅助系统控制系统 A、B 系统任一系统故障后，检查系统已正确切换至正常系统运行，并立即联系检修人员处理。当故障系统修复，并确认正常后，将该系统恢复至备用状态。

（2）装置闭锁。

1）检查确认控制系统已从故障系统切换到正常系统运行。

2）检查装置电源小开关和电源板卡开关在合位，若不在合位，则对开关进行一次试合。

3）检查装置的电源、通信、I/O 板卡等运行指示灯指示是否正常。

4）对装置进行掉电重启。

5）退出本装置，通知维护人员检查处理。

（3）装置故障（告警不闭锁出口）。

1）检查装置电源小开关和电源板卡开关在合位，若不在合位，则对开关进行一次试合。

2）检查装置的电源、通信、I/O 板卡等运行指示灯指示是否正常。

3）对装置进行掉电重启。

4）通知检修人员检查处理。

13. 阀冷异常及事故处理

（1）漏水。

1）工作站发出相关漏水告警信号时，查看工作站阀冷却控制界面，同时检查膨胀罐液位，确定告警信号后，将情况汇报值长。

2）现场发现漏水时，立即将情况汇报值长。

3）密切监视高位水箱液位，如发现高位水箱液位快速下降并液位接近跳闸值的 5% 时，立即向调度申请停运直流单元的相应侧。

4）密切监视原水箱液位，确保原水箱内液位充足，必要时向原水箱内补充蒸馏水或纯净水，并检查补水泵工作情况，确保补水泵能正常启动。

5）主循环泵漏水，应手动切换至备用泵，若故障泵停运后仍漏水，则关闭故障泵进出水阀门，然后联系检修人员处理。

6）喷淋泵漏水，应手动切换至备用泵，若故障泵停运后仍漏水，则关闭故障泵进出水阀门，然后联系检修人员处理。

7）管道连接处漏水，首先应拧紧连接处螺栓，若还有渗漏，则通知检修人员处理。

8）阀厅内塑料软管处漏水，应向调度申请停运直流，并联系检修人员处理。

9）待液位恢复正常后，在阀冷控制屏上将故障信号复归。

（2）缓冲水池液位低。

1）SER 发出缓冲水池液位低告警信号，运行人员应迅速到相应缓冲水池，打开水池盖板，检查液位。

2）若液位正常，则通知检修人员对缓冲水池液位传感器检查处理。

3）若液位仍大于 10%，则迅速关闭所有喷淋水泄流阀门，检查工业泵运行是否正常，并在阀冷控制系统面板上手动进行补水。

4）若液位低于 10%，则迅速通过就近的消防栓对缓冲水池进行补水，补水期间应密切关注消防泵运行情况。

5）密切监视相应阀塔内冷水进出水的温度情况，当进阀温度达到低定值并有继续上升的趋势时，向调度申请降负荷；当进阀温度达到高定值并有继续上升的趋势时，申请紧急停运。

6）检查自动过滤器是否阻塞，如果阻塞，则打开相关阀门，并通知检修人员处理。

7）检查软化装置是否阻塞，如果阻塞则打开相关阀门，并通知检修人员处理。

8）检查工业水泵出水压力，若全部工业水泵出水压力都低，工业泵故障不能补水时，应立即使用靠近外冷水池的消防栓对外冷水池进行补水，同时通知检修人员处理。

9）待液位恢复正常后，在阀冷控制屏上将故障信号复归。

（3）缓冲水池液位高。

1）SER 发出缓冲水池液位高告警信号，运行人员应迅速到相应缓冲水池，打开水池盖板，检查液位。

2）若液位正常，则通知检修人员对缓冲水池液位传感器检查处理。

3）若液位确实很高，则检查缓冲水池补水阀门是否已关闭，若未关闭，则迅速关闭该阀门，检查工业水泵是否已停运，若未停运，则手动停运工业泵。

4）待液位恢复正常后，在阀冷控制屏上将故障信号复归。

（4）喷淋水电导率高。

1）检查缓冲水池弃水阀是否关闭或者开度很小，若是，则将阀门全部打开。

2）加强缓冲水池液位和补水阀开合状态监视，防止出现因弃水量过大造成缓冲水池液位低告警。

3）喷淋水电导率低于告警值后，在阀冷控制屏上将故障信号复归。

（5）冷却塔故障。

1）现场检查确认冷却塔故障类型。

2）主控室值班人员密切监视相应极内冷水进出阀温度的变化情况，当进阀温度达到告警温度时，向调度申请降负荷。若温度继续保持上升的趋势，则申请紧急停运。

3）到阀冷控制室检查冷却塔风扇、喷淋泵电机电源小开关、变频器变频及工频电源开关是否跳开。

4）若发现风扇、喷淋泵电机、变频器电源小开关在跳开位置，检查空气断路器有无灼烧痕迹和焦煳味道，如果正常，可以试合闸一次。

5）若变频器有灼烧痕迹和焦煳味道，可将变频器手动/自动切换开关切至"手动"位置，检查冷却器风扇是否全速运行，待变频器处理完毕后恢复自动运行。

6）在合上跳闸小开关后，在阀冷却控制屏上将故障信号复归，重新启动停运设备。

7）如果电源小开关试合不成功或电源小开关正常，冷却塔仍不能恢复，应当将故障塔的内冷水进出水阀门关闭，并通知检修人员处理。

8）故障期间，应密切监视内冷水进出水的温度。

（6）冷却塔单个风扇停运。

1）检查故障风扇是否切换至工频运行。

2）检查阀冷却控制屏柜内冷却塔风扇电动机电源小开关、变频器变频及工频电源开关是否跳开。如果跳开，检查空气断路器有无灼烧痕迹和焦煳味道；如果正常，可以试合闸一次。

3）密切监视内冷水进出水的温度。

（7）主水路电导率高。主水路电导率高，首先检查离子交换器的出口电导率，如果其电导率等于或接近主水管冷却水的电导率，则应通知检修人员及时更换离子交换器树脂。

（8）膨胀罐液位低。

1）当高位水箱液位低但补水泵未启动补水时，应手动启动补水泵进行补水，并密切关注冷却水电导率，若发现异常，应立即停止补水。

2）检查是否漏水，若有漏水，则按照漏水处理方法进行处理。

3）密切监视高位水箱液位的变化情况，当高位水箱液位下降至告警值的30%并有继续下降的趋势时，应向调度申请停运。

（9）阀塔进出水压差高。

1）检查阀塔进出水压差表计，判断哪一个阀塔压差偏高。

2）对该阀塔进行测温和管道漏水检查。

3）若发现温度异常，则应向调度申请停运相应极，并通知检修人员处理。

4）若发现漏水，则按照漏水处理方法进行处理。

5）若未发现异常，则应加强监视，并通知检修人员处理。

（10）阀冷控制系统交流电源小开关故障。

1）检查电源小开关是否已跳开，低压继电器是否已正确动作，并已正常切换到另一回路供电。

2）检查主循环泵、风扇、喷林泵相关运行参数是否正常。

3）现场检查控制屏内的电源小开关位置是否正常。

4）检查电源小开关或回路电缆是否存在明显烧焦、烧煳的味道或现象，如不存在，则经过检修人员同意后可手动试合该电源小开关。

5）通知检修人员尽快进行检查处理，找出故障原因。

（11）阀冷控制系统直流电源小开关故障。

1）220V直流电源小开关回路发生故障。

a. 立即到相应220V直流馈线柜检查小开关是否已跳开。

b. 检查电源小开关回路是否存在烧焦、烧煳的味道或现象，如存在，则立即通知检修人员进行紧急处理；如不存在，则经过检修人员同意后可手动试合一次。

c. 当两路电源小开关都发生故障导致直流停运时，在未查明故障原因前，不要盲目进行复电操作，以免再次发生同类故障。

2）24V直流转换模块进线电源小开关故障。

a. 立即到阀冷控制保护室检查是哪几个模块的进线小开关已跳开。

b. 检查电源小开关模块是否运行正常，如有异常，立即通知检修人员进行紧急处理。

c. 如现场检查未发现异常，可手动试合一次，若再发生跳闸，则立即通知检修人员处理，并做好所接负荷的监视。

14. 站用电系统异常及事故处理

（1）交流母线故障。

1）检查母线保护动作情况，判明故障母线。

2）监视站用电系统的运行情况。

3）全面检查故障范围内的一次设备，查找故障点。

4）如有明显故障，应将故障母线隔离，做好安全措施，并通知检修人员处理。

5）如无明显故障，经分管领导批准，可对母线试充电一次，正常后恢复原方式运行。

6）如失灵保护动作引起母线故障，应全面检查断路器，隔离故障断路器，经分管领导批准后可对母线充电，正常后恢复运行。

（2）10kV 母线故障或备用电源自动投入不成功。

1）查看保护动作保护报文和一次设备状态，判断故障设备。

2）检查各极阀冷系统主泵的运行情况，检查各阀厅通风空调的运行情况。

3）检查 400V 系统联络运行正常，若 400V 系统备用电源自动投入装置未动作，手动合上 400V 分段断路器。

4）拉开 10kV 停电母线上的所有断路器，将故障设备隔离，转为冷备用或检修状态。

5）做好安全措施，通知检修人员处理。

3.4.2.3 现场处置方案

现场处置方案指针对面临自然灾害、事故灾难、社会安全和公共卫生 4 类事件发生风险的各类场所、设备设施或工作现场，结合工作岗位制定的具备较强针对性和可操作性的应急组织和处置措施。

背靠背柔性直流换流站应当根据生产现场和生产过程的风险评估结果，针对特定的场所、设备设施、工作过程和岗位，制定应对现场典型突发事件的具体处置流程和措施，按照表单化、流程化、实用化的原则，组织编制现场处置方案。

现场处置方案主要包括事件特征、应急处置和注意事项。以下是两个典型的背靠背柔性直流换流站现场处置方案。

1．××换流站柔性直流闭锁现场处置方案

（1）事件特征。

危险性分析：直流闭锁事件曾在电力系统内多次发生，如联络变压器端子排发热导致柔性直流闭锁、穿墙套管 SF_6 气体泄漏、阀冷系统故障等导致直流闭锁。风险分析见表 3-12。

表 3-12 风 险 分 析

风险范畴		细分风险种类
安全	人身	无
	设备	无
	电网	直流闭锁对电网产生冲击，导致系统振荡
健康		无
环境		无
社会责任		直流闭锁导致电网波动，影响企业声誉

事件发生区域：换流站区域。

发生地点：阀冷却室、阀厅、直流场、联络变压器间隔等。

装置名称：直流保护、联络变压器保护、阀冷系统等。

发生季节：暴雨季节洪水倒灌、阀冷系统自身隐患，一次设备故障、二次设备故障，雷击故障等。

危害程度：直流系统停运，构成电力生产安全事件。

现象：换流站柔性直流闭锁不同地点所对应的现象见表3-13。

表3-13　　　　　　　　　换流站柔性直流闭锁不同地点对应现象表

地点	现象
主控室	声响告警
运行人员工作站	发阀冷系统故障、联络变压器故障、柔性直流控制故障、柔性直流保护故障等直流系统闭锁相关信号
现场	一次设备闪络，二次设备软件、硬件故障，测量回路异常等

（2）应急处置。

应急处置流程：换流站柔性直流闭锁现场应急处置流程与处置内容对照见表3-14。

应急处置步骤：

1）运行人员听到运行人员工作站告警声响、柔性直流闭锁信号，应立即报告值长；立即查看运行人员工作站上的SER告警信号，通过SER信号查看保护动作信号、柔性直流状态、功率损失情况；立即汇报调度：××换流站×月×日×时×分，××换流站柔性直流闭锁。从运行人员工作站显示：柔性直流单元保护动作（阀冷系统故障、站用电故障、联络变压器保护动作），闭锁前功率为××MW，本站天气为晴天（雷雨）。

2）值长收到当值人员报告后，立即安排其他人员到现场进行设备检查。检查分为三组：① 相关一次设备检查；② 二次设备检查、调取故障录波等；③ 检查阀冷却系统（外冷水系统、内冷水系统）、站用电系统是否正常运行。

3）其他运行人员根据值长安排，做到以下几点：① 快速到达柔性直流区域，检查站内该柔性直流相关设备部分是否完好，若发生一次设备异常等情况，及时汇报值班室；② 快速到达相应闭锁柔性直流的控制保护小室，检查直流柔性直流保护动作情况；③ 快速到达相应闭锁柔性直流的阀冷控制保护室，检查阀冷却系统主循环泵是否正常运行，主水管压力是否在正常范围内，并立即将现场设备检查情况汇报值班人员。

4）汇总现场设备检查情况，12min内汇报调度：经现场检查，站内直流一次设备外观检查无异常（一次设备××设备存在××异常），直流柔性直流保护（阀冷系统）××保护动作，动作时间××ms。

5）对现场设备检查情况进行汇总，并根据具体情况判定处理措施。

6）若交流系统受到扰动电压恢复后，恢复柔性直流的正常运行。

7）若站用电发生全站失电压，按照全站失电压现场处置方案，恢复站用电系统的正常运行。

8）运行值班人员及时进行信息报送。

表3-14

换流站柔性直流闭锁现场应急处置流程与处置内容对照表

××单位××换流站

部门岗位	柔性直流闭锁现场应急处置流程	处置内容
部门负责人	汇报职能部门协调现场处置	（1）按照要求向上级汇报。 （2）根据现场处置需要，指导、协调现场处置。 （3）现场处置结束后，组织相关人员对故障原因、处置过程等进行分析，制定有效的整改措施，并督实整改
站领导	汇报部门负责人指导协调现场处置	（1）接到值长汇报，立即前往现场，并立即将情况汇报部门负责人。 （2）到达现场后，密切关注现场处置情况，必要时接手处置指挥权。 （3）将现场处置情况向部门负责人汇报
值长	汇报站领导调集其他指挥现场处置 ← 情况是否属实（是/否）	（1）调集人员到所直流控制保护室、阀厅、联络变压器间隔、阀冷室、交流进线开关间隔核实情况，并开展应急处置。若情况汇报站领导。 （2）指挥现场处置，并将处置情况汇报站领导。 （3）指挥值班员进行现场和控制室操作。 （4）根据现场检查决定是否申请将其他地换流单元将接流操作至接地状态，并进行一步检查处理。 （5）接调度指令、站领导指令和运行规程的规定组织事件的发生。 （6）组织做好现场风险管控，杜绝次生事件的发生
值班员	开始 → 突发事件发生 → 汇报值长控制室处置	（1）发现故障信号或接到他人报告，立即报告值长。 （2）若情况属实，按值长要求汇报调度。 （3）关注直流功率是否过负荷，并视情况报告值长和汇报调度。 （4）接受现场处置指挥员报告，并将情况及时报告值长。 （5）及时联系检修人员进行处理。 （6）必要时，按值长要求向调度申请降低运行功率。 （7）接调度指令要求，并按值长或调度指令对设备进行操作
其他人员	核实情况现场处置情况汇报 → 结束	（1）根据值长安排，快速到达相关，确认网络检查确认故障并报告值长。 （2）检查相关保护装置报文，确认保护是否正确动作，初步判断是否二次系统故障，则考虑退出相应二次系统，如确定为二次故障误动，则复制相关保护屏不正确动作，采取临时防措施隔离，避免保护再次误动。后反时分析并找出原因，采取保护并找出再次误动。 （4）在直流跳闸之后，检查正常直流换流单元的状态，查看是否有过负荷及过负荷的影响，及时将现场处置情况报告值班员。 （5）完成值长下达的操作任务，将现场处置情况报告值班员

（3）注意事项。换流站柔性直流闭锁现场处置的注意事项与相应内容对照见表3-15。

表3-15　　　　　换流站柔性直流闭锁现场处置的注意事项与相应内容对照表

序号	注意事项	内　容
1	佩戴个人防护用品方面	（1）暴雨天气外出检查状态应穿绝缘靴，戴绝缘手套，防止触电。 （2）佩戴安全帽，防止发生碰撞。 （3）设备发生 SF_6 气体泄漏时，必须佩戴防毒面具
2	抢险救援器材使用方面	无
3	救援对策或措施方面	措施优先顺序： （1）立即采取降功率措施，防止其他柔性直流过负荷。 （2）现场检查设备状态，确定故障设备或者故障范围。 （3）迅速退出故障控制保护系统，隔离故障设备，视现场情况尽快恢复直流系统正常运行。 （4）联系检修人员进站处理
4	现场自救和互救	发生人员触电，应断开电源后再行施救
5	现场应急处置能力确认	—
6	现场人员安全防护	—
7	应急结束后注意事项	（1）清理现场，按要求恢复设备、设施。 （2）对设备进行巡查，确保正常
8	其他特别警示事项	—

（4）其他。

相关人员及联系方式：直流闭锁现场处置的相关人员及联系方式见表3-16。

表3-16　　　　　　　　直流闭锁现场处置的相关人员及联系方式表

机构	人员姓名	办公室电话	个人手机
××	×××	××××	××××××

应急物资装备清单：直流闭锁现场处置的应急物资装备清单见表3-17。

表3-17　　　　　　　　直流闭锁现场处置的应急物资装备清单

序号	名称	存放位置	型号	管理人员及联系方式
1	手电筒	×××	××××	××××××
2	对讲机	×××	××××	××××××
3	扳手	×××	××××	××××××
4	钥匙	×××	××××	××××××

序号	名称	存放位置	型号	管理人员及联系方式
5	绝缘靴	×××	××××	××××××
6	绝缘手套	×××	××××	××××××

2. ××换流站出现"黑模块"现场处置方案

（1）事件特征。

危险性分析：××换流站柔性直流闭锁状态时出现"黑模块"，强制解锁有可能导致柔性直流模块爆炸。

事件发生区域：××换流站。

事件发生地点：柔性直流阀厅、柔性直流控制保护室、中控室。

发生季节：任何季节。

危害程度：① 模块损坏；② 模块爆炸。

现象：换流站出现"黑模块"时运行人员工作站的现象见表 3-18。

表 3-18   换流站出现"黑模块"时运行人员工作站现象表

地点	现象
运行人员工作站	柔性直流操作至闭锁状态，柔性直流双侧模块比对均正常后，解锁前发现以下情况。 （1）柔性直流有的模块的电压持续下降或直接变为 0，但是未旁路。 （2）柔性直流有的模块的电压持续下降至规定电压以下或直接变为 0，且该模块的状态与上次停运状态不一致

（2）应急处置。

应急处置流程：换流站出现"黑模块"的应急处置流程与处置内容对照见表 3-19。

应急处置步骤：

1）值班员发现柔性直流操作至闭锁状态后，柔性直流双侧模块比对均正常后，解锁前，发现以下情况。

a. 柔性直流有的模块的电压持续下降或直接变为 0，但是未旁路。

b. 柔性直流有的模块的电压持续下降至规定电压以下或直接变为 0，且该模块的状态与上次停运状态不一致。

遇到上述情况应立即汇报值长。

2）值长安排其他人员到柔性直流阀控屏上进行检查，核实情况。根据具体情况，值长安排值班员立即将异常信息汇报调度，并申请将柔性直流转为接地状态。

3）值长汇报站部领导，并通知相关检修人员。

4）值长填写事故抢修单，并根据调度指令安排监护人、操作人和现场状态检查人进行操作，操作完毕后向调度复令。

5）按照要求进行短信汇报。

（3）注意事项。换流站出现"黑模块"现场处置的注意事项与相应内容对照见表 3-20。

表 3-19　　　　换流站出现"黑模块"的应急处置流程与处置内容对照表

××单位××换流站

××换流站出现"黑模块"应急处置流程

	其他人员	当值监盘人员	值长	站领导	部门负责人
开始		开始			
判断		出现"黑模块"	汇报站领导　　是　　否　　情况属实		
汇报		1. 立即汇报值长，向调度汇报，申请转接地进行手动旁路，进入事故处理流程。 2. 分析出现"黑模块"可能造成的后果及严重程度，并听从值长安排进行处理	1. 通报检修班，请检修班分析故障情况。 2. 安排值内人员进行一二设备情况，并核实情况	汇报部门负责人，并指导现场处置	汇报职能部门，协调现场处置
处理	核实情况现场处置情况汇报				
结束	结束				
处置内容	(1) 一次设备检查：快速检查启动回路，交流场中相应的开关间隔。 (2) 二次设备检查：快速到达控制保护室查看各套阀控及接口屏等设备。检查装置空气断路器、电源、通信是否正常运行，并调取故障录波。 (3) 若二次设备检查存在异常，及时汇报主控室，并拍照留底。 (4) 若进入事故处理流程，转接地后做好各项安全措施，协助检修人员进行事故处理	若出现"黑模块"： (1) 有模块的电压持续下降或直接变为0，但是未旁路。 (2) 有模块的电压持续下降至规定电压以下或直接变为0，且该模块的状态与上次停运状态不一致。 (3) 向调度汇报，申请转接地进行手动旁路处理。 (4) 听从值长安排进行现场处理	(1) 收到当值人员报告后，立即安排其他人员到现场进行设备检查。检查分为3组：① 一次设备检查；② 二次设备检查，调取故障录波。同时，根据信号分析故障严重程度，根据具体情况判定处理措施。 (2) 通报检修班，请检修班分析故障情况。对现场设备检查情况进行汇总，核实情况后向站领导汇报，进入事故处理流程。 (3) 填报事故抢修单，按调度指令、站领导要求和运行规程的规定组织操作。 (4) 组织做好现场处置风险管控及安全措施。 (5) 组织人员及时进行信息报送	(1) 接到当班值长汇报后，立即前往现场，并立即将情况汇报部门负责人。 (2) 到达现场后，密切关注现场处置情况，必要时接手处置指挥权。 (3) 将现场处置情况向部门负责人汇报	(1) 按照要求向上级汇报。 (2) 根据现场处置需要，调集资源，指导、协调现场处置。 (3) 现场处置结束后，组织相关人员对故障原因、处置过程等进行分析，制定有效的整改措施，并落实整改

表 3-20   换流站出现"黑模块"现场处置的注意事项与相应内容对照表

序号	注意事项	内　　容
1	佩戴个人防护用品方面	现场检查人员应佩戴好个人防护用品，防止受到伤害
2	救援对策或措施方面	措施优先顺序： （1）根据情况进行处理，并报告值长。 （2）汇报调度事故情况及操作情况。 （3）按照调度指令进行相应操作。 （4）正常运行时，防止某直流单元过负荷运行。 （5）有异常及时通知检修人员到场
3	现场自救和互救	发生人员触电，应立即断开电源后在行施救
4	应急结束后注意事项	（1）清理现场，按要求恢复设备、设施。 （2）对设备进行巡查，确保正常
5	设备隐患	为避免直流闭锁相关交流场断路器爆裂风险造成人员伤害，通知现场人员撤离

3.4.2.4　生产设备信息报送

生产设备信息包含生产运行过程中发生的事故/事件信息及缺陷/隐患信息，由各级生产设备管理部门明确报送的范围及要求，并及时掌握和跟进。生产设备信息报送工作网由网、省、地、县（区）四级组成，成员由各级生产设备管理部分管负责人、科室负责人、运行专责（主管）担任，正常情况下，生产设备信息的即时报送由各单位运行专责（主管）负责。

各级工作网成员负责本单位生产设备信息的汇总上报，并对信息报送的准确性、及时性负责。

各单位要做好本单位及下属单位、部门生产设备信息报送工作网人员的管理，如因工作调动等原因造成工作网成员变动，各单位需及时向上一级工作网汇报，并由其备案。

1. 生产设备信息报送要求

（1）即时报送要求。安全生产事故/事件/缺陷/隐患发生后，基层单位生产部门应在 1h 内通过手机短信或电话向本单位生产设备信息报送工作网成员汇报，并通过生产设备信息报送工作网逐级上报。

（2）分析报告报送要求。基层单位主管生产部门需结合调查进程编制分析报告，并由本单位生产设备管理部对应的专业专责（主管）负责跟踪、收集，并及时上报至对应层级生产设备管理部。

2. 上报信息的分类

上报信息直接反映出电力设备与系统运行的状态，对防止事故发生具有重要的预警作用，因而需要规范上报信息的内容。上报信息主要分为系统填报类、即时信息类、专业信息类。

（1）系统填报类。系统填报类主要指电力设备可靠性与安全性的相关基本信息的上报，包括输、变电设施，串联补偿可靠性指标，直流系统可靠性指标，安全生产指标，缺陷，以及设备停送电信息的上报。

（2）即时信息类。即时信息类主要指发生特殊事件和紧急情况时，相关信息的上报，包括紧急、重大缺陷信息的报送，设备非计划停运信息的报送，高压直流系统计划停运信息的报送，跳闸（闭锁）信息的报送，线路融冰工作信息的报送。

（3）专业信息类。专业信息类主要指相关专业信息的总结，包括专业月报、技术监督总结、工作总结。专业信息类月报、总结等一般采用固定模板。

3.5 管 理 提 升

3.5.1 管理提升基础理论

3.5.1.1 设备生命周期管理

生命周期成本（LCC）指设备或项目在其预期的寿命周期内，从规划、设计、制造、运行维护、故障检修到退役处置等全过程中的所有费用之和。LCC 理论是一种技术经济分析方法，指在项目开始到结束的整个寿命周期内，将所消耗的全部资源转化为经济量累加作为目标函数，追求的是设备或项目一生的费用最小化。该方法利用统计学方法，按照不同需求估算出设备生命周期成本，其核心内容是 LCC 估算和建模，目标是 LCC 分析和管理。

LCC 估算指求取 LCC 总成本的过程。LCC 估算的步骤包括进行费用结构分解、建立成本估算模型、选择成本估算方法，最终达到估算 LCC 的目的。常见的 LCC 估算方法包括类比估算法、参数估算法、工程估算法和仿真模型法等。

类比估算法是参考相似设备的已知成本数据资料，将待评设备与其进行比较，根据待评设备的特征取定系数值，估算其成本的方法。类比估算法的优点是简单可行，可以在类似设备之间做出估算，但其缺点也很明显，只能局限于部分生产工艺相似的设备，不具有通用性。

参数估算法用参数和变量构成估算式，根据多个设备的历史数据，选取敏感系数高的核心特征参数，采用回归分析法建立 LCC 总成本和各参数之间的关系式。参数估算法的优点是输入为待评设备的性能参数，具有客观性，快速便捷；缺点是需要大量过去的性能数据，对新技术含量很高的情况失去效用。因此，参数成本法适用于方案的论证和初步设计阶段，由于项目初期的决策在整个生命周期成本中有很重要的地位，因此参数估算法应用较广。

工程估算法，首先将电力设备生命周期各阶段的成本详细划分，再进行 LCC 估算。其优点是 LCC 估算结果较为准确，有利于对各个方案进行经济技术比较；缺点是对数据要求较高，需要详尽的费用数据。

仿真模型法主要有 RADSIM 模型。该模型采用蒙特卡洛技术进行模拟，每项研究都是由模型进行的，进行若干次仿真后得到结果的统计样本，包括成功概率和计划成本。

设备生命周期示意如图 3 - 20 所示。

设备的生命周期管理包括以下 3 个阶段。

（1）前期管理。设备的前期管理包括规划决策、计

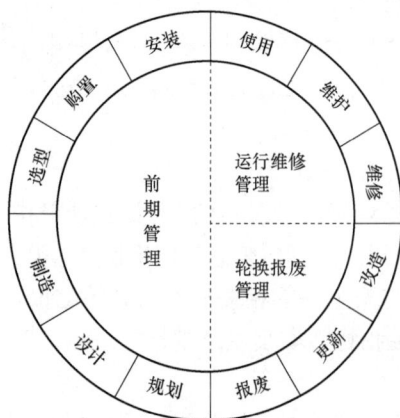

图 3 - 20 设备生命周期示意图

划、调研、购置、库存，直至安装调试、试运转的全部过程。

1）采购期：在投资前期做好设备的能效分析，确认能够起到最佳的作用，进而通过完善的采购方式进行招标比价，在保证性能满足需求的情况下选择最低成本购置。

2）库存期：设备资产采购完成后，进入企业库存存放，属于库存管理的范畴。

3）安装期：此期限比较短，属于过渡期，若此阶段没有规范管理，很可能造成库存期与在役期之间的管理真空。

（2）运行维修管理。设备的运行维修管理包括防止设备性能劣化而进行的日常维护保养、检查、监测、诊断，以及修理、更新等的管理，其目的是保证设备在运行过程中时刻处于良好技术状态，并有效地降低维修成本。在设备运行和维修过程中，可采用现代化的管理思想和方法，如行为科学、系统工程、价值工程、定置管理、信息管理与分析、使用和维修成本统计与分析、ABC 分析、PDCA 方法、网络技术、虚拟技术、可靠性维修等。

（3）轮换及报废管理。

1）轮换期：对于部分可修复的设备，设备定期进行轮换和离线修复保养，然后继续更换服役。此期间的管理对于降低购置、维修成本及重复利用设备具有一定的意义。

2）报废期：设备整体已到生命周期后期，故障频发，影响到设备组的可靠性，其维修成本已超出设备购置成本，必须对设备进行更换，更换下来的设备资产进行变卖、转让或处置，相应费用计入企业营业外收入或支出，建立完善的报废流程，以使资产处置在账管理。这样做既有利于追溯设备使用历史，也有利于资金回笼。至此，设备寿命正式终结。

设备在管理的过程中会经历一系列的设备及财务的台账、管理及维修记录，如设备的可靠性管理及维修成本的历史数据都可以作为设备生命周期的分析依据，最终可以在设备报废之后，对设备整体的使用经济性、可靠性及管理成本做出科学的分析，并可以辅助设备采购决策，可以更换更加先进的设备重新进行生命周期的跟踪，也可以仍然使用原型号的设备，并应用原设备的历史数据形成更加科学的可靠性管理及维修策略，使其可靠性及维修经济性更加优化，从而使设备生命周期管理形成闭环。

背靠背柔性直流输电运行维护最重要的是对设备资产的运行维护，设备资产的生命周期管理着眼设备的整个生命周期，旨在提高设备效率，使其生命周期成本最低，创造价值最高，从而使整个企业获得最佳经济效益。它包括了设备 LCC 管理的全过程，涉及采购、安装、使用、维修、更换、报废等一系列过程，既包括设备运行维护管理，也渗透着其全过程的价值变动过程。LCC 管理指从设备、系统或项目的长期经济效益出发，全面考虑设备、系统或项目的规划、设计、制造、购置、安装、运行、维修、改造、更新直至报废的全过程，在满足性能、可靠性的前提下使生命周期成本最小化的一种管理理念和方法。LCC 管理的核心内容是从一开始就把工作做好，对设备项目或系统进行 LCC 分析，并进行决策。

LCC 可以表达为

$$LCC = 购置成本 + 维持成本$$

电力行业中用的较多的是将维持成本（也称拥有成本）细化成运行成本、检修维护成本、故障成本和退役处置成本之和，故 LCC 又可表达为

$$LCC = CI + CO + CM + CF + CD$$

式中：LCC 为生命周期成本；CI 为投资成本；CO 为运行成本；CM 为检修维护成本；CF

为故障成本；CD 为退役处置成本。

目前，国内外已经建立了较为全面的电力系统 LCC 三维模型，如图 3-21 所示。

时间维度、元件维度、费用维度分别从时间、空间、成本的角度出发，涵盖变电站系统的整体。建立变电站的生命周期成本模型后就可以此为依据计算变电站在整个生命周期内所发生的各项费用，用于指导变电站的规划和建设，如变电站选址定容、运营决策等。在元件维度上，主要考虑变压器、断路器、隔离开关、互感器等元件的成本。在费用维度上，将变电站总成本分解为设备级成本和系统级成本。定义单个设备所产生的费用为设备级成本，多个设备整体对变电站产生的影响，以及由此带来的费用为系统级成本。设备级是系统级的基础，系统级建立在设备级之上，需要其提供相应的

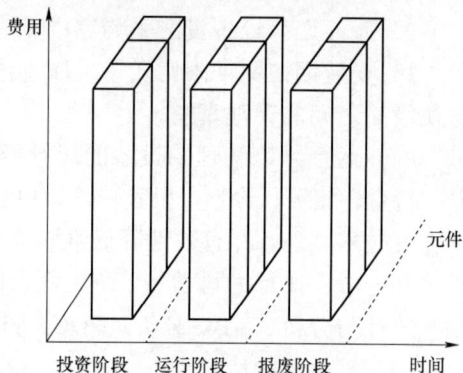

图 3-21　LCC 三维结构模型

计算数据。由于 LCC 的计算涉及变电站整个生命周期，在时间维度上将生命周期分为变电站投资阶段、运行阶段和报废阶段。

LCC 管理的分析方法主要包括贝叶斯推断法、马尔可夫过程分析法、层次分析法（AHP）、模糊综合评价法、数据包络分析（DEA）、人工神经网络（ANN）和灰色综合评价法。以上几种方法中，目前最为流行的是 ANN 和灰色综合评价法。LCC 管理的基本理论可以归纳为以下 4 个要点。

（1）追求设备生命周期成本最低。设备的生命周期指设备从规划、设计、制造、安装调试、运行、维护、检修至改造更新或报废的全过程。LCC 管理的目标是生命周期成本最低，在选择和采购设备时，不能仅贪图价格低廉，要同时考虑设备购置后的一系列其他费用。事实上，购置价格低廉的不一定生命周期成本最低，生命周期中还要考虑设备的性能、生产效率和对产品质量的保证程度等因素。因而，选择设备是以经济效益作为直接动力，以量化数据作为判断标准。

（2）从技术、经济和组织方面对设备进行综合管理。设备的生命周期管理涉及规划、设计、采购、运行、检修和物资处理各个部门，涉及设备数据的累积和分析，因而设备管理不仅仅是物质的形态管理，还涉及组织协调、技术经济辩证的统一。各部门要以 LCC 最优为目标，而不是单纯追求某一阶段最优，横向联系的综合管理体制的建立是 LCC 管理的保障。

（3）重点研究设备的可靠性、可维修性。设备的生命周期成本在设备选型及设计阶段已大部分确定（70%以上），而对电力系统的设备来说，设备故障引起的损失占成本中较大的部分，因而设计选型阶段就考虑可靠性因素，把可靠性管理前移到设备管理的起始阶段，把可靠性管理的重点提前到设备或系统的规划设计和基建采购阶段，科学地从设备的整个生命周期来考虑可靠性对整个生命周期成本的影响。

（4）信息反馈对 LCC 管理起支撑作用。这包含两个层面，一是企业内部的信息反馈，招投标中心在设备招标时，要充分了解由生产维护部门提供的设备技术、经济信息，用以衡量制造厂设备的优劣；二是用户和制造厂之间的信息反馈，及时解决和处理用户在设备使用

中发现的问题，将故障损失减小到最少，并在以后相应的产品设计制造中避免类似问题的出现，提高社会资源的利用率。

总之，LCC 管理理论的要点可归纳为：通过技术和经济的统一管理，根据量化数据进行决策，做到全面规划、合理配置、择优选购、正确使用、精心维护、科学检修及适时改造更新，使设备处于良好的技术状态，从投入、产出两个方面来保证 LCC 最小、综合效能最高。

3.5.1.2 PDCA 循环的管理模型

PDCA 循环法是一套以优化成果为目的，从计划制定到组织实现的循环过程，是使管理活动有效实施的基本方法，适用于各种管理工作，把 PDCA 循环法应用于背靠背柔性直流运行维护中，将对提高运行维护水平，推动运行维护的科学化、规范化起到积极的作用。

PDCA 循环是根据信息反馈原理提出的，改善管理质量的重要方法，通过计划（Plan）、执行（Do）、检查（Check）、处置（Action）4 个阶段，形成了一个周而复始的循环管理过程，如图 3-22 所示。对于循环过程中发现的问题，要找出原因，将其视为下个循环中应该解决的目标问题，以求在新的 PDCA 循环中得到解决。由此循环往复，不断总结，发现和解决新的问题，提出新的计划标准，使成果在一轮又一轮的循环后不断提高，使任何一项活动都具有合乎逻辑的工作程序。其应用阶段如下：

（1）计划阶段。要通过市场调查、用户访问等，摸清用户对产品质量的要求，确定质量政策、质量目标和质量计划等，包括现状调查、分析、确定要因、制定计划。

（2）设计和执行阶段。实施上一阶段所规定的内容。根据质量标准进行产品设计、试制、试验及计划执行前的人员培训。

（3）检查阶段。该阶段主要是在计划执行过程中或执行之后，检查执行情况，看是否符合计划的预期效果。

（4）处理阶段。该阶段主要是根据检查结果，采取相应的措施巩固成绩，把成功的经验尽可能纳入标准，进行标准化，遗留问题则转入下一个 PDCA 循环去解决。

图 3-22　PDCA 循环管理过程

以上 4 个阶段不是运行一次就结束，而是周而复始地进行，一个循环解决一些问题，未解决的问题进入下一个循环，是阶梯式上升。PDCA 循环是全面质量管理所应遵循的科学程序。全面质量管理活动的全部过程就是质量计划的制订和组织实现的过程，这个过程就是按照 PDCA 循环、不停顿地、周而复始地运转的。

将 PDCA 循环管理应用于背靠背柔性直流运行维护管理、有助于提升运行维护管理水平，使运行维护管理更加科学化、系统化。

3.5.1.3 多维度分析技术

多维度分析技术是人们考察事物时，同样的数据从不同的维度进行观察可能得到更多的结果，使得人们更加全面和清楚地认识事物的本质的一项分析技术。维度是人们观察事物的角度，当数据有了维度的概念之后，便可对数据进行多维度分析操作。

输变电设备数据多维度分析工作，通过规范设备数据的采集、统计分析、上报流程，及时发现设备异常或缺陷，提高输变电设备的健康水平。通过自动方式或人工方式采集到反映电网运行、设备实时状态的数字量或模拟量。通过出厂试验、交接试验、预防性试验、特殊试验等停电试验及在线监测方式得到反映电网设备性能状态的数字量。在运行数据、试验数据类统计的基础上，借助图表、数据模型等工具，变电运行数据按照日、周、月和季度周期、变电试验数据根据需要、输电运行数据按照巡视及检测周期等机制对数据进行趋势、变量等不同维度的分析。通过数据分析可以及时、全面地掌握设备的健康水平，为设备运行检修提供决策依据。数据分析方法主要包括以下内容：

1. 历史分析法

将分析期间相对应的历史同期或上期数据进行收集并对比，目的是通过数据的共性查找目前问题，并确定将来变化的趋势。历史分析法主要分为同期比较法（月度比较、季度比较、年度比较）和上期比较法（时段比较、日间对比、周间比较）。

2. 增长率分析法

增长率分析法是通过一段时期的数据增长率与时间增长率的比值，计算电网和设备运行状态的增减快慢的速度，来判定、预测该电网和设备处于风险或缺陷的哪个等级的方法。

3. 比较分析法

比较分析法是通过实际数与基数的对比来提示实际数与基数之间的差异，借以了解电网和设备的风险和缺陷的方法。

4. 趋势分析法

趋势分析法是通过对比两期或连续数期报告中的相同运行数据，确定其增减变动的方向、数额和幅度，以说明电网和设备运行状态变动趋势的一种方法。趋势分析法一般可以采用绘制设计图表和编制比较数据报表两种形式。其实质上是比较分析法和增长率分析法的综合，是一种动态的序列分析法。

5. 因素分析法

因素分析法是用来确定电网和设备某项运行状态各运行数据的变动对该运行状态影响程度的一种分析方法。

以多维度信息融合的变压器可用状态在线评估系统为例。首先，通过多个监测量得到变压器单项状态的评估；其次，确定变压器的各单项评估的指标权重，信息融合后进行变压器综合可用状态评估；最后，建立一套安全裕度曲线修正模型，根据变压器的运行维护状态对安全裕度曲线进行修正。这种多维度信息融合的变压器可用状态在线评估方法与系统，能够在线监测变压器的热学、电学、机械和化学 4 个维度的状态信息，如图 3－23 所示，并将这 4 个维度的多个状态信息量进行信息融合，实现在线评估变压器的可用运行状态。

3.5.1.4　电力设备的盆谷分析

电力设备在整个服役期限内，故障发生的次数和使用时间之间存在一定的规律，虽然对每个电力设备来说，出现故障的次数和使用寿命不尽相同，但是发展规律是相似或一致的。实践证明，大多数设备的故障率是时间的函数，典型故障曲线称为盆谷曲线，又称为失效率曲线。曲线的形状呈两头高、中间低，具有明显的阶段性，可按时间划分为早期失效期、偶

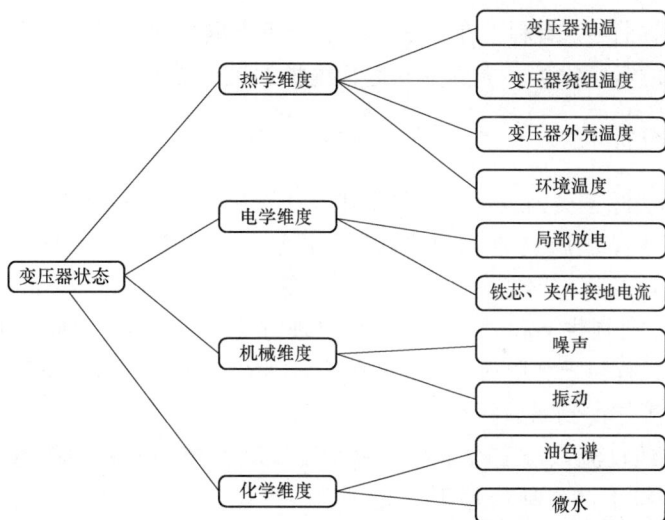

图 3 – 23　变压器状态多维度分析

然失效期、耗损失效期 3 个阶段，如图 3 – 24 所示。浴盆曲线表示产品从投入到报废为止的整个生命周期内，可靠性的变化所呈现的规律。如果取产品的失效率作为产品的可靠性特征值，它是以使用时间为横坐标、以失效率为纵坐标的一条曲线。

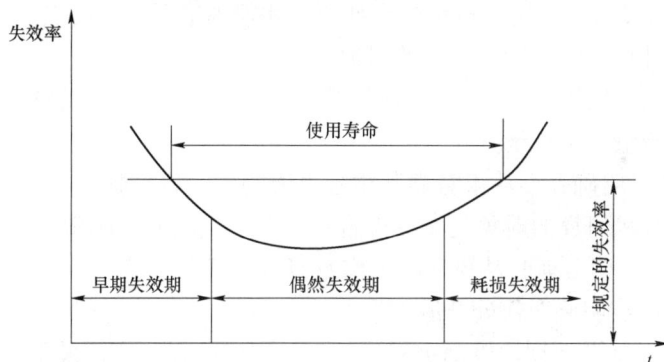

图 3 – 24　电力设备盆谷曲线

第一阶段是早期失效期（Early Failures）：表明产品在开始使用时失效率很高，但随着产品工作时间的增加，失效率迅速降低。这一阶段失效的原因大多是设计、原材料和制造过程中的缺陷。为了缩短这一阶段的时间，产品应在投入运行前进行试运转，以便及早发现、修正和排除故障，或通过试验进行筛选，剔除不合格品。

第二阶段是偶然失效期，也称随机失效期（Random Failures）：这一阶段的特点是失效率较低，且较稳定，通常可近似看作常数。产品可靠性指标所描述的就是这个时期，这一时期是产品的良好使用阶段，偶然失效的主要原因是质量缺陷、材料弱点、环境和使用不当等因素。

第三阶段是耗损失效期（Wearout Failures）：该阶段的失效率随时间的延长而急速增加，主要由磨损、疲劳、老化和耗损等原因造成。

181

了解设备的盆谷曲线，有利于在设备不同的阶段采取与之相对应的合适策略，有针对性地对设备进行高效的运行维护，提高生产运行维护的工作效率。

3.5.1.5 "5W2H" 分析

"5W2H" 分析法源于美国政治学家拉斯维尔 1932 年提出的 5W 方法，后经不断应用和总结，逐步形成了"5W2H"方法，也称六何分析法。该法主要从 6 个方面提出问题并进行思考，广泛用于公司经营、问题解决和改进工作等方面。"5W2H"分析法可以作为一种广泛运用于企业管理、日常生活和学习中的高效管理方法，被创造性地应用于特高压直流运行维护体系的研究中，有利于利用科学、有效的方法进行合理的分析、规划，并能够切实地提高工作效率，并使工作得到高效执行。

鉴于背靠背柔性直流系统工程本身的复杂性及其在电网架构中的重要性，以及与之紧密关联的运行维护技术，必须依赖于一套科学、可操作的研究方法，"5W2H"分析法为此提供了坚实的基础。结合当前运行维护业务的特点，凭借高效的管理部门，将"5W2H"分析法贯彻于背靠背柔性直流换流站的运行维护管理中，有助于明确工作方向、工作流程和工作职责，可有效提升管理效率和业务能力。"5W2H"分析法具体包括以下几个分析点。

（1）Why（W）：明确为什么要进行背靠背柔性直流输电运行维护技术的研究，了解研究的目的、意义与重要性。只有明确为什么研究，才能抓准重点、要点，更有针对性地、高效地进行背靠背柔性直流输电运维技术的研究。

（2）What（W）：明确背靠背柔性直流输电运行维护技术主要是进行哪些方面的研究，确定背靠背柔性直流输电运行维护技术研究的方向和主题。

（3）Who（W）：明确是谁从事背靠背柔性直流输电运行维护的工作，确定背靠背柔性直流输电运行维护技术研究的对象是哪些设备，以及涉及的人为因素。

（4）When（W）：明确何时从事何种工作及何时完成。

（5）Where（W）：明确在何处开展工作。

（6）How（H）：制订计划，以确定应该如何来完成研究工作，采用什么方法完成。

（7）How（H）much：明确做到何种程度，数量和质量水平如何，费用产出如何。

以上几个分析点环环相扣，因果联系非常密切，可以阐述为：在何种原因下（Why）何人（Who）在何时（When）何地（Where）从事何种事情（What），为实现目标应该采取何种（How）方法、措施，以使质量、费用和程度实现最优。

3.5.2 闭锁因素分析及预控措施

3.5.2.1 背靠背柔性直流闭锁因素分析

下文从控制保护系统的不同层级出发，对引起背靠背柔性直流紧急停运（ESOF）的可能因素进行分析。

1. 站控层级闭锁因素

背靠背柔性直流输电系统两侧交流场任一串最后断路器装置申请跳闸。

若在某一情况下，该断路器断开以后，对应换流单元支路失电，则判断此时该断路器为最后断路器。此时应先执行对应单元紧急停机，再完成断路器断开操作，防止因断路器忽然断开导致断电对换流单元造成冲击而引发事故。

2. 极控层级闭锁因素

（1）阀冷系统跳闸。

（2）SF_6 相关：直流分压器 SF_6 压力低跳闸、正/负极直流穿墙套管 SF_6 压力低跳闸、联络变压器套管 SF_6 压力低跳闸。

采用 SF_6 作为绝缘介质的直流相关设备，一旦出现 SF_6 压力值低于设定值的情况，将严重危害背靠背柔性直流输电系统的安全运行，这些设备中最为重要的是作为监控者的直流测量装置及绝缘要求高的套管。

（3）OLT 直流故障或接地故障。背靠背柔性直流输电系统开展 OLT 的主要目的：检验极控制功能中的直流电压控制功能能否正确工作，检验阀基电子设备与换流阀片触发配合功能是否正常，检验解锁后阀片的电压耐受能力是否满足要求。此过程中出现直流故障或接地故障时，背靠背柔性直流输电系统应可靠停运。

（4）状态转换失败：备用转闭锁失败、闭锁转备用失败、解锁转备用失败、两端启动失败。

背靠背柔性直流输电系统状态转换失败，可能原因是设备故障导致联锁条件不满足，或直流控制系统出现故障，此时应紧急停运并查找原因。

（5）断路器偷跳。交流侧断路器偷跳，为快速释放背靠背柔性直流换流器的能量，应紧急停运系统。

（6）不控整流超时。不控整流模式是阀控系统将所有功率模块内的 IGBT 闭锁的情况下，通过高压交流侧或高压直流侧对功率模块中的电容进行充电的模式。若不控整流超过一定时延，将对换流器设备（尤其是直流电容）造成损坏，此时应启动紧急停运。

（7）自主充电失败跳闸：用于黑启动过程中自主充电过程的超时保护。

（8）失电切换与失电跳闸。

（9）电压相关：直流电压低跳闸或系统电压异常跳闸。

（10）对端请求跳闸：对端已有跳闸信号，经站控 LAN 传递。

（11）端间紧急闭锁跳闸。在非 OLT 模式、非 STATCOM 模式运行方式时，本端紧急跳闸时，发端间紧急闭锁跳闸闭锁对端。

（12）双端无流跳闸：通信异常时，避免端间跳闸信号和对端请求跳闸信号无法传递。

（13）阀控相关：阀控短时闭锁超时跳闸、阀控请求跳闸、双套阀控断电跳闸。

（14）保护相关：双保护断电跳闸、双套直流保护退出、DCR1 和 DCR2 保护。

（15）双套合并单元（MU）故障跳闸。

3. 阀控层级 ESOF 因素

（1）换流阀相关：过电流暂时性闭锁保护、阀差动保护、阀过电流速断保护。

设置过电流暂时性闭锁保护、阀差动保护、阀过电流速断保护的目的是使柔性直流换流阀免受过电流冲击，保护换流阀设备。

（2）双极短路保护：针对阀区外双极短路故障进行快速保护。

（3）旁路超限保护。旁路模块超过一定值时，背靠背柔性直流系统将不能实现正常调制，因而需要进行旁路超限保护。以 500kV 鲁西背靠背换流站为例，其云南侧换流器任一桥臂旁路模块冗余最大允许数为 25 个，广西侧换流器任一桥臂旁路模块冗余最大允许数为 30 个。

（4）配置故障保护：阀控系统屏柜上电后板卡的配置检测，防止板卡参数初始化错误。

（5）切换失败保护：在阀控请求切换，并经历一定时延后，若阀控系统未切换成功则紧急停运。

（6）重复暂时性闭锁故障保护：短时间（如 1s）内连续发生数次暂时性闭锁，则启动背靠背柔性直流系统紧急停运。

（7）持续暂时性闭锁故障保护：防止系统发生永久性故障时，暂时性闭锁触发后闭锁失败，导致桥臂电流持续增大。

（8）双备故障保护：防止单元控制系统在双备状态下持续解锁运行。

（9）脉冲分配屏掉电故障保护。

（10）充电故障保护：电源板内电容可存储电能，可在电源丢失后短时间内保证控制器对阀的安全闭锁，为保证换流阀控制器在失电状态下处于受控范畴，设置该保护。

（11）模块比对故障保护。在柔性直流换流阀不控充电后，换流阀中一些功率模块无旁路记录且上传的数据信息满足如下条件的功率模块为"黑模块"。"黑模块"实质为阀控无法确定其是否旁路的功率模块，强行解锁后该类模块可能对电容充电引起电容电压过高，导致功率器件击穿损坏。为了防止上述情况出现，设计了模块比对功能。当模块比对故障时，启动该保护。

（12）桥臂相关：桥臂暂时过电流保护、桥臂永久过电流保护、桥臂电流差动保护、桥臂模块电容过电压保护、桥臂暂时过电流超时保护、桥臂暂时过电流解闭锁过频繁保护、桥臂旁路模块过多保护、桥臂电流有效值过电流保护、桥臂电容电压平均值过电压保护。

（13）直流短路保护。

（14）阀控内部故障。阀控内部故障主要包括阀控 A、B 套系统均处于从机状态的时间超过一定时延、阀控光纤分配屏电源故障和阀控光纤分配屏通信故障。

（15）阀控上位机故障。阀控上位机除了具备显示阀控及模块状态的功能，还需要具备环流抑制在线投入和切除的功能、模块比对功能、冗余模块功能和模块故障状态查看、设置功能，这些功能的实现需要上位机下达指令给阀控的 CPU。当两套阀控上位机同时故障超过一定时延时，应启动紧急停运。

4. 阀冷控制层级闭锁因素

（1）泄漏跳闸。

（2）两台主泵均故障，且进阀压力低跳闸请求。

（3）进阀温度超高。

（4）进阀温度仪表均故障，且出阀温度超高。

（5）冷却水流量超低，且进阀压力低。

（6）冷却水流量超低，且进阀压力高。

（7）进阀压力超低，且流量低。

（8）进阀压力传感器均故障，且冷却水流量低。

（9）高位水箱液位超低。

（10）冷却水电导率超高跳闸。

（11）电导率及高位水箱传感器均故障。

（12）阀冷系统紧急停机按钮按下。

（13）双套阀冷控制系统停运。

3.5.2.2 背靠背柔性直流闭锁预控措施

从上文背靠背柔性直流闭锁因素分析可知，造成直流闭锁的因素多种多样，在此运用运维技术体系，并从控制保护系统、一次设备元件和阀冷系统 3 个方面来说明背靠背柔性直流 ESOF 预控措施。

1. 针对控制保护系统采取的措施

（1）一套控制或保护系统出现故障时，应按照应急预案所规定的步骤，尽快使故障系统恢复运行，避免控制或保护系统长时间单套运行。

（2）停电检修时，应对控制保护系统屏柜机架风扇进行清灰处理。

（3）应从直流分压器、二次回路和测量装置、板卡运行等方面提高硬、软件的可靠性，以加强设备维护措施。

（3）对控制保护系统进行可视化改造，制定控制保护系统可视化巡视表单，增强日常和专业巡视效果。

（4）停电检修时，开展控制保护系统切换试验。

（5）在控制保护屏柜上方采取防水措施，防止空调管道漏水造成屏柜内二次回路受潮。

（6）为了保证上位机不因为失去交流电源而出现通信故障，应为屏柜交流供电加入 UPS。

（7）在发生上位机通信故障时只发出告警信号，不切换极控系统。

（8）单个采样模块故障造成某一保护测量数据瞬时性波动时，保护动作，但不应造成出口跳闸。

（9）拟定滚动计划对所有出口继电器动作的特性进行轮流校验。

（10）光纤分配屏掉电后或者故障后，要将全部光纤分配屏掉电，换流阀控制系统也要掉电，先重启光纤分配屏，再重启换流阀控制屏。

（11）在逆变侧出现最后线路运行时，及时汇报调度，说明风险。

（12）为防止误出口，在进行控制系统断电重启操作时，应将控制系统切至"试验"状态。必要时，可根据工作要求，要求检修人员对相应的端子进行断开隔离。重启时应断开需重启装置的电源，不得断开屏柜的进线电源。

（13）控制系统的软件修改，必须有上级主管部门正式批准的技术方案，并对技术方案进行备份。

（14）对继电保护装置压板进行操作后，需在保护装置内检查压板功能确已正常投入或退出。

（15）运行中的保护装置因故障需要掉电重启时，应先退出相关保护压板，再断开装置的工作电源。投入时，应先检查相关保护压板在退出位置，再投入工作电源，检查装置运行正常，测量压板各端对地电位正常后，才能投入相应的保护压板。直流保护在掉电重启或在其装置上进行可能出口的工作时，应先退出相关保护压板，并将该套保护切至"试验"状态。

2. 针对一次设备元件采取的措施

（1）针对 SF_6 相关设备采取的措施。加强各相关设备 SF_6 压力日常巡视；定期对 SF_6 气体密度继电器开展校验，检查二次触点的绝缘和密封情况；进行多维度数据分析时，重点关注 SF_6 气体密度变化情况；进行专业巡视期间，重点对 SF_6 压力表计内部的电触点、密封和老化情况等进行检查。

（2）针对换流阀采取措施。应每天定期检查在线红外系统，重点检查易发热设备，如设备接头等温升是否过大。功率模块除开关器件以外的其他元件（如直流电容器、晶闸管、放电电阻等），应有有效的防爆措施，防止故障期间这些元件发生物理外观爆裂而对其他设备元件造成损坏。冷却系统应安全、可靠，避免因漏水、冷却水中含杂质及冷却系统腐蚀等原因导致的电弧和火灾，可在阀厅装设灭蚊灯，并在阀厅排风孔装设防虫网，在漏水告警装置处安装防虫设施。停电检修时，应对漏水监测光纤开展衰耗测试。闭锁状态时，应检查阀控模块比对功能是否正确通过比对，检查遥信、遥测各界面功率模块状态是否正常、电压显示是否正确，若发现有"黑模块"或者模块比对不通过，则禁止解锁，应操作到接地，进入阀厅检查故障模块，确认故障模块已可靠旁路后方可解锁。

（3）联络变压器：直流系统正常运行时，联络变压器分接头控制模式应在自动模式，禁止切换到手动模式。取消温度高跳闸、压力释放跳闸等保护功能，退出相应的跳闸压板。每年对联络变压器、潜油泵、冷却风扇电动机进行维护检查，对联络变压器的冷却风扇进行清洗，每隔一定年限开展分接开关大修。定期对油温表、绕组温度表进行校验检查。直流停电时，应进行联络变压器冷却器主、备两路电源切换试验。联络变压器的气体继电器应配置耐腐蚀材质的防雨罩，避免触点受潮误动。

3. 针对阀冷系统采取的措施

（1）停电检修时，将主循环泵手动切换至备用泵，并进行回切试验。

（2）每次站用电系统切换前，应检查切换段母线所带主泵是否运行，并检查备用泵是否可用。切换后，应立即检查主泵切换是否正常，以及阀冷系统运行是否正常。

（3）日常巡视时，检查原水箱水位应不低于 30%，若低于 30%，应即时启动原水泵补水，站内要保证有足够的去离子备用水。

（4）主循环泵接线盒应进行透明化改造，同时阀冷控制屏应加装防护玻璃。

（5）直流系统操作至闭锁状态前，检查进、出水阀门应在打开位置，电源小开关应在合上位置。喷淋泵启动后，应检查喷淋泵出水压力是否正常。

（6）停电检修时，应进行阀冷控制系统切换试验。

（7）每年对阀冷系统进行较大规模检修后，应进行水压试验，采用 1.1 倍额定水压，并至少保持 15min，确保阀冷系统无渗漏。

（8）建立阀冷元件更换计划表，对运行年限超过设备手册规定年限的元件应及时进行更换。

3.5.3　深度隐患排查

新投入运行的背靠背柔性直流换流站易发生直流闭锁事件，主要是由控制保护软件逻辑缺陷、重要设备电源冗余不足等引起的，为确保新投入运行工程的安全、稳定运行，有必要统一部署并开展全面隐患排查及整治工作。深度隐患排查的工作背景如图 3-25 所示。

深度隐患排查的目的在于全面梳理新投入运行换流站的验收、调试、运行及年度停电检修中遗留的缺陷隐患，结合隐患排查专项工作提出管控措施及整改措施。通过对软件逻辑、硬件配置及关键主设备的二次部分开展深入分析，查找潜在的直流闭锁和设备跳闸的缺陷隐患，制定针对性整治措施并组织落实，确保新投入运行换流站的安全、平稳运行。同时，有效提升人员的技术技能水平。另外，在排查过程中对相关技术资料进行归纳、整理，形成

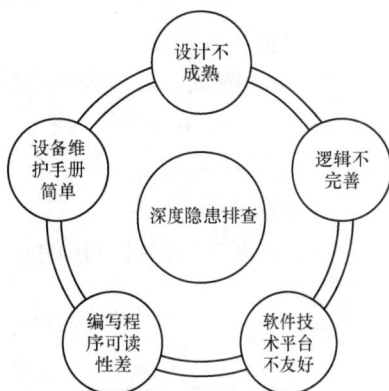

图 3-25　深度隐患排查的工作背景

设备功能配置及软件逻辑相关分析报告，为后续新投入运行换流站的控制保护系统软件的全面升级提供技术储备。

3.5.3.1　工作内容

核查极控系统、阀控系统、阀冷控制系统、备用电源自动投入装置、联络变压器保护、监控系统等核心设备的控制逻辑、出口逻辑、核心算法代码及电气二次接线设计，并对联络变压器、光 TV、换流阀等关键主设备的二次回路进行梳理。对比行业成熟应用案例，梳理跳闸回路设计不合理、单一元件故障、逻辑设计不合理等可能导致直流闭锁的隐患。同时，结合前期发现的缺陷隐患，对梳理出的重大隐患制定临时管控措施，提出整治措施并落实整治。深度隐患排查工作中，重大隐患分为功能设计不合理、逻辑不完善、装置设计不合理和安装工艺不佳 4 类。

1. 排查对象

隐患排查对象分为两个层次，即控制保护系统的功能及逻辑隐患排查、控制保护装置及关键主设备的二次回路可靠性排查。

2. 排查方法

（1）控制保护系统的功能及逻辑隐患排查。

1）对照设备技术规范书，对现场设备的功能进行梳理，核实功能是否满足技术规范书的要求。

2）对可视化程序和 C 语言程序进行注释，对各个功能进行整理，从原理上查找和分析程序的逻辑功能是否存在隐患。

3）结合厂家提供的设备说明书和维护手册，对控制保护逻辑进行梳理，核实控制保护逻辑是否满足厂家技术文档的要求。

4）与同类工程的逻辑功能进行比对，查找是否存在功能设计偏差。

（2）控制保护装置及关键主设备的二次回路可靠性排查。

1）结合图纸，对控制保护装置及关键主设备的二次回路进行梳理，判断是否满足设计要求或存在设计不合理的问题。

2）核查装置部件及二次回路冗余化配置情况，进行单一部件故障风险分析。

（3）监控系统排查。

1）结合图纸，对监控系统的网络结构、交换机、工作站进行梳理，判断是否满足设计要求或存在设计不合理的问题。

2）对监控系统的人机交互界面，以及 SER 信息的合理性和准确性进行排查。

3. 整改措施

（1）定期针对已排查出的隐患开展仿真试验，验证隐患是否存在，对重大隐患制定临时管控措施。

（2）专项工作组完成一类设备/系统排查后，针对排查出的隐患，阶段性地开展专家评审工作，补充仿真试验、对现场整治方案提出评审意见等。

（3）结合现场设备的实际运行情况，针对隐患编制整治方案。

（4）对整治方案开展仿真验证，按软件版本管理规定执行审核、审批流程，编制现场升级方案；对需要变更二次回路的工作，协调设计单位进行设计图纸变更，并编制现场整改方案；结合停电安排开展现场整治工作。

3.5.3.2 工作机制

1. 信息报送机制

隐患排查的信息报送按照周报送的方式开展，专项工作组做好信息的审核把关工作，确保信息的准确和真实，报送信息如下：专项工作组每周编制和报送隐患排查周报，周报内容包含排查进度、本周完成情况及下周工作计划、需要协调问题、缺陷隐患记录表、缺陷隐患汇总表。若发现可能导致直流闭锁、设备损坏等严重后果的重大、紧急缺陷、隐患，应立即报送。

2. 沟通协调机制

做好排查过程中内部和外部的沟通、协调。对于需要基层单位协调的问题，工作组成员应及时汇报工作组组长、副组长进行协调。对于需要公司层面协调的问题，由工作组及时报至相关部门开展协调，具体内容如下：

（1）隐患分析、整治中的技术问题、停电安排等事宜由设备部门负责协调。

（2）设备厂家配合排查、整治的相关事宜，由基建部门、项目部负责协调。

（3）备品、物资及商务的有关事宜由物流部门负责协调。

根据隐患排查进度和发现的隐患，专项工作组不定期召开专题会，协调解决排查组反映的突出问题，各单位应在专题会后两个工作日内反馈意见。

3. 快速响应机制

快速汇报：专项工作组在发现重大及以上等级的缺陷、隐患后，应立即汇报相关信息报送联系人。

快速分析：专项工作组在发现重大及以上等级的缺陷、隐患后，应及时组织相关单位进行分析，并制定后续工作计划。

快速整改：专项工作组以重大隐患排查/整改督办任务单的形式，组织和协调相关单位尽快完成上述隐患整改，对于无法在一周内完成整改的隐患，需要制定短、中、长期控制措施。

4. 检查督促机制

专项工作组组长、副组长负责组织、督促工作组成员按计划开展各阶段的排查工作，确保隐患排查的进度、质量满足相关要求。

3.5.4 设备多维度数据分析

3.5.4.1 分析的数据

换流站设备多维度数据分析指在运行数据类、试验数据类统计的基础上，借助图表、数据模型等工具，对变电运行数据按照日、周、月和季度周期，变电试验数据根据需要进行趋势和变量等不同维度的分析。对设备按照周期进行多维度分析，相关的维度有横向、纵向和历史数据比对等，可根据比对结果，每月编制多维度分析月报，提出下月需要关注的重点设备。数据分析可以及时、全面地掌握设备的健康水平，也可以为设备运行检修提供决策依据。数据分析的方法主要有 6 种，即历史分析法、增长率分析法、比较分析法、趋势分析法、因素分析法和同类比较分析法。通过运用以上方法可以进行以下数据的处理和分析。

1. 变电运行数据

按照"分专业、全覆盖"的原则，变电运行数据主要涉及变压器（联络变压器）、断路器、一次测量设备、避雷器、直流关键运行数据、阀冷却系统、油色谱和套管在线监测、红外测温运行数据 8 大类运行数据。

（1）变压器（联络变压器）运行数据。该类数据主要是用于监测联络变压器及其附件运行是否正常的实时数据，主要包括管压力、分接头动作次数、油温、绕组温度、油位、铁芯电流和夹件电流等运行数据。

（2）断路器运行数据。该类运行数据主要是用于监测断路器绝缘、操动机构运行是否正常的实时数据，主要包括 SF_6 气体压力、动作次数、打压次数、油压、气压等运行数据。

（3）一次测量设备运行数据。一次测量设备包括电磁式、电容式和光结构 3 种类型的电流互感器和电压互感器，其运行数据主要是用于监测一次测量设备运行是否正常的实时数据，主要包括 SF_6 压力、驱动电流、温度等运行数据。

（4）避雷器运行数据。该类运行数据主要是用于监测避雷器运行是否正常的实时数据，主要包括动作次数和泄漏电流等运行数据。

（5）直流关键运行数据。该类运行数据主要是用于监测高压直流系统控制是否正确的实时数据，主要包括直流电压、电流、功率和分接头挡位等运行数据。

（6）阀冷却系统运行数据。该类运行数据主要是用于监测采用水冷换流阀的冷却效果是否有效的实时数据。阀冷却系统分为内冷水系统和外冷水系统。内冷水系统主要包括压力、流量、温度、电导率、水位等运行数据。外冷水系统主要包括压力、流量、温度、电导率、水位、风机频率或转速等运行数据。

（7）油色谱和套管在线监测运行数据。该类运行数据主要是用于监测加装了在线油色谱装置的变压器（或联络变压器）和在线监测装置的套管本体运行是否正常的实时数据，主要包括氢气、乙炔、总烃、介质损耗因数 $\tan\delta$、电容值和末屏电流等运行数据。

（8）红外测温运行数据。该类运行数据主要为通过红外成像仪监测到的设备实时温度运行数据，主要包括电压致热性的套管、电压互感器和电流致热性的断路器、隔离开关、变压器、阀厅等设备的温度。

2. 变电试验数据

变电试验数据主要分为变压器（联络变压器）、电抗器、套管、断路器（GIS、HGIS）、一次测量设备、避雷器和设备绝缘外套试验数据 7 大类试验数据。各单位根据各自管辖的设备进行分类分析。

（1）变压器（联络变压器）试验数据。该类试验数据主要是用于检测变压器及其附件的性能状态是否正常的测量数据，主要包括油中溶解气体色谱分析、油中水分、绕组直流电阻、电容型套管的 $\tan\delta$ 和电容值等试验数据。

（2）电抗器试验数据。该类试验数据主要是用于检测电抗器及其附件性能状态是否正常的测量数据，主要包括油中溶解气体色谱分析、油中水分、电容型套管的 $\tan\delta$ 和电容值等试验数据。

（3）套管试验数据。该类试验数据主要是用于检测套管性能状态是否正常的测量数据，主要包括套管介质损耗及电容量、气体微水含量、气体分解产物等试验数据。

（4）断路器（GIS、HGIS）试验数据。该类试验数据主要是用于检测开关类设备绝缘、操作回路性能是否正常的测量数据，主要包括气体水分含量、分解物、回路电阻，以及分、合闸时间、并联电容介质损耗及电容量、合闸电阻等试验数据。

（5）一次测量设备试验数据。一次测量设备分为电磁式、电容式和光结构 3 种类型的电流互感器和电压互感器、直流分压器等，其试验数据主要是用于检测一次测量设备性能是否正常的测量数据，主要包括介质损耗及电容量、气体微水含量、气体分解产物、油中溶解气体色谱分析等试验数据。

（6）避雷器试验数据。该类试验数据主要是用于检测避雷器性能是否正常的测量数据，主要包括运行电压下的交流泄漏电流、直流 1mA 参考电压 $U_{1\text{mA}}$ 及 $0.75U_{1\text{mA}}$ 时的泄漏电流等试验数据。

（7）设备绝缘外套试验数据。该类试验数据主要是用于检测绝缘外套性能是否正常的测量数据，主要包括绝缘子附盐密度、灰密测试及绝缘子憎水性等试验数据。

3.5.4.2 数据分析实例

1. 某换流站联络变压器、高压电抗器的铁芯、夹件接地电流数据分析

（1）分析方法。

1）查看联络变压器和高压电抗器的铁芯、夹件接地电流是否在注意值以下。

2）对比上月数据，查看本月数据是否发生跃变。

（2）关键参数。联络变压器的铁芯接地电流、夹件接地电流小于 2000mA；高压电抗器的铁芯接地电流不高于 300mA，夹件接地电流不高于 300mA。

（3）分析结果。某换流站联络变压器、高压电抗器的铁芯、夹件接地电流数据分析如图 3−26 所示。

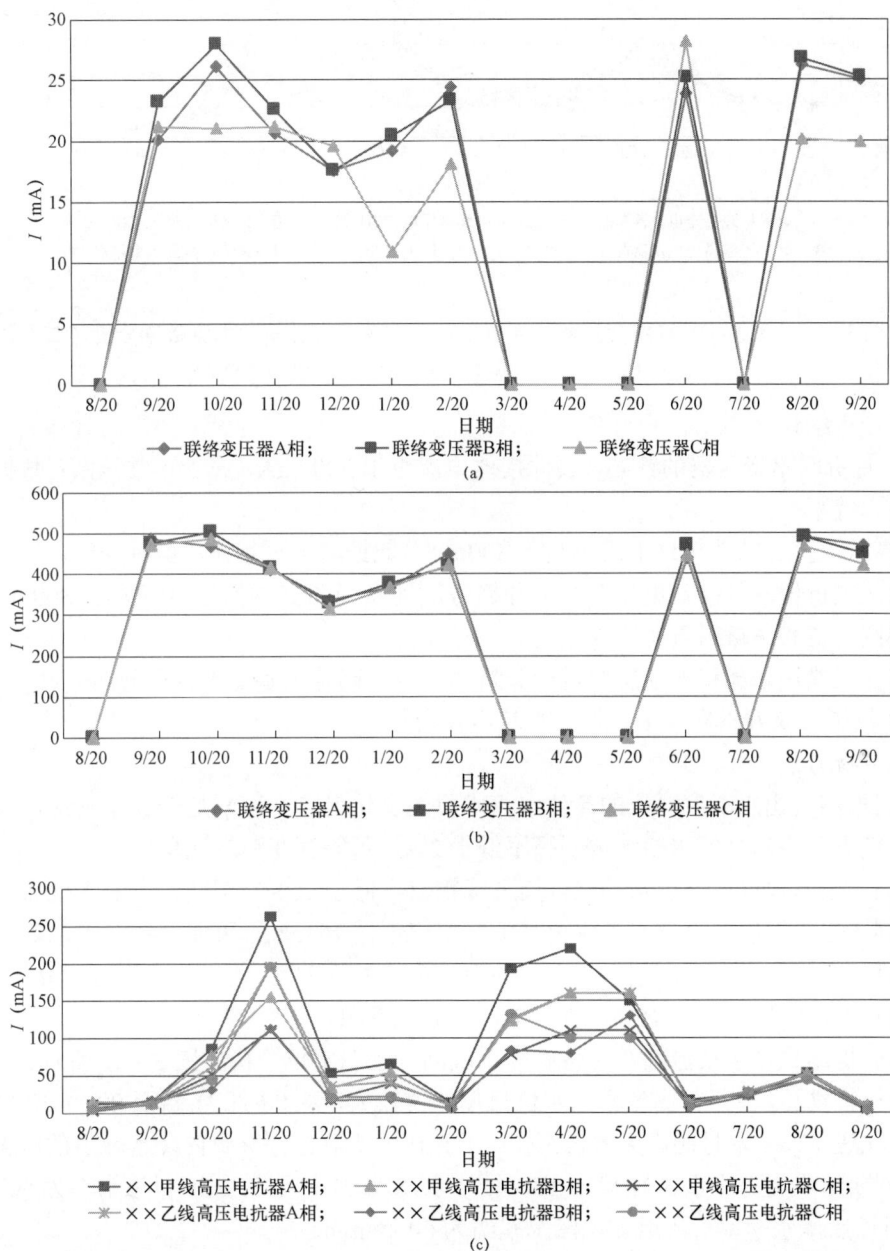

图 3−26　某换流站联络变压器、高压电抗器的铁芯夹件接地电流数据分析（一）
（a）联络变压器铁芯接地电流数据分析；（b）联络变压器夹件接地电流数据分析；
（c）××甲线、××乙线高压电抗器铁芯接地电流数据分析；

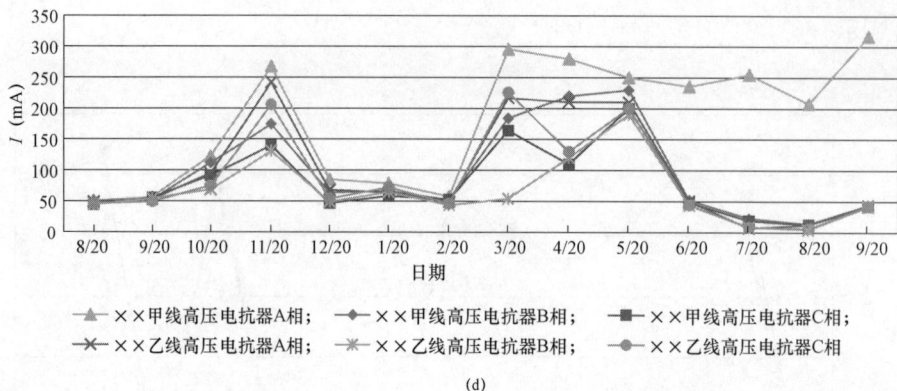

图 3－26　某换流站联络变压器、高压电抗器的铁芯夹件接地电流数据分析（二）

（d）××甲线、××乙线高压电抗器夹件接地电流数据分析

（4）分析结论。

1）9 月份联络变压器的铁芯、夹件接地电流小于 2000mA，属于正常范围；数据与上月相比，基本持平。

2）高压电抗器铁芯接地电流不高于 300mA，数据与上月相比，虽有变化，但在正常范围内。高压电抗器夹件接地电流存在上升趋势，且 9 月份夹件接地电流大于 300mA，不属于正常范围，请相关班组查明原因。

（5）建议措施。建议专业班组进行分析和检查，确定设备是否存在问题。

2. 某换流站 9 月份阀冷系统高位水箱水位分析

（1）分析方法。

1）根据同一出水温度对应的高位水箱水位的变化趋势，判断是否存在漏水现象，一天内同一温度点对应的高位水箱水位下降不低于 2%，可能存在漏水现象。

2）同一出水温度的高位水箱水位周下降幅值不低于 10%，可能存在漏水现象。

3）同一出水温度的高位水箱水位月下降幅值不低于 15%，可能存在漏水现象。

4）将 3 个月以来每月高位水箱水位的下降幅值进行对比，并将其作为月度分析的依据，同时判断月下降幅度不低于 15%，则可能存在漏水现象。

（2）分析结果。某换流站 9 月份阀冷系统高位水箱水位分析如图 3－27 所示。

（3）分析结论。9 月份高位水箱水位日偏差值较大，从 08 月 21 日至 09 月 20 日高位水箱水位变化达 12%，本月阀冷无检修工作，不存在因阀冷检修导致内冷水减少的因素，经巡视检查，判断结果为内冷水加热器 E1.H01 处渗水，8 月 21 日至 9 月 10 日渗水率为 50 滴/min，9 月 10 日以后渗水速率有所增加，渗水率约为 80 滴/min。

（4）建议措施。

1）建议检修班组尽快解决内冷水加热器 E1.H01 渗水缺陷。

2）运行人员加强对高位水箱水位监视，并加强对渗水点进行监测，若有上升趋势，应尽快通知相关人员进行处理。

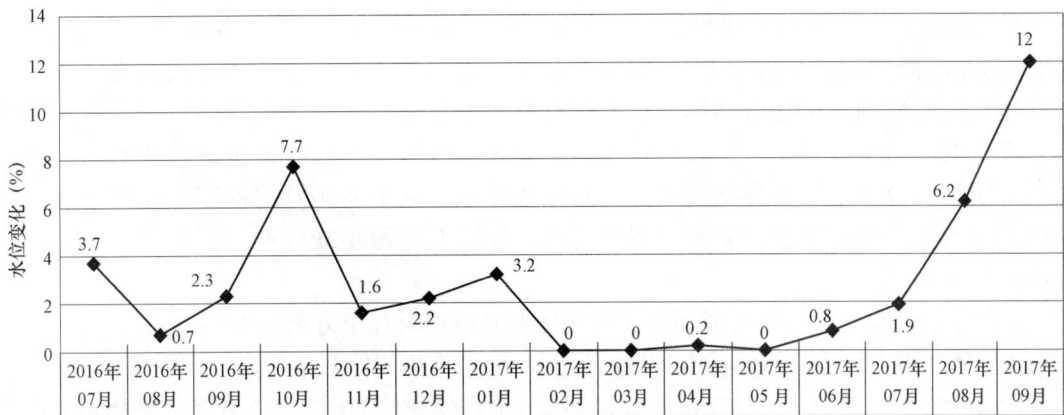

图 3-27 某换流站 9 月份阀冷系统高位水箱水位分析

3.5.5 设备状态评价

状态维修克服了预防性维修和故障维修的缺点，通过综合分析判断设备的异常，预知设备的故障，并在故障发生前进行维修的方式，即根据设备的健康状态来安排维修计划并实施维修，减少了资源的浪费，提高了生产效率，也使得维修更加充分。然而，状态维修需要多方面的技术支持，如状态监测技术、设备状态评价技术、寿命评估技术等。随着科技的进步，状态监测技术得到了不断地发展和完善。状态评价技术作为状态维修的技术核心，已成为当前的研究热点。状态评价技术的好坏，将直接影响设备运行状态评估的准确程度，并将最终影响维修决策的制定。正确的维修决策可以减少不必要的停机和资源浪费，即避免维修不足和维修过剩。这也是研究设备状态评价技术的重要意义所在。

目前，背靠背柔性直流换流站直流设备（如联络变压器、功率模块、阀冷系统、相电抗器、直流控制保护等主要设备）缺乏有效设备状态评价，不能及时、有效地指导设备检修，研究背靠背柔性直流换流站设备状态评价体系规范是一项具有重要实际意义的工作。鉴于此，本小节围绕背靠背柔性直流换流站电力设备的状态评价关键技术问题，以实现换流站电力设备的状态评价管理和状态评价为目标，形成符合实际情况的设备状态评价规范和状态监测体系，规定需要纳入状态评价的设备及其监测项目、参数及形式，实现对背靠背柔性直流换流站重要设备，通过合理规划监测项目，提高实际监测系统建设的经济性。

3.5.5.1 基本理论

1. 设备状态评价基本原理综述

工程应用中，需要及时掌握设备的运行状态。对设备进行的状态评价是一个综合评价过程。综合评价过程涉及多个因素及指标，设备状态评价是综合多个状态指标的信息，对设备状态做出的一种综合判断。设备状态评价技术是建立在设备状态监测与故障诊断技术基础之上的一门新兴技术，用于确定设备当前的运行状态。设备状态评价技术是状态维修的基础。从状态维修的角度考虑，要求在充分利用设备状态监测与故障诊断技术、可靠性技术、生命周期管理与预测技术的基础上实现设备状态的综合评价。

状态评价的主要依据是评价指标。由于评价对象的复杂性，单一指标往往不能有效、全面地反映对象的本质特性，因此需要对反映评价对象本质特征的多个指标进行信息融合处理，进而得到一个综合指标，以此综合指标来反映评价对象的本质特征。多指标的状态评价方法具备以下特点：评价指标包含多个，并且分别反映评价对象的不同方面；评价方法最终以一个总指标来反映评价对象的特性。随着所须考虑的因素越来越多，规模越来越大，对状态评价的要求也越来越高，要求其克服主观性和片面性，体现出科学性和规范性。

一般来说，设备状态评价问题的主要构成要素有以下几个方面。

（1）状态评价目的。了解状态评价的目的，确定具体评价对象的评价方面。

（2）状态评价对象。进行评价的对象不同，则需要评价的内容、方式及方法将会有很大区别。

（3）评价者。评价者一般指专家或专家小组。评价者的主要作用是完成评价目的的确定、评价对象的选择、评价指标的确定、权重的确定及评价模型的选择等。

（4）状态评价指标。状态评价指标定义为能够反映研究对象全部特性或某一方面特性的特征依据。每个评价指标都从不同侧面反映了评价对象的不同特征。评价指标体系指一系列相互联系的指标所构成的整体。

（5）权重系数。状态评价指标对评价对象的重要性也不相同，可以使用权重系数来反映不同指标的相对重要性。权重系数是否合理，直接影响到评价结果的可信程度。

（6）状态评价模型。状态评价模型的作用是对多个评价指标进行综合处理，得到一个反映评价对象整体特性的指标。

（7）评价结果分析。对输出的结果做出解释，根据评价结果做出相应的决策。

因此，可总结得出进行设备状态评价的过程，即确定状态评价对象，建立状态评价指标体系，确定权重系数，选取状态评价模型，评价结果分析的过程。

2. 背靠背柔性直流设备评价的特殊性

设备的状态评价是制定设备检修策略的依据，是开展电力设备、电网运行风险评估的基础。换流站除有交流场等与交流变电站相同的设备外，柔性直流换流站还有换流器、联络变压器、启动回路等特有设备。对直流设备运行状态进行有效的评价是保证直流输电系统安全、稳定运行的重要保证。目前，状态评价导则多针对交流设备，而直流设备有其特殊性，没有相对成熟的标准使用，若仍沿用交流设备的评价标准，其评价的准确度受到很大的限制，降低了评价结果的可信度。与交流场主设备相比，直流设备具有的特殊性如下：

（1）换流阀及其冷却系统是直流输电系统的核心设备，主要包括功率模块及其保护回路和阀冷系统。

（2）联络变压器是直流换流站交、直流转换的关键设备，其网侧与交流场相连，阀侧和换流器相连，在漏电抗、绝缘、谐波、直流偏磁、有载调压和试验方面与普通电力变压器有不同的特点。此外，联络变压器有多个挡位的有载调节开关，调节频率较高。

（3）高压直流测量装置主要包括直流分压器、电子式零磁通型直流电流互感器、光电式直流电流互感器。在设备的评价过程中需要考虑一些特有的评价指标的选取与重要性。

（4）相电抗器既不同于以承受直流大电流为主的直流输电用平波电抗器，也不同于以承受交流电流为主的常规交流电抗器，其在运行中需要承受电流幅值相当大的交、直流复合大电流。

（5）直流避雷器的运行条件要比交流避雷器严酷得多，因而对直流避雷器提出的技术要求很高。直流避雷器的结构、工作条件、作用原理、保护特性等均与交流避雷器不同。首先，直流避雷器没有电流过零点可利用，因此灭弧较为困难。然后，直流输电系统中的电容元件远比交流系统中的多，导致其通流容量比常规交流避雷器大得多。此外，正常运行时直流避雷器的发热较严重。

3. 状态评价体系的建立

（1）状态指标阈值的确定。工程中，作为评价指标的特征参数只允许在一定的范围内变动，当特征参数值超过设定的阈值时，设备将从一种运行状态演变为另一种运行状态。设备运行状态随特征参数变化的演变过程如图3－28所示。

当特征参数超过劣化阈值时，表明设备运行已经偏离正常的运行状态，进入状态劣化区。此时，应密切监测设备的运行状态。当特征参数超过警告阈值时，可能会引发功能性故障。当特征参数超过危险阈值时，应立即停止设备运行，避免恶性事故的发生，并采取相应的维修措施。

评价指标阈值的设置应恰当、合理。如果阈值设置过低，则容易出现谎报、误报，并且外界的微小干扰将对设备运行状态产生较大影响；如果阈值设置过高，则容易出现漏报现象。总之，设置合理的评价指标阈值才能达到状态评价的目的。

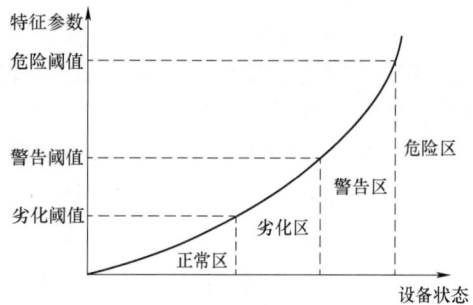

图3－28　设备运行状态随特征参数变化的演变过程

评价指标阈值的设定有多种方法，工程中，一般参照绝对标准或使用相对标准法确定相应的指标阈值。

1）绝对标准。在设备的状态监测中，通常是将测得的参数值与判断标准进行对比，从而分析判定机器状态的好坏。工程中，国内外使用的绝对标准有 ISO 标准、GB/T 20989—2017《高压直流换流站损耗的确定》、GB/T 20838—2007《高压直流输电用油浸式换流变压器技术参数和要求》、GB/T 20836—2007《高压直流输电用油浸式平波电抗器》等。

2）相对标准。相对标准法是根据相同类型的设备在正常状态下的运行参数值来确定告警和停机阈值的方法。相对标准的建立方法有数理统计法、冲击系数法、参考同类设备确定法等。工程中以数理统计法最为常用。

对正常设备进行多次的非连续测量，根据各次测量值求得测量值的均值和标准偏差。统计法的计算公式为

$$\sigma = \sqrt{\sum (x_i - \overline{x})^2 / (n-1)}$$

式中：σ 为标准偏差；x_i 为测量值；$\overline{x}$ 为测量值的均值；n 为测量值的个数。

特征参数的各级阈值设定为

$$A_i = \overline{x} + ki\sigma$$

式中：A_i 为第 i 级状态阈值；k_i 可根据设备的重要度和使用情况来确定。

（2）权重的确定方法。权重反映的是各指标在评估过程中的地位与作用，是指标评价过程中指标相对重要程度主观度量上的一种客观反映。变压器各指标在评估过程中所起的作用是不同的，应根据各指标的重要程度分别赋予其不同的权重，才能客观、准确地把握变压器的状态。因此，合理地确定权重是保证评估质量的关键。

目前，确定评价因素权重的方法有很多种，较常用的有德尔菲（Delphi）法、均方差法、回归分析法、灰关联分析法、层次分析法及主成分分析法等。德尔菲（Delphi）法是由专家凭以往经验判断确定，具有较大的主观性；主成分分析法虽然是一种客观确定权重值的方法，但适宜处理定量数据。层次分析法（AHP）的基本思想是把人们处理复杂系统的定性分析转化为定性与定量结合的系统分析，用群体判断克服单一判断的主观偏好进行群体综合，再以定量的形式给出准确的权重。它改变了运筹学只能处理定量分析问题的传统观点，具有识别问题的系统性强、可靠性高、可提高评价简便性与准确性等优点，适宜处理复杂系统，在各领域得到广泛应用。进行设备运行状态评估时，应考虑到系统的复杂性，采用定量和定性相结合的方法确定权重。

（3）设备的评价结果分析。设备正常运行与否是以设备系统是否能够实现其特定的性能要求为标准。因此，设备运行状态可按满足其特定性能要求的程度进行等级划分，一般分为良好状态、一般状态、注意状态和危险状态 4 个等级。

设备系统处于不同的运行状态时，对设备所应采取的维修决策也不相同。对 4 种不同的设备运行状态的描述及处理方法如下：

1）良好状态。良好状态表明设备不存在相关的故障，设备运行状态良好，使用户对设备运行状态有一个基本了解。

2）一般状态。一般状态表明此时设备的运行状态有一定程度的劣化，但仍保持在可接受的范围之内，应加强对设备运行状态的检测。

3）注意状态。注意状态表明设备已经存在异常征兆，可能有潜在性故障发生，对设备所处的运行状态应引起注意，并立即采取纠正措施。

4）严重状态。严重状态表明设备由于振动过强可能导致潜在的灾难性失效，对设备应采取全部或部分停运措施，立即进行紧急抢修，避免事故的发生。

在工程实际中，将设备运行状态划分为良好、一般、注意、严重 4 种状态。同时，使用健康度指标来表示设备运行状态。健康度的定义为设备运行状态好坏的定量描述。健康度 HV 的取值范围为 0～1。当 HV = 0 时，表示设备运行状态极差，设备存在严重故障；当 HV = 1 时，表示设备运行状态正常，设备不存在故障。

上面中提到设备运行状态随特征参数变化的演变过程，当特征参数超过相应阈值时，表明设备从一种运行状态演变为另一种运行状态。假设特征参数为 v，良好状态阈值为 V_A，一般状态阈值为 V_B，注意状态阈值为 V_C，严重状态阈值为 V_D。则可根据下式将设备运行状态等级量化处理为健康度值。

$$HV = \begin{cases} 0.8 + 0.2 \mid (v - V_A) / V_A \mid, v \leqslant V_A \\ 0.6 + 0.2 \mid (v - V_B) / (V_B - V_A) \mid, V_A < v \leqslant V_B \\ 0.4 + 0.2 \mid (v - V_C) / (V_C - V_B) \mid, V_B < v \leqslant V_C \\ 0.8 \mid (v - V_D) / (V_D - V_C), V_C < v \leqslant V_D \mid \\ 0, v > V_D \end{cases}$$

因此，建立健康度定量指标与设备运行状态评价等级映射表来反映两者间的映射关系，见表 3-21。

表 3-21 健康度定量指标与设备运行状态评价等级映射表

健康度取值范围	设备运行状态评价等级	设备运行状态描述
$0.8 \leqslant HV \leqslant 1$	良好	表明没有检测出故障，设备运行状态良好
$0.6 \leqslant HV \leqslant 0.8$	一般	表明此时设备所处运行状态有一定程度的劣化，但仍可接受
$0.4 \leqslant HV \leqslant 0.6$	注意	对设备所处的运行状态应引起注意，并立即采取纠正措施
$0 \leqslant HV \leqslant 0.4$	严重	表明设备可能导致潜在的灾难性失效，需立即退出运行进行检修

3.5.5.2 设备选取原则

换流站是背靠背柔性直流输电系统中最重要的电气一次设备，在线监测系统在换流站的生产运行和管理系统中有重要地位，它对于及时发现设备的潜在问题，保证系统的安全、可靠运行有重要作用。由于背靠背柔性直流换流站内电气设备较多，主要设备宜配置在线监测系统，如避雷器在线监测、直流换流阀在线监测、联络变压器、相电抗器、直流避雷器、直流套管、GIS 局部放电的在线监测，以及各个小室、设备间和交、直流设备场的温、湿度的实时监测等，并将在线监测信息通过计算机网络传至控制中心。

与普通变电站、换流站相比，背靠背柔性直流换流站系统较为复杂，站内设备故障率相对较高，制订有针对性的设备监测和检修计划，强化设备运行状态管理，综合考虑输、变电设备的技术状况及外界环境因素（冰冻、暴雨雪、强风、大雾等恶劣天气）的影响，加强不良工况下设备运行状态的管控，及时发现和消除设备严重缺陷，以上对确保设备安全、可靠运行十分重要。因此，需要加强重要设备及关键状态参量的在线监测。同时，背靠背柔性直流换流站一次设备维护工作（包括定期检修、消除缺陷、预试）相对较多，对换流站设备的状态指标进行量化时，需要充分考虑各状态量之间的相互联系，并进行综合分析。因此，本小节主要介绍纳入在线监测系统的设备和在线监测项目。

选取纳入在线监测系统的背靠背柔性直流换流站设备需要综合考虑设备的运行状况、重要程度、资产价值等因素。基于在线监测技术的发展水平及应用效果，应选取运行状况较恶劣、重要程度较高、资产价值较高，以及成熟、可靠、有良好运行业绩的设备纳入在线监测系统。按照以上原则，可形成背靠背柔性直流输电系统设备运行状态的评价部分，具体如下：

（1）换流阀部分：阀组件、阀冷却回路和阀避雷器。

（2）联络变压器部分：本体、套管、分接开关、冷却系统及非电量保护 5 个部件。

（3）直流隔离开关部分：导电部分、机构及传动部分、绝缘支柱 3 个部件。

（4）直流测量装置部分：直流电流测量装置、直流电压测量装置等主要设备。

（5）相电抗器部分。

（6）启动电阻部分。

（7）氧化锌避雷器部件部分：本体、放电计数器及底座两个部件。

（8）控制保护系统部分：控制保护装置和二次回路。

3.5.5.3　设备运行状态指标与评价方法

1. 直流设备运行状态指标

设备运行状态评价是提高电力设备可靠性和保证设备健康、稳定运行的重要工作。目前，基于设备运行状态评估体系的研究较多，但研究换流站直流设备的并不多，且尚没有标准的评估体系作为参考。

本小节从评估指标为定性和定量两方面出发，对换流站直流设备，即换流阀、联络变压器、高压直流隔离开关、高压直流测量装置、相电抗器、启动电阻、氧化锌避雷器，按其主要功能划分几大部件进行评价，并最终得到综合评价结果。定性参量指评估人员在一般情况下无须进行停电试验，只需肉眼就可以得出判断的参量，如巡视部分。定量指标指能精确量化出来的指标。通过定性指标评估方法确定的结论和定量指标评估方法确定的结论相结合的方式，最终确定出直流设备整体的运行状态情况。

（1）评价指标选取分析。影响换流站直流设备运行状态的因素有很多，从大体上可分为三大类，即家族性缺陷、运行与巡视项目、电气相关试验项目及在线监测项目。

1）家族性缺陷。家族性缺陷指采用同种设备的同种设计、工艺及同种设备材料造成的缺陷。换流站中直流设备的运行工况和使用寿命与制造厂的设计水平、制造工艺、软件版本、元器件采购及筛选环节密切相关，同时也与运行环境、维护水平有很大关系。同一型号、同一批次及同一软、硬件版本部件通常存在同样的家族性缺陷，如某一批次的部件在设备运行后同一时间段出现故障。因此，可以广泛收集这些家族缺陷信息，为运行中的设备提供检修指导。收集的离线状态信息主要包括保护型号、出厂批号、电压等级、投入运行的时间、装置缺陷类型、处理方法等。汇总这些信息能够形成对某一型号、某一批次换流站直流设备部件的设备评价及家族性缺陷信息。

2）运行与巡视项目。运行巡检信息指工作人员日常巡视时所能获得的信息。在换流站直流设备运行状态评价中，根据不同直流设备的不同部件，运行与巡视项目评价的参数也有不同。例如：对换流阀设备主要评价阀控系统告警、异常振动和声响、阀跳闸、阀厅相对湿度等；对联络变压器主要评价油的相关状态量及绕组温升、SF_6 气体压力、密封性试验、冷却控制等；对断路器主要评价操作次数、本体锈蚀、振动和声响、高压引线及端子板连接、接地连接锈蚀及松动，以及分、合闸位置指示等；对高压直流隔离开关设备主要评价轴销松动、传动和转动部件、引线接头、均压环故障等；对高压直流测量装置主要评价外绝缘、红外热像检测、渗透情况、二次接线故障、金具及固定拉杆锈蚀、传输参数异常等；对氧化锌避雷器主要评价外观、红外测温、压力释放阀、放电计数器全电流监测情况等。可见，换流站直流设备运行与巡视项目较为复杂，要针对不同的部件进行不同的试验项目，获得不同的评价状态量。

3）电气相关试验项目。电气相关试验项目是换流站直流设备运行状态评价的重要部分，是获得设备运行状态量集中最多的项目。运行的直流设备由于电热的交互作用，发生故障的概率很高，有些预防性试验指标的获取具有破坏性，但由于工程应用中收集资料数据的困难，本小节选取设备的预防性试验、日常检修试验数据等。预防性试验是为了发现运行中设备的隐患，预防发生事故或设备损坏，对设备进行的检查、试验或监测，包括取油样或气样进行的试验。预防性试验是电力设备运行和维护的一个重要环节，是保证电力设备安全运行的有效手段之一。电气设备日常检修试验主要分两大类，即计划检修和事故抢修。计划检修是按不同电气设备执行不同的检修周期，并进行定期检修，其作用是保证电气设备的健康，并保证设备的安全、可靠运行。事故抢修又称临时检修，指设备出了事故，紧急抢修，它能够使设备尽快恢复正常并投入运行。本小节针对换流站设备各部件中重要性较大的一些指标进行了状态评价。

4）在线监测项目。在线监测是通过装在生产线和设备上的各类监测仪表，对生产及设备的信号进行连续自动监测并上传至接收端。在线监测系统涉及的基本单元包括信号变送、信号处理、数据采集、信号传输、数据处理单元和故障诊断单元。换流站设备的在线监测项目主要包括介质损耗因数的监测、泄漏电流的测量、局部放电的测量、红外监测、油中溶解气体的色谱分析、某种气体含量的测量等。本小节选择在线监测项目中的一些重要指标，对换流站直流设备进行状态评价。

（2）背靠背柔性直流换流站设备评价指标体系的建立。通过对换流站直流设备各项信息的分析，掌握其真实情况后，结合换流站直流设备评价指标体系的构建原则，以及评价指标的选取和分析，采用表格分析法对换流站直流设备的各部件进行定性和定量划分，从而建立换流站直流设备评价指标体系。

1）换流阀评价参数。换流阀是直流输电工程的核心设备，通过依次将三相交流电压连接到直流端得到期望的直流电压和实现对功率的控制。换流阀主要由阀组件、阀冷却组件和阀避雷器构成。评价换流阀的参数见表3-22。

表 3-22 　　　　　　　　　　　　评 价 换 流 阀 的 参 数

部件	指标类别	状 态 量
阀组件	家族性缺陷	同厂、同型、同期设备的故障信息
	运行巡视	红外测温、阀厅相对湿度、功率模块本体、外框及屏蔽罩、异常振动和声响、熄灯检查、阀跳闸、无回检信号、阀控系统告警、晶闸管故障、功率模块控制单元、触发、回检光纤、直流电容、支撑绝缘子
	试验	长棒绝缘子、放电电阻、直流电容、旁路开关、旁路晶闸管、光缆传输功率、功率模块控制单元、光纤传输功率、功率模块级试验、功率模块均压试验
阀冷却组件	家族性缺陷	同厂、同型、同期设备的故障信息
	运行巡视	阀塔S型水管、汇流管、盲管及接头
	检修试验	漏水检测装置、均压电极，左、右塔连接水管

部件	指标类别	状 态 量
阀避雷器	家族性缺陷	同厂、同型、同期设备的故障信息
	运行巡视	红外测温、阀避雷器本体、振动和声响、放电电晕、支架松动、避雷器监测漏电流
	试验	阀避雷器及电子回路检查

2）联络变压器评价参数。联络变压器是超高压直流输电工程中至关重要的设备，是交、直流输电系统中换流、逆变两端接口的核心设备。联络变压器主要由本体、套管、冷却系统、有载分接开关和非电量保护装置构成。评价联络变压器的参数见表 3−23。

表 3−23 　　　　　　　　　　　　　　评价联络变压器的参数

部件	指标类别	状 态 量
本体	家族性缺陷	同厂、同型、同期设备的故障信息
	异常工况	短路电流、短路次数、短路冲击累计、过负荷
	运行巡视	储油柜密封元件（胶囊、隔膜、金属膨胀器）、本体储油柜油位、呼吸器、渗油、噪声及振动、红外测温、上层油温升、绕组温升、绕组热点温升、气体继电器
	试验	网侧绕组电阻，阀侧绕组电阻，绕组介质损耗因数，铁芯绝缘电阻，绕组频率响应测试，短路阻抗，绕组绝缘电阻，吸收比或极化指数，绝缘油介质损耗因数，油击穿电压，油中水分，油中含气量，绝缘纸聚合度，油中溶解气体（总烃、C_2H_2、CO、CO_2、H_2）分析
套管	运行巡视	外绝缘、外观、油位指示（充油）、密封性试验（SF_6绝缘）、SF_6气体压力、气体密度表（继电器）校验、红外测温
	试验	绝缘电阻，介质损耗因数，电容量，油中溶解气体（总烃、C_2H_2、CO、CO_2、H_2）分析、SF_6气体湿度检测（SF_6绝缘），SF_6气体成分分析（SF_6绝缘）
冷却系统	运行巡视	电动机运行、冷却装置控制系统、冷却装置散热效果、水冷却器、通风电动机绝缘电阻、渗油、漏油
有载分接开关	运行巡视	油位、呼吸器、分接位置、渗漏、切换次数、循环油泵动作次数、与前次检修的间隔、在线滤油装置、传动机构、限位装置失灵、滑挡、控制回路
	试验	动作特性、油耐压、分接头的绝缘油绝缘强度、绝缘油的含水量
非电量保护装置	巡检及试验	温度计，油位指示计，压力释放阀，气体继电器，温度计、分接开关位置等远方与就地指示一致性

3）高压直流隔离开关评价参数。高压直流隔离开关是高压直流电力设备手动开关的一种，主要由本体、机构及传动部分、导电回路、绝缘支柱等部分构成。评价高压直流隔离开关的参数见表 3−24。

表3-24 评价高压直流隔离开关的参数

部件	状 态 量	
本体	历史信息	同厂、同型、同期设备的故障信息
		缺陷及检修记录
机构及传动部分	轴承座、传动连接杆、轴套开裂、轴销松动、隔离开关与接地开关的机械联锁、机构输出轴	
	二次元件	温、湿度控制装置
		二次元件
	辅助及控制回路绝缘电阻，传动和转动部件	
导电回路	红外测温	引线接头
		主触头
	导电杆、主触头、均压环锈蚀、均压环变形、均压环破损、主电路电阻值、绝缘电阻、二次回路绝缘电阻	
绝缘支柱	爬电比距、爬电系数、绝缘伞裙、基础破损、基础下沉、支架锈蚀、支架松动	

4）高压直流测量装置评价参数。高压直流测量装置主要由本体、零磁通型直流电流互感器、光电式电流/电压互感器、直流分压器组成。评价高压直流测量装置的参数见表3-25。

表3-25 评价高压直流测量装置的参数

部件	指标类别	状 态 量
本体	历史信息	同厂、同型、同期设备的故障信息
	运行巡视	外绝缘（光纤绝缘子、支柱绝缘子、悬式绝缘子），红外热像检测，渗漏情况，二次接线盒金具，固定拉杆锈蚀情况，传输参数异常，测量值
零磁通型直流电流互感器	试验	外绝缘性能试验、一次绕组绝缘电阻、主绝缘电容量、介质损耗因数（固体或油纸绝缘）、SF_6 气体湿度检测（SF_6 绝缘）、密封性试验（SF_6 绝缘）、绝缘油试验、交流耐压试验、局部放电测量、电流比校核、绕组电阻测量
光电式电流/电压互感器	试验	光纤衰耗测试、电流比校核、电流变换线性校验、激光功率测量
直流分压器	试验	分压电阻、电容值测量，分压比校核，油中溶解气体分析（油纸绝缘），SF_6 气体湿度检测（SF_6 绝缘），SF_6 气体成分分析（SF_6 绝缘）

5）相电抗器评价参数。评价相电抗器的参数见表3-26。

表3-26 评价相电抗器的参数

部件	指标类别	状 态 量
本体	家族性缺陷	同厂、同型、同期设备的故障信息
相电抗器	运行巡视	红外热像检测、接地引下线、表面损伤、绝缘子损伤、表面异常放电
	试验	绝缘电阻、线圈直流电阻值、电感量

6）启动电阻的评价参数。评价启动电阻的参数见表3-27。

表 3-27   评价启动电阻的参数

部件	指标类别	状 态 量
本体	家族性缺陷	同厂、同型、同期设备的故障信息
电阻器	运行巡视	红外测温、外观、接地情况、防雨罩、绝缘子损伤
	试验	电阻值

7）氧化锌避雷器评价参数。氧化锌避雷器主要用于保护换流站中电气设备免受高瞬态过电压的危害，并限制续流时间，它主要包括本体、放电计数器和底座等部件。评价氧化锌避雷器的参数见表 3-28。

表 3-28   评价氧化锌避雷器的参数

部件	指标类别	状 态 量
本体	历史信息	同厂、同型、同期设备的故障信息
	运行巡视	外观检查、红外测温、放电计数器（带泄漏电流指示）及全电流监测情况、压力释放阀
	试验	本体绝缘电阻测量，直流 1mA 参考电压 U_{1mA} 及 $0.75U_{1mA}$ 时的泄漏电流，运行电压下的交流泄漏电流测量（全电流及阻性电流），复合外套憎水性
放电计数器及底座		噪声，外观，放电计数器（含带泄漏电流监测表）外观巡视，避雷器底座对地绝缘外观巡视，放电计数器（含带泄漏电流监测表）试验检查，检查放电计数器动作情况，底座绝缘电阻测试

2. 直流设备运行状态评价方法

直流设备的各功能部件的评价指标参照相关规程可分为定量评价指标和定性评价指标。在对直流设备进行运行维护工作时，通常是先获得定性描述的指标状态，而定性评价的指标又包含多个方面，如是否具有家族性缺陷史，以及运行巡检信息、运行年限、历史缺陷等。当缺陷被认定为家族性缺陷时，在对被警示过的设备进行状态评估时要引起高度的重视。而在确认缺陷是否为家族性缺陷时也要慎重，因为如果认定不准确将会严重影响评估的结果。运行年限主要考虑设备及各部件的使用时间，距离规定的年限还有多长时间，考虑是否需要检修；历史缺陷指该设备从投入运行至今是否发生过缺陷及发生部位缺陷的位置，以及缺陷类型是否对以后的运行造成影响等。在此充分考虑以上信息之后，分别研究了基于定性评价指标、定量评价指标的评价方法及综合各功能部件对直流设备整体运行状态进行评价的方法。

（1）定性评价指标的处理。由于不同的评价指标信息在对换流站直流设备运行状态结果的反应中所占有的重要程度是不同的，为了体现它们之间的不同影响程度，根据相关规程及累积的运行经验将所有的定性评价指标分为 3 个方面，即重要指标、一般指标和参考指标。从功能独立性的角度出发，将每台直流设备分为几个部分，并从是否具有家族性缺陷史，以及运行巡检信息、运行年限、历史缺陷等方面进行考虑。

换流站直流设备运行状态等级的划分要合理，根据直流设备的运行状况，将换流站直流设备运行状态分为正常、注意、异常（故障）、严重 4 种状态。要实现对直流设备运行状态的量化评估，首先要对评估指标的状态进行量化，根据变压器运行状态等级的划分将各指标值的劣化程度对应分为4个等级进行扣分，分别对应扣2分、4分、8分、10分。

由于定性指标状态信息在获取时，主要是通过人的主观描述来进行劣化程度的确认，具有主观性较强、操作简单的特点，结合本节的需要，通过定性指标信息进行部件的粗略评估，并且也是为了避免在定性指标权重确定时带来的繁琐及权重值确定得当与否带来的直接影响，在对各部件的各类状态量进行扣分，并与定量评价指标结合后，根据各类状态量的总扣分和综合评价进行状态评分。

（2）定量评价指标的处理。一般各试验项目的注意值都是采用"是非制"的判断标准，具体操作中只有合格与不合格两种状态，没有考虑等级之间的边界模糊性。本小节采用模糊理论中的隶属函数来给定各项指标的初始状态值，充分考虑了等级间的过渡状态，解决了等级间的边界模糊性问题。

依据各状态量反映设备性能的情况及获取方式的不同，可将状态量分为输出参数类状态量、统计类状态量及主观类状态量。不同状态量的差异性很大，因此针对每一类状态量建立相应的扣分计算模型。

1）第一类状态量可分两种情况，一种是状态量参数正常值为单一值 x_0，另一种是状态量参数正常值为某一范围 (x_1, x_2)。

对于状态量参数正常值为单一值 x_0 的情况，相应的扣分值计算公式为

$$d_i = D \times \begin{cases} 1 & (x_i \leqslant x_{min}) \text{或}(x_i \geqslant x_{max}) \\ (x_i - x_0) / [x_{max}(\text{或}x_{min}) - x_0]|^k & (x_{min} \leqslant x_i \leqslant x_{max}) \end{cases}$$

式中：d_i 为该状态量的扣分值；D 表示该状态量的最大扣分值；x_0 表示该状态量的正常值；x_{max}、x_{min} 分别表示该状态量最大扣分值时的阈值上限、下限；x_i 表示该状态量的实际测量值；k 是状态量劣化模型系数。

对于状态量参数正常值为某一范围的情况，对应的扣分值计算公式为

$$d_i = D \times \begin{cases} 1 & (x_i \leqslant x_{min}) \\ | (x_i - x_1) / (x_{min} - x_0)|^k & (x_{min} \leqslant x_i \leqslant x_1) \\ 0 & (x_1 \leqslant x_i \leqslant x_2) \\ | (x_1 - x_2) / (x_{max} - x_0)|^k & (x_2 \leqslant x_i \leqslant x_{max}) \\ 1 & (x_i \geqslant x_{max}) \end{cases}$$

式中：x_1、x_2 分别为状态量正常值的下限和上限。

2）第二类扣分模型适用于难以检测但可得到元件的平均寿命信息的状态量，相应的扣分值可按下式计算

$$d_i = D \times (t / T)^k$$

式中：t 表示元件自更换起已运行的时间；T 表示元件可运行时间（根据平均寿命确定）。一些状态量难以直接检测、相对易耗且不具有维修价值的设备，可根据器件供应商的平均寿命数据进行计算。

3）对于无法进行检测且没有平均寿命数据可参考的状态量，相应扣分值可由相关工作人员估计。相关工作人员给出3个扣分值，分别为严厉扣分值、宽松扣分值和适中扣分值，

定量评价扣分值按下式计算

$$d_i = ap_1 + bp_2 + cp_3$$

式中：a、b、c 分别为严厉扣分值、适中扣分值和宽松扣分值，要求满足 $0 \leqslant c \leqslant b \leqslant a \leqslant D$；$p_1$、$p_2$、$p_3$ 分别为对应扣分值的权重系数，满足 $p_1 + p_2 + p_3 = 1$。

通过以上方法，根据不同部件的不同故障，可以参考 3 类状态量的扣分计算公式，定量地做出状态评价。

（3）权重的确定方法。在状态评价指标体系中，各个评价指标的重要程度并不相同。在确定评价指标体系后，赋予各个评价指标不同的权重系数，以表明其在指标体系中的重要程度。评价指标的重要性主要是由以下 3 个方面的原因引起的。

1）评价者对评价指标的侧重不同，反映评价者所侧重的评价对象观测重点不同。

2）各指标对评价对象特性的影响作用不同，即各指标的客观差异性。

3）各指标的可信度不完全相同，个别指标更能准确反映评价对象的本质特性。

指标权重分配的合理性会直接影响评价结果的准确性。一般来说，权重系数的确定方法有两种：一种是经验加权法，主要是由专家直接评估；另一种是数学加权法，有一定的数学理论背景，具有较强的科学性。

美国匹兹堡大学教授 SaatyT.L.在 20 世纪 70 年代初提出了层次分析（AHP）法，这是一种定性分析和定量分析相结合的系统分析法。使用 AHP 法确定评价指标权重主要包括以下 4 个步骤。

1）相对重要度的确定。定义函数 $f(x, y)$ 为指标 x 与 y 的重要性标度。如果 $f(x, y) > 1$，表示指标 x 比指标 y 重要。如果 $f(x, y) < 1$，表示指标 y 比指标 x 重要；当且仅当 $f(x, y) = 1$ 时，表示指标 x 与指标 y 同样重要。同样规定 $f(x, y) = 1 / f(y, x)$。关于 $f(x, y)$ 的分别比例标度可参考表 3-29。

表 3-29　　　　　　　　　　关于 $f(x, y)$ 的分级比例标度参考表

重要度取值	说　　明
1	说明指标 x 与 y 的重要性相同
3	说明指标 x 比 y 稍微重要
5	说明指标 x 比 y 明显重要
7	说明指标 x 比 y 强烈重要
9	说明指标 x 比 y 极端重要
2、4、6、8	当指标 x 与 y 介于上述判断之间的情况
倒数	指标 x 与 y 的倒数说明指标 y 与 x 的相对重要性标度

2）构造判断矩阵。假设评价指标集合为 $X_{1 \times n}$，对所有评价指标进行两两之间的对比，根据确定的重要性标度来构造判断矩阵 $C = (c_{ij})_{n \times n}$ 的计算公式为

$$C = \begin{pmatrix} c_{11} & \cdots & c_{1n} \\ \vdots & \ddots & \vdots \\ c_{m1} & \cdots & c_{mn} \end{pmatrix}$$

3）权值的计算。求解判断矩阵 C 的最大特征根 λ_{max} 的计算公式为

$$\begin{vmatrix} 1-\lambda & c_{12} & \cdots & c_{1n} \\ c_{21} & 1-\lambda & \cdots & c_{2n} \\ \vdots & \vdots & \ddots & \vdots \\ c_{n1} & c_{n2} & \cdots & 1-\lambda \end{vmatrix} = 0$$

计算与特征根 λ_{max} 对应的特征向量 $\boldsymbol{\xi} = (\xi_1, \xi_2, \cdots, \xi_n)^T$，经过归一化处理后的各评价指标权重的计算公式为

$$\boldsymbol{w} = (w_1, w_2, \cdots, w_n)^T$$

评价指标权重向量 w 是影响评价指标对评价对象的重要性的一个标度。

4）一致性检验。一致性检验是保证结果可信度和准确性的有效判断方法。当 n 值较大并受到专家知识结构的影响，判断矩阵则有可能达不到一致性条件的要求。一般使用一致性指标来检验判断矩阵是否满足一致性条件的要求。一致性指标的定义公式为

$$C.I. = \frac{\lambda_{max} - n}{n-1}$$

判断矩阵 C 满足一致性要求的条件为随机一致性比率 $C.R.$ 满足如下条件

$$C.R. = \frac{C.I.}{R.I.} < 0.10$$

式中：$C.R.$ 为判断矩阵的随机一致性比率；$C.I.$ 为判断矩阵的一致性指标；$R.I.$ 为判断矩阵的平均随机一致性指标。

$R.I.$ 对应的判断矩阵阶数为 2～15 阶。如果 $C.R.<0.1$，则可以认为判断矩阵满足一致性条件的要求，并认为权重系数分配合理，否则需要重新调整判断矩阵，直到满足一致性要求的条件为止。

在状态量权重的选择上，视状态量对设备安全运行的影响程度，从轻到重分为 4 个等级，对应的权重分别为权重 1、权重 2、权重 3、权重 4，其系数为 2、4、6、8。权重 1、权重 2 与一般状态量对应，权重 3、权重 4 与重要状态量对应。状态量应扣分值由状态量劣化程度和权重共同决定，即状态量应扣分值等于该状态量的基本扣分值乘以权重系数。状态量正常时不扣分。

3.5.5.4 设备状态划分方法

换流站直流设备的绝缘运行状态与设备的使用功能能否满足设计的要求有关，在实现设备功能的同时，承受预计的外部环境影响，使设备达到预期寿命。电力设备的正常运行老化状态发展是随时间呈指数衰减的，当外部环境处于恶劣状态时，会加速设备的老化，从而造成故障，使设备老化曲线偏离正常曲线。

1. 设备状态划分

项目编写的导则在现有相关文献基础上,根据直流设备各个单元及整体的运行状态对系统安全运行的影响程度对设备的运行状态进行划分,将直流设备状态划分为正常、注意、异常(故障)、严重。

设备处于"正常"状态时,表明该直流设备各个功能部件的运行正常,各功能部件的评估参数值指标远小于注意值,接近设备出厂值或在优质产品值范围内变化;若有预试验指标参数,则预试验指标参数值也远小于注意值。此外,各功能部件没有任何异常的情况出现,也没有任何历史检修记录及家族性缺陷史。该设备不仅能在现有条件下满足安全、可靠供电的需要,在今后相当长一段时间内也能保障供电的可靠性,不需要检修。

设备处于"注意"状态时,表明该直流设备各功能部件中有些功能部件已经处于注意状态,即在对功能部件单独进行评估时,已有一些评估指标参数值达到了规程中的注意值,或者是由于其中的一些指标呈现出整体劣化的趋势,从而使得评估结果处于注意状态;也可能是由于该设备存在历史检修记录或家族性缺陷史,在这种情况下需要密切关注指标的劣化趋势。该设备能暂时满足现有一段时间内的供电可靠性,不能保障今后一段时间的安全。可根据状态发展趋势制订检修计划。

设备处于"异常"状态(又称故障状态)时,表明该设备各功能部件中有些部件已经出现故障,需要进行针对性的处理或检修。对于评估指标为定性评价的功能部件,有些评估指标已经反映出有明显的异常缺陷;而对于可以进一步定量评价的功能部件意味着有些极其重要的指标参数值已经达到或者超过了异常值,或者一些指标整体显现出大的劣化趋势,致使评估结果反映为故障状态。在该种状态下,应该尽快进行检修。

当设备处于"严重"状态时,表明该直流设备有些功能部件已经不能保证继续安全运行,电力供应已经处于严重威胁中。对于评估指标为定性评价的功能部件,可以直接看出该功能部件已经不能使用;而对于评估指标为定量评价的功能部件,可能是一些重要指标参数值已经远超出注意值。在这种状态下,设备可能随时都会无法使用,极有可能给电力系统带来很大的损失,应立即停电检修。

2. 划分规则

通过对现有运行资料及导则进行汇总,下文对换流站直流设备的各部件各指给出了标量化的评分规则。在进行指标状态评估时,按照评分规则对各部件进行扣分,最后综合各类指标的总扣分对各部件确定评估结果。总扣分对应的各类所属状态规则如下:

(1)正常状态。正常状态的扣分规则如下:① 状态指标的单项扣分累计应小于或等于10分;② 对所有状态指标合计扣分累计应小于30分;③ 运行年限没有超标,没有历史缺陷,也没有家族性缺陷。

(2)注意状态。注意状态的扣分规则如下:① 状态指标的单项扣分累计大于或等于12分,但小于16分;② 对所有状态指标合计扣分累计大于30分;③ 运行年限有超标,存在历史缺陷或家族性缺陷。

(3)异常(或故障)状态。异常(或故障)状态的扣分规则如下:① 状态指标的单项扣分累计大于或等于20分,但小于24分;② 对所有状态指标合计扣分累计大于30分;③ 运行年限有超标,存在历史缺陷或家族性缺陷。

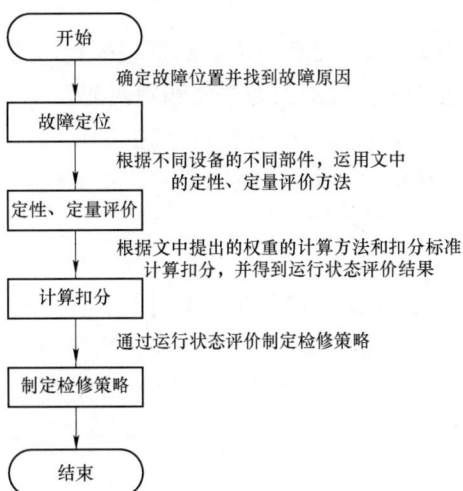

确定故障位置并找到故障原因

根据不同设备的不同部件，运用文中的定性、定量评价方法

根据文中提出的权重的计算方法和扣分标准计算扣分，并得到运行状态评价结果

通过运行状态评价制定检修策略

图 3 – 29　背靠柔性直流换流站直流
设备的运行状态评价流程图

（4）严重状态。严重状态的扣分规则如下：
① 状态指标的单项扣分累计大于或等于 30 分；
② 对所有状态指标合计扣分累计大于 30 分；③ 运行年限有超标，存在历史缺陷或家族性缺陷。

在以上规则中，当正常状态的 3 个条件同时满足时，待评估的直流设备部件即为正常状态。而注意状态、异常（或故障）状态、严重状态下各自的 3 个条件中，当其中的任何一个条件成立时，可以判断待评估的部件处于注意、异常（或故障）或严重状态；当出现评估结果相交情形时，取最严重的情况为此刻的状态。

3. 设备运行状态评价流程

为了能够直观的完成对各项指标的复分析，提交正确的评价结果，基于以上理论，制作了背靠背柔性直流换流站直流设备的运行状态评价流程图，如图 3 – 29 所示。

因此根据图 3 – 29 所述，可以得到背靠背柔性直流换流站直流设备综合的运行状态评价流程：

（1）故障定位。根据劣化表现，确定故障设备、故障部件和故障位置，并找到故障原因。

（2）定性、定量评价。在确定劣化部件后，根据劣化部件的不同指标和状态量，确定部件的劣化情况，并进行扣分。定量评价采用隶属函数的方法，充分考虑了等级间的过渡状态，解决了等级间的边界模糊性问题，并使运行状态评价结果更加准确且有可信度。

（3）计算扣分，得到运行状态评价结果。扣分即综合定性评价和定量评价制定出的扣分标准，根据扣分情况可得到运行状态评价的结果，即正常状态、注意状态、异常（或故障）状态、严重状态。

（4）制定检修策略。通过运行状态评价，掌握设备的运行状况后，进行状态检修，检修策略建议以设备运行状态评价结果为基础，综合考虑设备的风险评估结果，建立设备运行状态和设备风险二维关系的决策模型。根据设备运行状态和设备风险，定义各类设备的检修类型，再按照设备运行状态制定相应的检修策略。

3.5.6　设备主人制

设备主人制就是明确以运行维护人员为设备管理责任主体，负责设备管理的总牵头和总协调，实现计划制订、跟踪落实、监督和闭环管理的要求。通过运用设备主人管理机制，主要解决以下两个问题。

（1）解决设备主体责任不明确的问题。此前，运行、检修人员只关注各自的专业要求，缺乏对设备管理的总体把控，实施设备主人制，有效解决了设备管理统筹性不强的问题。

（2）解决设备管控要求落实不到位的问题。责任明确后，促使设备主人更深入地了解设备状态，更细致地了解设备运行维护及管控要求，更密切地关注设备问题的处理结果，设备运行维护及管控更加到位。

设备主人制管理应以设备为中心，以工作计划为主线，建立设备主人制的管理模式，通过监督设备管理各专业工作计划的制订、执行、回顾的全过程，提高问题发现和整改的效率，重点解决设备管理责任缺位问题，强化设备管理责任传递链条，确保各项运行维护检修工作落实到位。设备主人管控机制的计划编制完整率应达100%，计划及时完成率应达到100%，基础数据抽查合格率应达到100%。

1. 设备主人制要求

（1）设备主人制按照分层、分级、分类、分专业管控的要求予以落实。原则上设备主人制按照双主人制配置和落实，一类（台）设备保证两个"设备主人"，一主一辅。基层一线运行维护班组根据承担的运行和检修维护职责，明确所辖设备的主人，做到每台设备都有责任主人。设备运行维护部门应将审批后的设备责任主人予以公示，并报设备职能管理部门备案。

（2）设备主人应从设备台账、缺陷、试验和维护检修4个维度进行监督，发现问题应及时反馈相关人员，并督促整改。主要监督内容如下：设备台账是否及时录入，台账信息是否齐备；已发现缺陷是否及时消除；试验是否按周期开展，试验项目是否齐全；维护检修是否按期开展，是否达到效果。

（3）设备主人除履行岗位职责，完成全站设备的日常巡维和检修消除缺陷工作外，还需要对设备的资产台账、图档资料、设备运行状态评价、设备隐患排查、设备风险评估及备品、备件的定额和完备性负责。

（4）设备职能管理部门和设备运行维护部门应分别安排专人负责设备主人制管理工作，负责总的归口协调、指导，并收集意见，与设备主人一起负责监督设备运行、维护检修，承担相应的领导责任。定期检查各自管理专业内设备主人职责的履行情况，重点检查设备台账的建立、图档资料的更新、设备隐患排查和风险评估情况、"一站一册、一线一册"运行维护策略执行情况、检修及缺陷处理情况。

（5）设备主人发生变化后，基层一线运行维护班组应及时将变化情况上报设备运行维护部门审批，设备运行维护部门审批后上报设备职能管理部门进行备案。

2. 设备主人职责

设备主人作为设备的主要负责人，只有明确自己工作的职责与任务，才能起到"主人"管理的效果。工作职责主要明确了工作的目标、方向及工作时需要注意的地方。其具体工作职责包括核查设备台账和文档资料（运行规程、安装及修试报告、使用说明书、图纸、跳闸报告、故障报告等）的完整性和一致性；设备变更时监督、落实台账、图档、规程的变化管理。监督缺陷、隐患处理的及时性；核查技术监督和反事故措施的落实情况；核查设备维护检修计划的完整性、执行情况及检修成效；监督特别巡视和特别维护计划的完整性和执行情况；核查备品、备件的储备情况，提出补仓或采购建议；掌握设备的总体运行状况（包含跳闸和非计划停运情况、异常工况、负荷情况、老化及锈蚀情况等），提出改造或修理建议。

（1）收集、整理和归档相关资料的工作。收集设备的管理标准、技术标准，建立和完善所管辖设备基础台账资料，按照设备资产数据清理方案的要求完成设备资产数据的清理核查，并及时动态更新。按照生产设备图档资料管理方案的要求，建立完备的设备图档资料。

重点开展设备图纸、使用说明书、出厂及交接试验报告、维护检修手册等资料与信息的收集和归档。

（2）监督评估和检修管理工作的实行。设备主人要对设备的健康度和重要度负责，开展设备运行状态评价和设备风险评估，按时完成报送；设备主人是设备运行管理的直接责任人，负责设备巡视、维护、试验等工作的监督执行，并定期核实设备是否按照周期进行巡视维护和轮换试验；设备主人是设备检修管理的直接责任人，负责设备巡视、维护、检修、试验等工作的监督执行，并定期核实设备是否按照周期进行巡视维护，以及是否按照检修计划进行检修和试验。

（3）设备主人需要对所负责设备的备品备件履行相关管理职责。包括对备品、备件的储备情况、备件的可用情况（型号和参数的匹配、定期的试验检验）、按照备品、备件信息手册编制方案的要求完成备品、备件信息手册的编制，按照计划完成备品、备件预试及定期检修工作等。

（4）运行维护过程中应及时反馈并排查缺陷和隐患。设备主人应反馈与落实设备生命周期管理要求，核查设备、装备技术导则和技术规范书的落实情况，及时提出并反馈意见。设备主人要密切关注设备运行状态的变化，跟踪设备缺陷的处理过程。对重大及以上等级的缺陷和隐患设备、家族性缺陷设备、接近最长试验周期的设备，以及接近或达到生命周期的设备，应密切其关注运行状况，加强运行监视，及时进行预警、预告。设备主人对于所管辖设备应按照设备隐患排查方案的要求，完成设备的隐患排查。

（5）积极参与技术监督和反事故工作。设备主人应该参加所负责设备的事故、障碍和异常的调查、分析与处理，提出设备反事故意见和建议，督促所负责设备反事故措施的执行。

3. 设备主人管理

对于设备主人的管理应该规范化，首先明确设备主人的工作职责与工作要求，对其需要完成的工作任务必须清楚、明了。单位设备主人应针对所管辖设备，围绕台账和文档资料、缺陷和隐患、技术监督和反事故措施、检修计划、特别巡视和特别维护、备品、备件、设备运行情况等，每月梳理需要跟踪的工作，进而形成下月设备主人工作计划。

单位设备主人应严格按照设备主人工作计划，逐项开展工作执行情况的检查、监督，一是检查工作到期是否开展，二是检查已执行的工作是否符合规范。设备主人在检查和督查过程中发现问题时，应及时填写设备主人工作联系单上报部门相关管理人员，由部门相关管理人员向设备职能管理部门汇报，设备职能管理部门对工作联系单进行反馈。设备主人对问题进行跟踪，并纳入计划中闭环管理。

运行维护部门应每月汇总编写当月设备主人工作开展情况月报，将当月设备主人工作开展发现的问题、遇到的困难、需协调的问题上报单位设备职能管理部门。单位设备职能管理部门每月应组织召开设备主人月度工作协调会，协调解决各部门执行过程中存在的困难。各单位为确保设备主人管理模式的顺利推进，单位应建立并健全相关的工作机制，应定期总结设备主人工作模式的运转情况，提炼工作成效，提出改进建议，评估综合经验及成果，完善设备主人工作模式、主人职责、考核机制等内容，实现成果固化。

4. 设备主人考核

考核制度可以较为准确地衡量和评价出设备主人对工作的贡献程度，直接体现出员工对企业的价值，通过制定有效、客观的考核标准对设备主人进行评定，可以进一步激发员工的积极性和创造性，提高员工的工作效率和基本素质。

因此，单位应细化制定设备主人具体考核标准，其编制的原则如下：对积极履行设备主人职责，以及保障设备安全、可靠运行的情况制定奖励标准；对未有效履行设备主人职责的情况制定惩罚标准；对事故事件中暴露的设备主人职责履行不到位的情况，设备主人应负事故事件连带责任；绩效应对承担设备主人工作的人员适当倾斜，条件成熟的情况下，设备主人的工作与岗位绩效挂钩。

背靠背柔性直流换流站的优化维护研究

4.1 优 化 维 护 策 略

在资产管理中,设备维护是不可或缺的重要一环,它主要指对正在运行的设备定期预防、降低、消除其因老化而导致的元件失效。设备的资产价值、运行使用时间和维护策略之间的关系如图 4-1 所示,图中曲线又称为寿命曲线。因为它们的运作基于概率信息,所以采用典型时间来表示它们之间的关系。

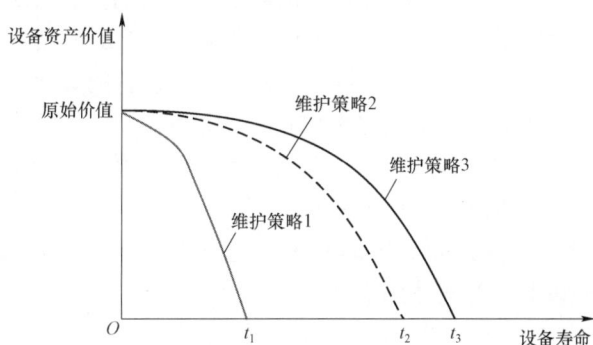

图 4-1 寿命曲线图

设备的使用寿命在很大程度上由检修的频率和维护的质量来决定。维护程度的高低所导致的维护效果也不尽相同。维护可以分为两大类,一类维护是对设备的某些重要零件进行关键且必不可少的维护,一类维护则是对整个设备进行全面检修,两种维护方式的不同会导致最终的维护质量有所差别。想要降低检修频率的同时保证或提高维护质量,并确定进行检修的时间及维护设备的方式,这是较难实现的。因为,在对设备进行检修时,设备常处于停运状态,进而会产生附加损失,所以如果提高检修的频率,将导致设备的使用成本上升。为解决此问题,下文考虑如何运用寿命曲线来寻求最优维护策略。

普遍采取的方法是:针对不同维护策略生成相应的寿命曲线,选择一条最有利于延长设备使用寿命的曲线来进行灵敏度分析。然后,通过讨论维护活动的确定性和概率性模型,建立一个兼顾设备剩余使用寿命、可用性和维护成本的数学模型,找到一个切实有效的优化策略。

制定维护策略是为了实现系统的无故障运行并延长设备的使用寿命,电力公司目前采取的维护策略主要有以下三种：

（1）持续使用某个老化设备直至其寿命终止或无法运行。该策略存在的主要问题是：当主设备（如变压器）的寿命终止且无法运行时，主设备的整个更换工作（包括新设备的购买、运输、安装和试运行）可能需要花费一年以上的时间来完成。而任何输电系统在缺少关键元件的情况下不可能长期运行，因此输电系统在这段维护时间内将面临很大的失效风险，甚至不能满足安全约束条件。

（2）在现场进行严格监测的条件下继续使用某个老化设备。一旦发现某个老化设备出现重大失效现象，则立即开始购买用于替换的新设备。但问题是有些设备不能通过该方式进行监测。例如，想要监测电缆的老化过程几乎不可能实现，因为部分电缆的状态不能代表整条电缆的状态。现实生活中常会出现一条电缆老化引起的多个地方同时漏油而导致严重失效的事件。至于电力变压器，尽管可以通过对变压器油取样的方法在一定程度上监测变压器的老化状态，但仍然不可能及时完成变压器的更换，因为新变压器的购买、运输、安装和运行需要一年以上的时间。同时，针对变压器监测所采取的取样方式对预测变压器的寿命终止失效在时间上存在着很大的缺陷。

（3）设置设备的退役年限，这一年限通常设置为设备的预估年限。该策略指当某个设备达到设置的预估年限时就强制退役，这有利于提前准备替换的设备。该策略的不利因素是设备的真实寿命可能比退役年限短，也可能超过退役年限。如果出现设备的真实寿命比退役年限短的情况，则会出现上述与两种策略一样的问题；如果设备的真实寿命超过退役年限，则由于投资过早的原因，设备的提前退役将造成资源的浪费。

背靠背柔性直流换流站的设备维护工作应考虑系统的整体性能要求，因此在换流站设备维护和资产保值过程中，应重点关注以下两点：

1）每种类型的设备（如断路器、隔离开关、变压器等）现今采用的维护方法和惯例是否对设备所进行的维护和退役时间达到最优。

2）如何平衡设备维护和运行的关系，从而以最经济的方式达到最高的可靠性。

优化维护策略的第一要务是，在已有的预算内把维护方案中对其主要性能指标影响最大的元件放入优先列表。因此，针对背靠背柔性直流输电换流站，可靠性研究是优化维护策略所需研究的第一步。这步研究包括分析主要组件失效的影响，如联络变压器、启动回路、换流器失效的影响。由于进行维护策略分析的元件较多，第二步应确定选定区域中的所有元件分析次序的优先级，对任一列表中置顶的元件进行进一步研究。建立目前应用的维护策略模型时，还应考虑元件的老化过程。元件失效率是该过程的一个输出结果。如果计算出来的元件失效率与先前的基础分析有很大差别，应采用新的元件失效率和新建立的案例场景，重复以上两个步骤。

最后考虑如何修改选定元件的维护策略。分析结果是得到了该元件的新失效率。接下来用新的结果与新的维护策略对背靠背柔性直流输电系统重复进行分析。

4.2　元件优化维护的概率模型

4.2.1　基本概率模型

　　针对设备老化阶段的数量和各个阶段的定义会出现多种情况。大多数应用是利用对设备磨损或者腐蚀程度所标识的物理特征来定义老化阶段。这意味着需要对设备进行定期检查以确定设备已到达的老化阶段。每个老化阶段到达的平均时间通常是不同的，一般根据性能参数来确定或根据经验来判断。

　　图 4-2 展示了一个日益老化的设备简单的故障维修过程，它将设备的各种老化过程通过一个逐渐磨损的状态序列来表示，直至设备最终故障。设备老化是一个实时变化的连续过程，只有在建模时才认为是一个离散过程。因此，利用一个简易概率数学模型可以表示图 4-2中的过程。在假设图 4-2 中显示的状态之间的转换与时间无关的前提下，可以以马尔可夫模型来描述这一过程。在马尔可夫模型中各个状态之间的转换时间呈指数分布，并且这种呈指数分布的属性与固定比率的属性彼此之间是一致的。

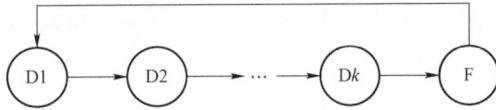

图 4-2　设备状态序列图

D1—初始状态；D2—轻微老化；Dk—严重老化；F—故障状态

　　图 4-3 展示了将维护整合到图 4-2 所示的模型中的一种方法。图 4-3 中没有假设维护会令设备恢复至全新的状态，这是因为在现实过程中目前维护的效果是有限的，所以只能假设维护可以将设备的状态提升至前一个老化阶段的状态。如果是由于天气恶劣等外部因素引起的故障，则设备从工作状态到故障状态只需一步。现在，假设故障率恒定，无论维护与否，在未来任何时间间隔内的故障率是相同的（包括指数分布特性的情况），维护将不能产生任何提升的效果，这时维护已经不适用了。但是，上述情况并不适用这样的老化过程，即设备从全新到失效的时间间隔不符合指数分布（即使其后续状态变化的时间间隔符合指数分布）。在这个过程中，维护对改善设备状况是有效的。因此可以推断，若故障是由于设备自身老化的原因而导致的，维护可以发挥重要作用。

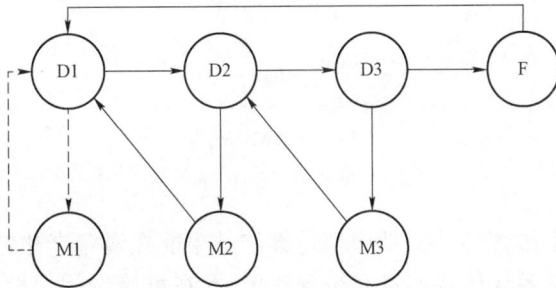

图 4-3　包括 3 个老化状态和维护阶段的状态图

D—设备状态；M—检修状态；F—故障状态

在图 4-3 中，虚线表示状态 M1 到 D1 的过渡，但在实际过程中这种维护不具有现实性。因为它将导致设备直接回归原始状态 D1，这对维护而言毫无意义。因为，如果维护者知道设备仍然处于老化进程的第一阶段，将会省略状态 M1，因此也就没有维护的必要。否则，必须从开始就进行定期维修，状态 M1 也必须是图 4-3 的一部分。

应当指出，这种模型及其类似模型能够解决关联维护和可靠性两者的问题。一旦改变任何维护参数，便可很容易地计算其对可靠性（如平均故障时间）的影响。

4.2.2　实用概率模型

基于图 4-3 的状态图，Endrenyi 等提出了一种更实用的模型，即 AMP 模型，如图 4-4 所示。该方法能够计算概率和频率，以及元件在同时接受定期检修和进行预防性维护情况下的平均无故障时间。

在完全没有维护的情况下，设备状态变化路径会从 D1 开始，贯穿设备老化的各个阶段，最终到达故障状态 F。进行维护以后，受到检修和维护活动的影响，到达故障状态的直线路径呈现有规律地弯曲。同时，图 4-4 展示了老化过程的全部阶段，可能会出现多次定期检查（如 I1，I2，I3），并在每次检查结束后做出决定，确定是否需要大修或继续小规模维修，或放弃维护使设备返回到设备检查之前的老化状态。此外，每次小型维修之后，如果认为维修效果不理想，可选择进行大修。

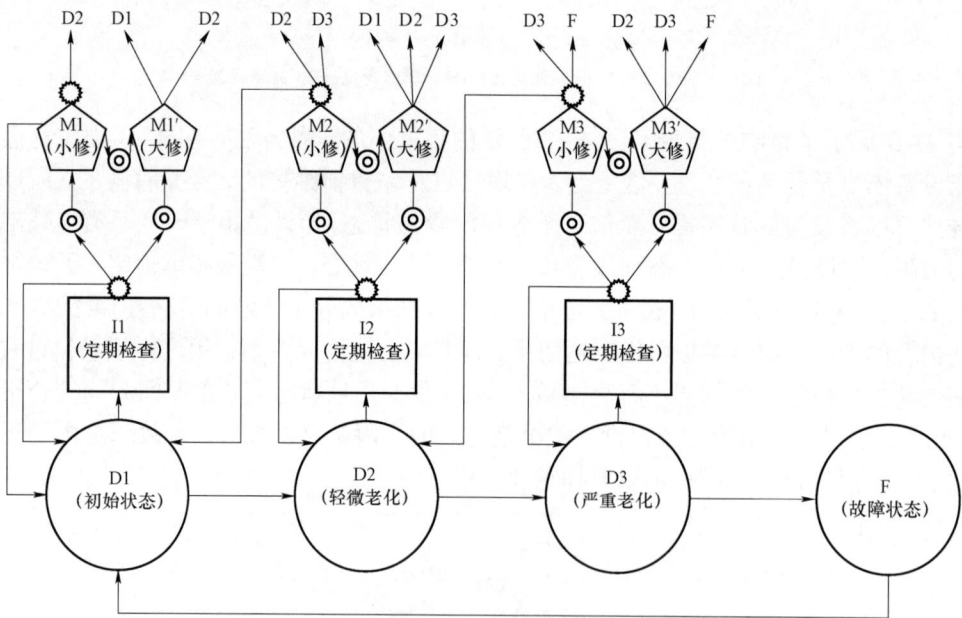

图 4-4　AMP 模型

⚙—策略制定；◎—一定时延

在图 4-4 中，整个维修活动的期望都是维修结果能在设备老化链中向前一步。但也有可能会出现这种状况：设备老化状态没有得到改善，且在维修过程中设备受到了一定的损害，导致设备提前进入下一个老化状态。

用户的选择决定了在每个维修点会出现不同的概率，随之出现不同的概率值，历史记录将对这些概率值进行评估。另外一种完善的技术是计算状态间的第一段时间（FPT），即计算设备从任何老化状态到达随机状态的第一段平均时间。尽管 AMP 模型对此项技术没有做出明确说明，但事实上 AMP 模型已经应用了该技术。假设设备老化的最终结果是 F，那么 FPT 指的是从任何原始状态开始的平均剩余寿命。这些信息对构建寿命曲线十分重要。图 4-4 展示的 AMP 模型对制定定期的计划检修策略和处理根据需求制定的预测维护策略都起着重要的作用。

图 4-3 展示出安排检修的计划：初始维护速度始终是相同的（这个速度是平均维修时间的倒数，实际时间构成一个随机变量）。

图 4-4 中的组合囊括了对预测性维护的处理。通过定期检查进行设备状态监测，如发现设备不需要维护，则返回到"主线"而不进行维护。该模型的计算描述为转换速率。假设通过计算历史数据得到状态间的转换速率，即

$$\lambda_{i,i} = -\sum_{j,j \neq i} \lambda_{i,j} \tag{4-1}$$

式中：i, j 表示设备状态；$\lambda_{i,i}$；表示设备状态 i 列、状态 j 的转换速度。

从状态 Dx 至 Ix 的转换速率是通过检测时间的倒数来计算的，而从状态 Dx 到 Dy 的转换速率是在无任何维护的情况下，设备老化到另一个阶段的所需时间的倒数。

表示维修状态特征的参数主要有两个，即状态的持续时间和状态变化的概率。状态的持续时间从状态 Lx 和 Mx 的历史记录中确定。在第一种情况下，状态的持续时间是平均检测时间；在第二种情况下，状态的持续时间是维护持续时间。从状态 i 到 j 的初始速率为

$$\lambda_{i,j} = \frac{p_{i,j}}{d_i} \tag{4-2}$$

式中：$p_{i,j}$ 为从状态 i 到 j 的概率；d_i 为状态 i 的持续时间。

同样定义

$$\sum_j p_{i,j} = 1(i = 1,2,3,\cdots,n) \tag{4-3}$$

式中：n 为维修和检查状态的数量。

变化速率矩阵是一个半马尔可夫过程。此外，对于每个状态，一个状态的成本可以定义其保持在相应状态的花费。这对于代表维护成本的状态 Mx 最为重要。

4.3 元件优化维护方法

4.3.1 基本维护方法

1. 定期维护

按照规定的时间表实施预防性维护是当前电力企业中普遍采用的维护策略，此类维护策略是根据长期运行维护的实际经验或依据设备制造厂商提供的设备手册制定的。

但是，从长期来看，这种定期的计划性检修经济效益较差，且对充分延长元件的寿命存

在缺陷。通过过去 15 年对众多工业企业和电力公司的研究发现，他们试用了许多新方式，这些新方式在本质上都有相同点，那就是普遍认为维护具有不定时性，但维护实际上只有在具有维护需求时才进行，这种维护方式叫作预测性维护。然而，为了了解设备确切的维护时间，需要进行定期或持续的状态监测，并制定确切的维护动作触发标准。

2. 改进与更换

维护活动的目的在于修复设备的现存状态，使其比维护活动这个动作发生之前的状态要有所改善，有时也会出现该设备寿命终止而无需继续维护，而是需要更换一个新设备的情况。然而，在过去的一段时间内，人们臆想设备通过维护改进后就重回到了初始状态，这显然不能实现。因为，人们忽视了在大多数情况下，维护活动产生的修复和提升效果是十分有限的。

各种学术论文中提供了很多不同意见的更换策略，但事实上，大部分学术论文把重点放在了更换策略自身，而忽视了较低成本的维护产生的提升效果也是有限的这种可能性。并且这些提升效果较小的维护策略，大多数是根据经验获得的，这种经验主义无法预测和比较由于运用不同维护策略而导致的设备可靠性的变化情况。

3. 经验方法和数学模型

经验方法是以维修人员在实际维护活动中获得的感性认识和设备制造商的建议为基础的一种维护方法。1992 年，科学家 Moubray J 介绍了一种以可靠性为中心的维护方法（RCM）。这是一种较为复杂的经验方法。它没有严格遵循原有的维护检修计划，反而以状态监测、故障原因的分析、运行需求和优先次序的调研为基础，从这些信息中挑选出导致系统故障或引起财政损失的关键元件，然后对这些元件采取更谨慎的维护方案。这也从侧面决定了未来维护预算费用的去向。

基于数学模型的维护策略则比启发式策略更加灵活多变。数学模型可以把多种假设和约束包含进来，但在这个过程中，这种维护策略可能会变得非常复杂。基于数学模型的维护方法最大的优点是可以使计算结果得到完善。通过优化调整一些基本的模型参数即可优化模型结果得到最高的可靠性或最低的成本。

数学模型可以是确定性模型，也可以是概率模型。因为维护模型的作用是预测将来的维护实效，所以概率方法比确定性方法更加适用。同时，概率方法导致复杂性增加，维护效果的透明度缺乏，造成这种方法的使用和推广进行得稍逊于确定性方法。

计划性检修策略：该检修策略相对简单，它在基于规律的维护间隔周期的基础上采用相对容易的数学模型。在大多数情况下，这种策略优化的实现是通过改变维护频率进行灵敏度分析完成的。

预测性检修策略：相较计划性检修策略而言，预测性检修策略较为复杂，它在考虑状态检测结果的基础上采取较为复杂的数学模型，依据设备的现存状态确定维护时间和维护总量。这种策略可以依据任意模型参数来进行优化，如按检修频率进行优化。

4.3.2 确定性模型和效用函数

1. 确定性模型

考虑到设备失效具有随机性，为降低故障发生的次数，在进行基本维护的同时每年还要进行 n 次检测。以每年最少停电时间为目标确定检测次数，停电时间包括故障维修次数和检测时长。

设每年的故障率为 $\lambda(n)$ ，其中 λ 与时间无关，是检测频率的函数。因此，总的停机时间 $T(n)$ 也是停电次数 n 的一个函数。此外，假设

$$\lambda(n) = \frac{k}{n+1} \qquad (4-4)$$

式中：k 为不进行检测时的故障频率。

如果 t_r 是平均维修时间，t_i 是平均检测时间，那么

$$T(n) = \lambda(n)t_r + nt_i \qquad (4-5)$$

代入式（4-4），$T(n)$ 对 n 求导，结果为 0，即

$$\frac{\mathrm{d}T(n)}{\mathrm{d}n} = \frac{-kt_r}{(n+1)^2} + t_i = 0 \qquad (4-6)$$

因此，n 的最优值 n_{opt} 为

$$n_{opt} = \left(\frac{kt_r}{t_i}\right)^{0.5} - 1 \qquad (4-7)$$

这里 $k = 5/$年，$t_r = 6\text{h}$，$t_i = 0.6\text{h}$，因此 $n_{opt} = 6.07/$年，或最优检测频率约为 2 个月/次。总停电时间为 $T(6) = 7.9\text{h}/$年，如果不检测，$T(0) = 30\text{h}/$年。

由上可知，优化问题用数学模型来表示是很简单的。针对维护和可靠性之间的关系进行建模就目前而言仍然是个难题。在上面的例子中，这种关系是由式（4-4）描述的。但应注意，这种关系形成的前提是假设的，而不是由计算得出的。在现存的数学模型中，能够描述这种考虑维护可靠性影响的模型还需人们进一步探索和研究。

2. 效用函数

效用的技术需要利用效用函数的概念。此类函数的形式决定了解决方案能力的获得是以较高的失败风险为代价的。效用函数的构造可以反映分析师的风险偏好。从这个角度来看，可以把分析师分为风险追求者、风险规避者和风险中立者 3 种。不同分析师所构造的效用函数特性如图 4-5 所示。

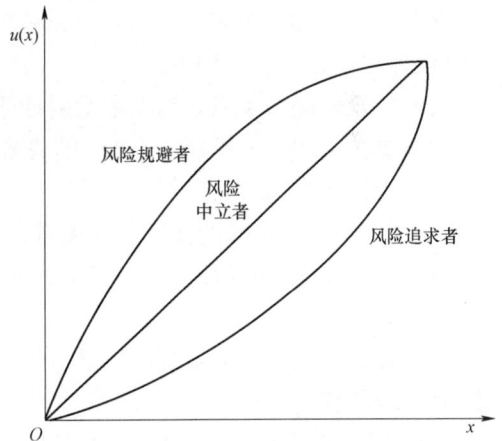

图 4-5　不同效用函数的特性

其中一个常用效用函数的功率表达式为

$$u(x) = \frac{(x-a)^R}{(b-a)^R} \qquad (4-8)$$

式中：参数 R 定义了风险承受程度，对于风险追求者，该参数大于 1；对于风险规避者，该参数小于 1；对于风险中立者，该参数为 1。常数 a 和 b 分别表示变量 x 的最小值和最大值。

式（4-8）中效用函数的一个非常有用的特征是计算出来的风险值在 0 和 1 之间。

4.3.3 基于概率模型的优化维护

以上介绍的模型都是初始模型，只能简单计算出设备剩余使用年限，但针对如何建构优化策略的模型没有给出方法。在这里提出几种可能的优化过程，以找出最优维护策略。下面介绍一个选择最优维护策略的数学模型。

1. 目标函数

在讨论优化维护策略的过程中，这里重点关注的数值有：① 设备的剩余使用年限，这在模型中由从老化状态到失效状态的第一段时间（FPT）表示；② 寿命周期成本（total_cost），这由维护和失效的成本来表示；③ 设备不可用度（unavailability）。这里的目标是找出能够最小化这 3 个参数的优化模型，即

$$F(r) = \min f(\text{total\_cost}, \text{FPT}, \text{unavailability}) \tag{4-9}$$

矢量 r 表示本章后面要介绍的模型的参数。F 是一个指定的函数，它的作用是转换要在同一个测量单元内传递的 3 个参数，将多目标优化问题转化成更实际的单目标优化问题。

下面简单介绍评估 3 个参数的方法。

（1）FPT。马尔可夫理论中，$T_{i,j}$ 表示模型从状态 i 首次达到状态 j 所用的时间。对于一个较为完善的模型，设备达到状态 F 的时间需要重点关注。$T_{i,j}$ 等同于设备的剩余使用年限。FPT 是以年为单位计量的。

（2）不可用度。在设备维护的过程中，设备会出现暂时停止服务的现象。图 4-4 所示的模型可以引导计算出设备的不可用度，其计量单位是天/年。

图 4-4 描述的模型中，可以把某些变量看作参数，通过更改它们的参数值来获得最优的解决方案。这些参数如下：

1）执行检测的频率。这个参数对应于设备状态从老化状态 Dx 转换检测状态 Ix。

2）维护费用，即维修状态 Mx 的成本。

3）维修状态的持续时间。

后两个参数对维修的深度和速度进行了定义。计算过程中可以更改某一独立的参数值，也可以同时更改多个参数的值。以下将展示可能出现的优化场景。

2. 优化维护问题的参数

"最佳维护策略"的选择是为了找出能使式（4-9）中的函数达到最小值的维护参数。这些可变参数有以下几种。

（1）检测时间优化。一般在检测过程中，设备处于暂停工作的状态，同时每一次检测都会产生额外费用。检测时间优化的目的是计算出最佳的时间点来实施检测。老化状态 Dx 转化到检测状态 Ix 的转化率参数可以优化，这种优化会改变转换率矩阵 $\boldsymbol{Q}$ 的元素值。

（2）成本优化。第二类选择优化的参数是维修状态的成本（Mx 状态的费用）。假设使用额外资金进行维修，可以得到的预期结果如下：

1）维修所用的时间将变短。

2）获得更有效的维修结果，即设备将得到更好地维护，并最终获得"向前一步"的老化状态。但这并不一定意味着会缩短维修时间。

（3）维修时间优化。在优化过程中，如果假设维修时间（持续时间向量 D 的元素）与维修费用成函数关系，同时假设从状态 Mx 转化到 Dx 的概率是固定的（概率矩阵 P 恒定）。得到的参数是成本矩阵 C 的元素。以这个成本为参考值，可以得到各个状态的持续时长（时长矢量 D 的元素），然后重新计算转换率矩阵 Q 的元素。

（4）维修深度优化。在这种优化的假设中，维修状态转换到其他状态的概率与维修费用是函数关系。其思想的基本理论是，在维护上使用的资金越多，设备达到的状态较维修前就越有可能达到一个更好的老化状态。通常被优化的参数是成本矩阵 C 的元素，但是在此种情况下，维修时长是常量（时长向量 D 恒定）。更改了概率矩阵 P 的元素后，P 和转换率矩阵 Q 的元素将被重新计算。

3. 约束条件

在此类问题上，约束条件属于成本、概率、时长矢量的可变范围，会对维护费用和检测次数有或多或少的限制。因此，可以运用模拟退火算法（SA）来解决以上定义的优化问题。

4. 优化函数的定义

在计算过程中，各个需要优化的参数是用不同的单位表示的，并且拥有不同的数量级，因此这对获得这些变量求取代数和的目标函数来说并不容易。解决这个问题，可以运用Stopczyk M 等人提出的使用多属性效用理论（MAUT）中的效用的概念。

MAUT 是一种用于多准则决策分析（MCDA）的方法，这种方法通过分析某一事物（如某一工程）的特征、影响和其他相关属性来量化它的价值。它展示了一种相对容易但又具有一定可靠性的方法来衡量项目价值的全部源头，囊括了非财务性的（也可以说是"无形的"）价值成分，因此它对项目优化具有重要作用。

更详细地解释是：MAUT 是一个产生效用函数的方法，它以决策理论为依据，将决策者的几个选择量化为一个决定。效用函数 U 的定义：最好的选择就是能最优化 U 的方案。

同时为了评估维护策略的最佳参数，用不同量度表示 3 个值很有必要，它们分别是 FPT（用年描述）、成本（用千美元/年描述）和不可用度（用天/年描述）。这些可以通过上文所说的效用函数来获得。

4.4 元件退役管理

背靠背柔性直流输电系统中的每一台设备都是安装在该系统中的某一个元件，对元件进行退役处理的时候，不仅应考虑设备本身的状态，还应把该设备对整个背靠背柔性直流输电系统的影响考虑其中。因此，加强背靠背柔性直流换流站的元件退役管理，应从两个方面出发：① 从衡量整体系统的稳定运行出发，探究某一元件退役的必要性；② 在确定某一元件具有退役的必要性的前提下，确定退役时间。

通常导致某一元件从背靠背柔性直流换流站退役的主要原因是设备老化失效，需要对其进行更换，因此必须采取建模的方式对元件的老化失效概率进行计算。其基本原理是：把元件的寿命终止失效产生的期望损失费用与推迟更换所节省的投资费用进行对比。期望损失费用不仅由寿命终止失效所产生的后果决定，还由失效发生的概率决定。计算期望损失费用的基本步骤如下：

（1）依据寿命终止失效的韦布尔（Weibull）分布，对其特征寿命和形状参数进行预估。

（2）采用韦布尔模型估算老化元件的不可用概率。

（3）定量计算寿命终止失效产生的期望系统损失费用。

（4）综合以上步骤进行经济性对比。

4.4.1 韦布尔分布模型参数估计

若非负随机变量 T 的失效密度函数为

$$f(\text{t}) = \frac{m}{\eta}\left(\frac{t}{\eta}\right)^{m-1}\exp\left[-\left(\frac{t}{\eta}\right)^m\right] \qquad (t \geqslant 0) \qquad (4-10)$$

式中：m 为形状参数，且 $m > 0$；η 为特征寿命或尺度参数；t 为时间或服役年龄。

则称 T 服从韦布尔分布，定义为 $T \sim W(m, \eta)$。

图 4-6 展示了不同形状参数 m（η 固定）的韦布尔分布密度函数曲线，对应的产品寿命分布函数为

$$F(t) = 1 - \exp\left[-\left(\frac{t}{\eta}\right)^m\right] \qquad (t \geqslant 0) \qquad (4-11)$$

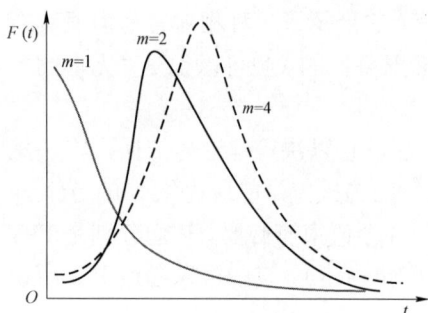

图 4-6 韦布尔分布的密度函数

当产品寿命 T 服从韦布尔分布 $W(m, \eta)$ 时，其平均寿命与方差分别为

$$E(T) = \eta\Gamma\left(\frac{1}{m} + 1\right) \qquad (4-12)$$

$$Var(T) = \eta^2\left[\Gamma\left(\frac{2}{m} + 1\right) - \Gamma^2\left(\frac{1}{m} + 1\right)\right] \qquad (4-13)$$

式中：$\Gamma(x)$ 为 Gamma 函数。若 $T \sim W(m, \eta)$，则可靠度函数为

$$R(t) = \exp\left[-\left(\frac{t}{\eta}\right)^m\right] \qquad (t \geqslant 0) \qquad (4-14)$$

由上式可以得到可靠度为 r 的可靠寿命 t_r 为

$$t_r = \eta\left(\ln\frac{1}{r}\right)^{\frac{1}{m}} \qquad (4-15)$$

失效率函数为

$$\lambda(t) = \frac{m}{\eta}\left(\frac{t}{\eta}\right)^{m-1} \qquad (4-16)$$

不同形状参数 m 所对应的韦布尔分布的失效率函数的曲线如图 4-7 所示。

当 $m<1$ 时，module 函数 $f(t)$ 与失效率函数 $\lambda(t)$ 都是减函数，此时代表产品早期失效：

当 $m=1$ 时，韦布尔分布等同于指数分布；

当 $m>1$ 时，密度函数曲线呈单峰状；

当 $m \geqslant 3$ 时，密度函数曲线呈单峰对称状，类似于正态分布，失效率函数 $\lambda(t)$ 为增函数，此时代表产品耗损失效。

韦布尔分布是 1939 年 Weibull 在分析材料断裂强度的概率特性时首次提出的，它可以灵活表示不同类型产品的失效规律，多数电子、机械、机电产品（如轴承、发电机、液压泵等）的服务年限分布

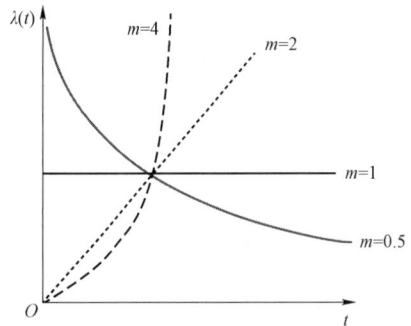

图 4-7 不同形状参数 m 所对应的韦布尔分布的失效率函数的曲线

常用韦布尔分布来表示，因此韦布尔分布是可靠性理论中的重要寿命分析方法之一。

假设韦布尔分布模型的特征寿命和形状参数的方法如下：

（1）数据收集。依据设备台账和全生命周期文档，备好类似运行条件下同一类设备的数据。由于大部分设备处于在役状态，需要收集其投运年份的数据。而对于早就退役的设备，需要收集投运年份和退役年份。

（2）设计表格。对于已经纳入计算的所有设备，设计两列表格，第 1 列为服役年份，第 2 列为服役年份对应的设备存活概率。已经退役的设备，其服役年份设计为退役年份与投运年份之差；在役设备，其服役年份设计为当前年份与投运年份之差。根据第（1）步收集的数据，极易获得每个年份的暴露设备数和退役设备数。每个年份的离散失效概率是该年的退役设备数除以对应的暴露设备数的余数。每个年份的存活概率等于 1.0 和该年的累积失效概率之差。

（3）参数预估。由第（2）步建立的表格数据，每一对 R 和 t 以一定误差满足式（4-14），可以获得总数为 M 对的 R 和 t 对应的所有误差的平方和为

$$L = \sum_{i=1}^{M} \left[\ln R_i + \left(\frac{t_i}{\eta} \right)^m \right]^2 \qquad (4-17)$$

假设 L 取得最小值，η 和 m 估计值为最优估计值。这种优化方法可以用来求解该最小化模型。优化过程中，特征寿命和尺度参数的初始估计值是必要的，可以考虑利用设备平均寿命和标准差来计算它们的初始估计值。

4.4.2 老化元件的不可用概率估计

老化元件会出现两种失效模式，即可修复失效和寿命终止失效。这两种失效所采用的不可用概率计算方法是不同的。

在元件为可修复元件的状态时，不可用概率的计算需要计入修复过程。简单来说，假设元件的失效和修复特性服从指数分布，即故障率 λ 和修复率 μ 均为常数。图 4-4 展示了元件的状态时间图（即可修复元件的运行和停运循环过程）。定义 T 为系统的循环时间，循环时间定义为平均故障间隔时间（MTBF），其值等于平均无故障工作时间（MTTF）和平均修

复时间（*MTTR*）之和。

$$MTTF = \frac{1}{\lambda} = \frac{元件运行的总时间}{给定时间段内元件的故障次数} \qquad (4-18)$$

$$MTTR = \frac{1}{\mu} = \frac{元件进行维修的总时间}{给定时间段内元件的修复次数} \qquad (4-19)$$

元件可修复失效导致的不可用概率为

$$U_r = \frac{f \cdot MTTR}{8760} \qquad (4-20)$$

式中：f 为平均失效频率（次/年）。

老化元件寿命终止失效引起的不可用概率取决于元件的在役寿命 T 和需要考虑的后续时间区间 t。将后续时间区间 t 平均分为 N 个时段，每个时段的长度为 D，利用韦布尔分布模型可以计算出由寿命终止失效引起的不可用概率。

$$U_a = \frac{1}{t} \sum_{i=1}^{N} p_i \left[t - \frac{(2i-1)D}{2} \right] \qquad (4-21)$$

$$p_i = \frac{\exp \left[-\frac{T+(i-1)D}{\eta} \right]^m - \exp \left(-\frac{T+iD}{\eta} \right)^m}{\exp \left(-\frac{T}{\eta} \right)^m} \qquad (i=1,2,\cdots,N) \qquad (4-22)$$

式中：形状参数 m 和特征寿命 η 可利用前面一节的方法获得，p_i 为第 i 个时段内的失效概率。在 N 足够大的情况下，p_i 的值会十分准确。由寿命终止失效引起的不可用概率是在定义老化设备已服役 T 年情况下的条件概率，该条件概率随着 T 的增加而增加。

综合来看，上述两种失效模式引起全部不可用概率为

$$U_t = U_r + U_a - U_r U_a \qquad (4-23)$$

4.4.3 期望损失费用定量计算

在背靠背柔性直流输电系统中，某一元件的价值不是由其本身的状态和资产价值决定的，而是由其终止服务后对整个系统所造成的影响而决定。因此，在某一老化元件出现失效但未对整个系统产生危害的情况下，没有必要立即更换该元件。相反，但若该元件失效将影响整个系统的正常运行，则需尽可能早地计划对该元件进行更换。

期望损失费用（*EDC*，千元/年）定义为

$$EDC = \sum_{i \in S} C_i F_i W(D_i) \qquad (4-24)$$

式中：C_i 是在系统状态 i 下的负荷削减量（MW）；F_i 和 D_i 分别是系统状态 i 的频率（次/年）和停电持续时间（h/次）；$W(D_i)$ 为用户损失函数（元/kW），它与停电持续时间是函数关系；S 是涉及负荷削减的所有系统状态的集合。

单位停电损失费用（*UIC*，元/（kW·h））定义为

$$UIC = \frac{EDC}{EENS} \qquad (4-25)$$

式中：$EENS$ 为期望缺供电量（MW·h/年）

其 $EENS$ 定义为

$$EENS = \sum_{i \in S} C_i F_i D_i \qquad (4-26)$$

在当前情况下，定量计算由设备老化失效导致的期望损失费用有很多种方法，但是每一种方法都需要考虑两种情况：第一种情况是只评估所有元件（包括评估进行更换的老化设备）可修复失效导致的不可用概率；第二种情况是以第一种情况为基础，同时再考虑需要更换的老化设备寿命终止失效导致的不可用概率。在以上两种情况下，期望系统损失费用的差值也叫作老化设备寿命终止失效所引起的期望系统损失费用。EDC 的计算需要把单位停电损失费用（UIC）的不同形式考虑其中，计算过程比较复杂，这里不做过多介绍。

4.4.4　经济性比较

经济性比较关注的是从现在开始到未来某年的这段时间跨度上每年因老化设备寿命终止失效导致的期望系统损失费用。显然，受到寿命终止失效的影响而导致的不可用概率随设备服役年龄的增长而增加，损失费用也随之逐年增加。每一年的期望系统损失费用表示因老化设备不退役、不被新设备替换而逐年增加的因老化设备寿命终止失效导致的风险费用。此外，更换老化设备需要增加投资费用。利用老化设备的退役延迟一年所节省的费用为投资资金在当年的利息，其值为投资费用与利率的乘积。

假设当前年份为基准年（第一年）。可以通过对寻求满足式（4-32）中 n 的最小值来表示经济性比较的准则

$$\sum_{i=1}^{n} E_i > nrI \qquad (4-27)$$

式中：E_i 为第 i 年中因老化设备寿命终止失效导致的期望系统损失费用；I 为新设备更换老化设备所需的投资；r 为利率；n 为老化设备应该退役和更换的年份。

不等式（4-32）进行经济性比较的方法如下：

（1）当 $n=1$ 时，该不等式表示假设第一年中老化设备寿命终止失效引起的期望损失费用比将设备退役推迟一年所节省的投资费用利息多，因此老化设备须在第一年退役，相反，该老化设备不需要在第一年退役。接下来计算第二年。

（2）当 $n=2$ 时，该不等式表示假设前两年内老化设备寿命终止失效引起的期望损失费用的和要比将设备退役推迟两年所节省的投资费用的总利息多，则老化设备须在第二年退役，相反，将继续计算第三年。

不断考察该过程，直到找出 n，导致前 n 年内老化设备寿命终止失效引起的期望损失费用之和刚好大于将设备延迟退役 n 年所节省的投资费用的总利息。

4.5 运行风险分析及预控措施

4.5.1 可靠性统计评价指标体系

4.5.1.1 直流输电系统的元件可靠性参数

本节不需要再细化元件在可靠性评估分析方面的应用,将其看作一个整体中的一组器件或设备的统称。元件概念是相对的,可根据研究的深度进行细分。在直流输电系统可靠性评估中,元件包括换流阀、交流滤波器和换流变压器等。在直流输电系统可靠性评估中,元件的关键可靠性参数有如下几种。

(1)故障率(failure rate):元件在单位暴露时间内由于故障不能继续服役的连续功能的次数,即故障率 λ 为

$$\lambda = \frac{\text{故障次数}}{\text{暴露时间}} \qquad (4-28)$$

(2)修复时间(repair time):元件实施修复时所用的实际矫正性维修时间,包括故障定位时间、故障矫正时间和核查时间这 3 个方面,也就是元件故障引起的停电到故障元件通过修复或更换设备而恢复供电所花费的时间。修复时间的倒数即为修复率,多用 μ 表示。

(3)稳态可用度(steady state availability):在稳态条件下,一定时间区间内的可用度的平均值。当失效率与修复率都是常数时,稳态可用度 A(简称为可用度或可用率)为

$$A = \frac{\mu}{\mu + \lambda} \qquad (4-29)$$

(4)稳态不可用度(steady state unavailability):稳态条件下,给定时间内的瞬时不可用度的平均值。当失效率与修复率都是常数时,稳态不可用度 U(简称不可用度,或不可用率)为

$$U = \frac{\lambda}{\mu + \lambda} \qquad (4-30)$$

由式(4-29)和式(4-30)可知,$A + U = 1$。

此外,利用故障率、修复率等参数,可以将安装率、切换率等相关可靠性参数引申出来,这里不多加解释。

4.5.1.2 背靠背柔性直流输电系统的主要可靠性统计指标

在国际大电网会议(CIGRE14-97)DL/T 989—2005《直流输电系统可靠性评价规程》中具有关键作用的可靠性统计指标有多个,其中可以用在背靠背柔性直流输电系统中的主要有以下几个。

(1)能量不可用率(EU)为

$$EU = TEOT/\text{给定时间区间长度} \qquad (4-31)$$

$$TEOT = E\left(\sum_i EOT_i\right) \qquad (4-32)$$

式中：$TEOT$ 为给定时间区间内的总等值停运时间；EOT_i 是一年中第 i 次停运的等值停运时间，它等于实际停运时间 T_i 按停运容量在系统额定容量中所占百分比进行折算后的数值，即

$$EOT_i = T_i（1 - 停运期间的可用容量/系统额定容量）$$

停运期间可用容量是指系统停运或降额运行情况下依然可以传输的容量。

（2）能量可用率（EA）为

$$EA = 1 - EU \qquad\qquad (4-33)$$

（3）系统期望输送容量（EC）为

$$EC = \sum_i C_i p_i \qquad\qquad (4-34)$$

式中：C_i、p_i 这两个指标表示为第 i 个状态的输送容量和稳态概率。

（4）能量利用率（U）：在给定时间区间内直流输电系统的实际输送能量，即

$$U = 输送总电量/（系统额定容量 \times 给定时间区间长度）$$

（5）单极计划停运次数（又称单极计划停运率，MPOT）。其定义为给定时间内，直流输电系统发生单极计划停运的次数。

（6）单极强迫停运次数（又称单极强迫停运率，MFOT）。其定义为给定时间内，直流输电系统发生单极强迫停运的次数。

（7）阀组强迫停运次数（又称阀组强迫停运率，VFOT）。其定义为给定时间内，直流输电系统发生阀组强迫停运的次数。

4.5.1.3　背靠背柔性直流输电系统的可靠性统计内容

在对背靠背柔性直流输电系统进行可靠性计算时，为了易于统计，普遍依据每个设备对背靠背柔性直流输电系统输送容量的整体影响，将背靠背柔性直流输电系统的停运划分为两大类进行统计。

（1）阀组子系统。该类系统的停运主要指阀组、阀控、阀冷却系统等故障或计划检修导致的阀组停运事件。

（2）单元子系统。该类系统的停运主要指联络变压器、启动回路、相电抗器和单元控制等故障或统一化检修导致的单元停运事件。

4.5.2　背靠背柔性直流输电换流站可靠性评估模型及指标体系

4.5.2.1　子系统划分

背靠背柔性直流输电系统指由换流阀、启动回路、联络变压器、相电抗器、阀冷却设备、直流控制保护系统和其他辅助设备等一系列组成部分连接而成的复杂系统，构成元件的庞大数量导致对其进行可靠性评估十分不易。假设对背靠背柔性直流输电系统的各个元件都分开建模，工程量巨大，且模型求解非常复杂。

在实施背靠背柔性直流输电系统可靠性评估之前，可以假设把背靠背柔性直流输电系统划分为若干个子系统，研究这些子系统的特性并对子系统单独建模，同时把各个子系统间的

联系和影响纳入考虑当中,从而建立整个背靠背柔性直流输电系统的可靠性评估模型并进行计算,可由此获得相关可靠性指标。

从可靠性角度而言,背靠背柔性直流输电系统的建模可以利用一个串联结构。串联系统中无论哪一环节出现问题,都将影响到整个系统的运行。依据系统可靠性角度的串联连接,并参考传统直流输电的分类方法,可以将其分为如下几类子系统。

(1)阀组子系统。该类系统主要包括阀组、阀冷却装置等元件。

(2)交流设备子系统。该类系统主要指断路器、接地开关、交流侧电抗器、启动回路等元件。

(3)直流连接子系统。该类系统主要包括两个背靠背换流器之间的连接线、隔离开关、接地开关等。

(4)联络变压器子系统。

(5)直流控制保护子系统。该类系统包括站控、极控和阀控3个层级的控制保护系统。

背靠背柔性直流输电系统子系统划分如图4-8所示。

图4-10中背靠背柔性直流输电系统子系统的划分是依据可靠性评估进行的,与调度、运行等生产部门的规划并不完全一致。并且,图4-10中子系统的划分只给出了一次设备的划分,实际上子系统是囊括了对应区域的设备控制保护系统的。

在进行设备可靠性研究的时候,不仅要对子系统的某些可靠性指标(如故障概率、故障频率等)做出评估,最重要的是要分辨出对其可靠性影响较大的因素,找出薄弱环节,从而制定出提高该设备可靠性的对策,包括设计制造和运行维护两方面都可以采取的方案。对高压直流系统进行可靠性评估的方法主要有故障树法、FD法、状态解析法和概率抽样法等,当前,有关背靠背柔性直流输电系统实际工程的经验不多,因此具有针对性的可靠性评估方法研究也不多,下一节将对背靠背柔性直流输电系统的可靠性评估进行初步探索。

4.5.2.2 基于故障树法的可靠性评估

故障树法是一种因果关系的图形演绎分析方法,是针对系统故障形成的原因从整体到局部、按树枝状逐渐细化分析的方法。它通过分析系统的薄弱环节和实现系统的最优化来进行对设备故障的预测和诊断,是一种兼具安全性和可靠性的分析技术,对系统故障的预测、预防、分析和控制有显著成效,大量运用于大型复杂系统的可靠性、安全性分析和风险评价。

故障树的建造是故障树分析法的关键,故障树建造的完善程度对定性分析与定量分析的准确性有直接影响。故障树建造过程同时也是找出系统故障和导致系统故障的各个因素之间的逻辑关系的过程,并且用故障树的图形符号(事件符号与逻辑门符号)可以抽象表示实际系统故障组合和传递的逻辑关系。利用故障树的建造过程可计算出顶事件和其他事件间的逻辑关系。事件间的逻辑关系有并联、串联和混合3种。

故障树可用于系统可靠性的定性分析和定量评估。定性分析力图用于进行顶事件的关键因素或关键事件的分析,而定量评估致力于评估顶事件发生的概率。最小割集法(MCS)可用于故障树的定性分析。最小割集指引起顶事件发生的最小事件组合。利用最小割集可分析出系统的薄弱环节及影响其可靠性的关键部件。

基于故障树法的背靠背柔性直流输电系统可靠性评估的建模步骤如下:

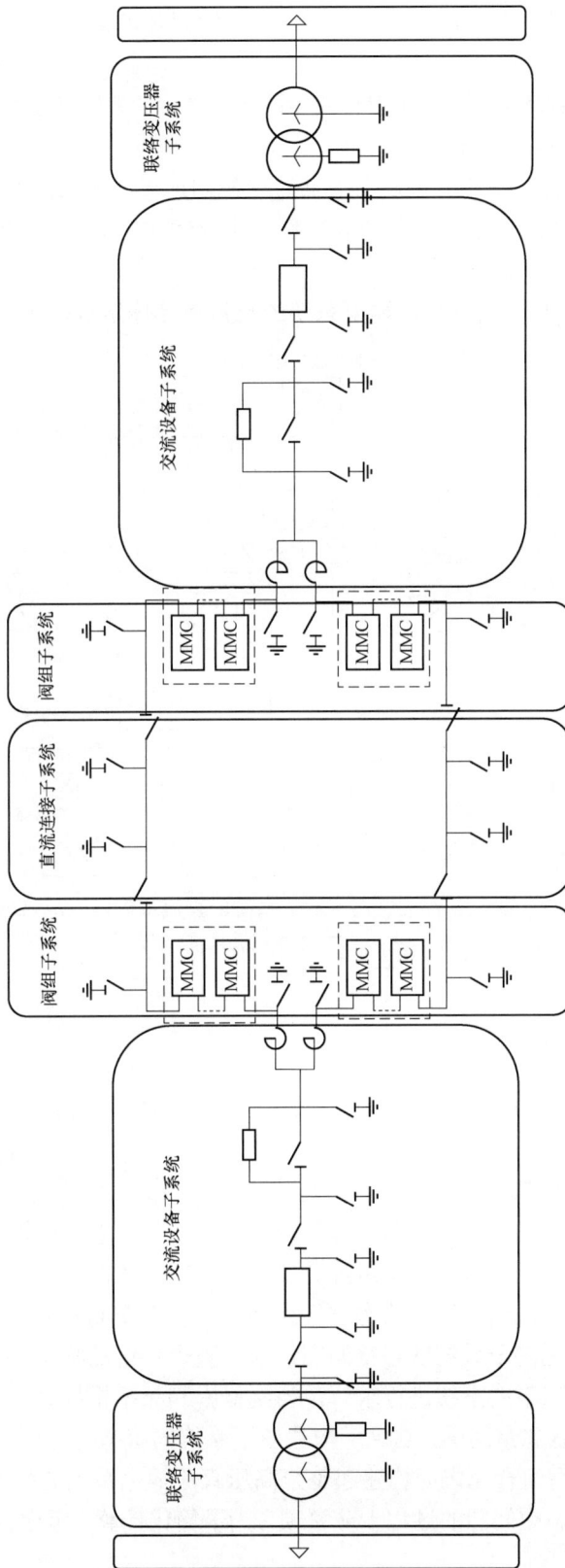

图 4-8 背靠背柔性直流输电系统子系统划分图

（1）确定故障树顶事件。根据背靠背柔性直流输电系统的接线形式，顶事件一般为直流单元停运。

（2）针对顶事件，列举可能引起顶事件发生的子事件。子事件可以细分时，该事件作为顶事件，继续列举有可能引发该事件的子事件。子事件不能再细分时，则将该事件作为底事件。

（3）将所有的顶事件、子事件和底事件通过逻辑门连接起来形成故障树。

（4）利用最小割集法，通过计算各个底事件发生的频率及概率，求解与顶事件相关的各类指标。

图4-9所示为某背靠背柔性直流输电系统的直流单元停运故障树。

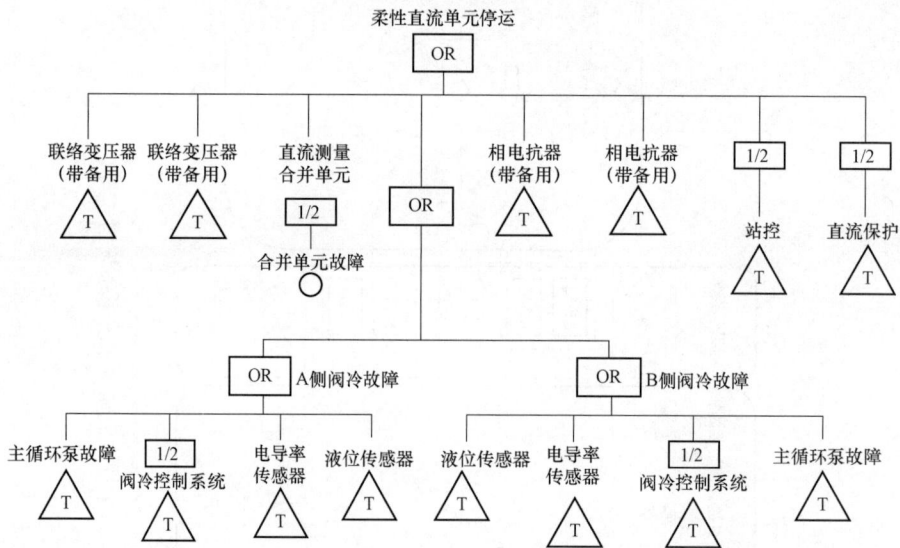

图4-9　某背靠背柔性直流输电系统的直流单元停运故障树

○—底事件；1/2、OR—逻辑门；T—子树

4.5.2.3　基于改进FD法的可靠性评估

FD法是利用状态概率和转移概率计算频率和持续时间的可靠性基本算法。其建模步骤如下：

（1）确定建模对象全部可能的状态。

（2）通过确定各个状态之间的转移过程和转移率，构建状态空间图。

（3）依据状态方程组及状态转移率矩阵计算每个状态发生的频率和概率。

（4）将相同容量的系统或子系统状态进行合并，使状态空间图简化。

（5）依次组合已简化的子系统状态空间图，获得整个系统的状态空间图。

（6）对不同容量状态下的系统进行求解，得到概率和频率指标。

传统的FD法基于状态空间图，立足于构建各子系统的状态空间图并获得相应的等效模型，通过把每个等效模型组合起来而构建起整个高压直流输电系统的状态空间图。此类方法求解精确，但是构建状态空间图的过程十分繁琐，为了简化计算，考虑到系统容量状态数较少，一般用于简单直流输电系统的评估。当系统状态数较多时，倘若沿用传统 FD 法对它们进行组合建模，要考虑到多个状态间互相转移的情况，需建造繁琐的状态空间图。因此，通常采用改进后的 FD 法对背靠背柔性直流输电系统进行可靠性评估。

采用改进 FD 法进行系统组合时，第一步构建原系统的容量矩阵、容量概率矩阵、状态转移率矩阵，依据组合系统的结构，将原系统等效模型进行组合。两系统串联合并后的传输容量由传输容量较小的系统确定，并联组合后的容量为两系统容量之和，从而获得新的系统容量矩阵，将该矩阵和容量概率矩阵、状态转移矩阵再次组合，就得到了组合系统的可靠性模型。

综合背靠背柔性直流输电系统的可靠性框图可采用改进 FD 法构建系统模型、评估系统可靠性。具体步骤为：① 构建各元件的参数矩阵；② 依照子系统中元件的连接方式，采用改进 FD 法将元件进行组合，获得各子系统的等效模型；③ 将子系统一一进行组合，得到整个系统的等效模型，同时计算系统的可靠性指标。图 4 - 10 所示为基于改进 FD 法评估背靠背柔性直流输电系统可靠性的流程图。

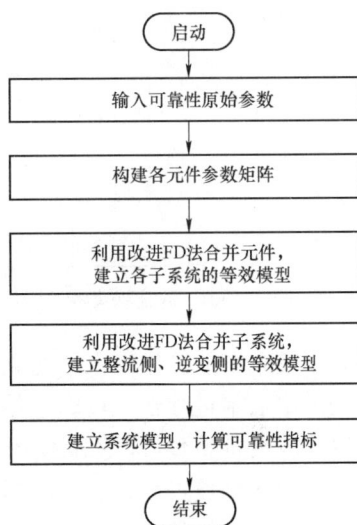

图 4 - 10　基于改进 FD 法评估背靠背柔性直流输电系统可靠性的流程图

4.5.3　针对可靠性的背靠背柔性直流输电系统薄弱环节的辨识

针对背靠背柔性直流输电系统薄弱环节的辨识，可利用解析方法和定量分析法。解析法的前提是构建系统精确、可靠的数学模型，从而通过解析的方法建立具体元件的原始参数和某可靠性指标的逻辑关系，采取求导的方法，得到某一元件的可靠性参数产生变化时与系统可靠性变化的关系，最后找出对系统可靠性指标影响最大的元件。在现实应用中，由于系统建模无法对各种因素的影响进行精确计算，如针对背靠背柔性直流输电系统中重要部件的换流器，当前建立包括开关速度、电压等级在内的可靠性模型十分不易。同时考虑伴随系统规模的扩大或者系统的结构复杂化，即便列写出解析式，其求解也难以实现。相反，定量分析法则是以系统可靠性模型为基础，通过利用某些假定，计算出系统的可靠性指标，从而列出相关图表。然后对系统指标伴随元件参数在给定范围内变化的情况进行分析。该方法的缺点在于结果比较粗糙，但可以较为直观地建立起各元件在不同情况下的系统可靠性指标的变化情况，从而有利于找出系统的薄弱环节。

考虑到背靠背柔性直流输电系统可以划分成几个子系统，所以针对各个子系统可以利用相同分析方法建立各个子系统等效模型，最后通过模型组合的方法建立系统状态空间图，如图 4 - 11 所示。

图 4 - 13 中，b、c、l、C&P、acf、t、r 各自代表不同的子系统，每个子系统状态框左上角的 f 代表各单元处于故障状态。对该模型进一步简化可以获得两状态系统等效模型（如图 4 - 12 所示），从而获得整个系统的可靠性指标。

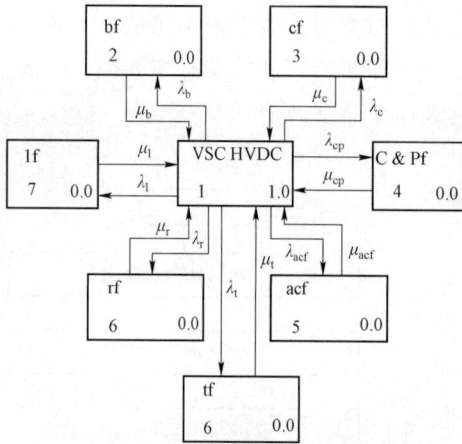

图 4-11 系统状态空间图

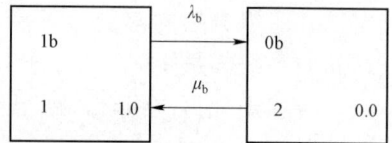

图 4-12 两状态系统等效模型

为了使系统的可靠性水平达到预期值，最有效的方法除了提高元件的可靠性水平外，对元件的备用水平进行合理设置也是重要的措施之一。备用水平设置的实质是在系统中合理安排不同元件的备用数目，从而使投入产出比最优。备用水平设置的普遍性原则是：将经济而有效的备用水平设置在系统最薄弱的环节。薄弱环节与元件可靠性参数及元件在系统中所处的地位和实际运行条件都有关。因此，在实际应用中，通过具体的解析表达式求解十分困难。辨识系统的薄弱环节一般利用定量分析的方法进行分析。通过对薄弱环节进行寻找，可分析出各元件在系统可靠性中的相对作用，为采取增强性措施提供相对有用的参考。

针对薄弱环节的辨识可利用一种确定性的原则。单独计算某一元件 100%可靠时的系统能量不可用率和系统停运频率指标。与此对应系统的可靠性指标得到最大改善的元件，即为系统的最弱环节。依据需要可以根据类似方法进行次弱环节、再次环节的寻找。

4.5.4 背靠背柔性直流输电预控措施分析

危险点演变成现实的事故，一般要经历潜伏、渐进、临界和突变这 4 个阶段。

（1）潜伏阶段。这是指危险点已经生成却没有引起人们的注意，以其固有姿态而存在的阶段。它是事故发生的初始阶段或萌芽状态，但还不至于很快地导致现实事故。

（2）渐进阶段。这是指潜在的危险点逐渐扩大的过程，它仍然处于事故的量变时期。在这个量变时期，机械设备原有的缺陷随着频繁的工作运行和时间的推移将会产生更为严重的缺陷。

（3）临界阶段。这是指事故将发生但还没有发生的运行过程。这个阶段危险点的扩大已进入导致事故的边缘，是危险点引发事故的最危险的阶段，就是通常所说的事故即将发生质的突变的阶段。

（4）突变阶段。这是指事故的形成阶段，是危险点生成、潜伏、扩大、临界的必然结果，是由量变到质变的飞跃。这个阶段，不是事物由稳定状态向不稳定状态的量变，而是发生了根本性质的变化，即事物完全处于不稳定状态。在突变阶段，危险点已成为现实的无法挽回的事故，并且必然造成一定程度的危害。

结合上述发展阶段，运用可靠性评估模型及薄弱环节辨识，可形成以下背靠背柔性直流预控措施。

1. 针对背靠背柔性直流阀塔与阀控系统的预控措施

（1）背靠背柔性直流换流阀功率模块的选型优先考虑故障后自然短路（而非开路）的类型，减少功率模块故障对于系统的影响；单一功率模块不宜设置可导致直流闭锁的保护功能，如必须设置，则功率单元内的相应测量、保护元件应按照"三取二"原则设置，防止单一元件异常直接闭锁直流。

（2）背靠背柔性直流换流阀功率模块的单一故障不得影响其他设备和直流系统的运行，如故障功率模块数小于允许的冗余模块数，不应造成保护动作，不应影响其他设备和直流系统运行。

（3）背靠背柔性直流阀厅应配置换流阀红外在线监测系统，系统应能够覆盖全部阀组件，并具备过热自动检测、异常判断和告警等功能，确保阀厅发热类缺陷能够被及时发现。

（4）背靠背柔性直流阀塔积水型漏水检测装置若需投跳闸功能，则跳闸回路应按"三取二"原则配置，防止单一回路故障造成误动或拒动。

（5）背靠背柔性直流阀厅内每个阀塔均应预敷设各类型光纤的备用光纤。

（6）背靠背柔性直流，每个阀塔应配置冗余的进、出水压差传感器，具备实时监测进、出水压差的功能。压差传感器应安装于阀塔设备外侧靠近阀厅巡视走廊处，并应经独立阀门与管路连接，以便检修维护。

（7）背靠背柔性直流阀控系统应实现完全冗余配置，除光接收板卡外，其他板卡均应能够在换流阀不停运的情况下进行更换等故障处理。

（8）背靠背柔性直流输电系统须明确阀控系统的换流阀保护功能与动作逻辑，直流控制、保护功能设计应与换流阀保护功能设计配合，防止不同厂家设备的功能设置与设备接口存在配合不当的问题。

（9）背靠背柔性直流阀厅设计应根据当地历史气候记录，适当提高阀厅屋顶、侧墙的设计标准，防止大风掀翻以及暴雨雨水的渗入。

（10）背靠背柔性直流阀厅的屋顶应设计可靠的安全措施，以保障运行维护人员在检查屋顶时无意外跌落的风险。

（11）背靠背柔性直流阀厅内的每个阀塔均应预敷设各类型光纤的备用光纤。

2. 针对背靠背柔性直流输电系统的直流控制保护系统的预控措施

（1）背靠背柔性直流换流站最后断路器保护功能应可通过出口压板或控制字方式投入/退出。整流侧为退出状态，逆变侧为投入状态。当逆变站的交流出线多于 3 回时，不设置最后断路器保护功能。

（2）背靠背柔性直流输电系统的直流控制、保护装置应按照"$N-1$"原则进行装置可靠性设计，除直接跳闸元件外，任何单一测量通道、装置、电源、板卡、模块的故障或退出不应导致保护误动跳闸或直流闭锁。

（3）背靠背柔性直流光纤传输的直流分流器、分压器二次回路应配置充足的备用光纤，一般不低于在用光纤数量的 60%，且不得少于 3 对（每对包含能量、数据光纤各 1 根），防止光纤故障造成直流长时间停运。

（4）背靠背柔性直流控制保护屏柜顶部应设置防冷凝水和雨水的挡水隔板。继电保护室、阀冷室、阀控室通风管道不应设计在屏柜上方，防止冷凝水跌落或沿顶部线缆流入屏柜。

（5）背靠背柔性直流换流站直流场测量光纤应进行严格的质量控制具体涉及如下几项。

1）光纤（含两端接头）出厂衰耗不应超过运行许可衰耗值的 60%。同时，与厂家同种光纤衰耗固有统计分布的均值相比，增量不应超过 1.65 倍标准差（95% 置信度）。

2）现场安装后，光纤衰耗较出厂值的增量不应超过 10%。

3）光纤户外接线盒防护等级应达到 IP65 的防尘防水等级。

4）设计阶段需精确计算光纤长度，偏差不应超过 15%，防止余纤盘绕增大衰耗。

5）光纤施工过程须做好防振、防尘、防水、防折、防压、防拗等措施，避免光纤损伤或污染。

（6）背靠背柔性直流换流站中的电压、电流回路及模块数量须充分满足控制、保护、录波等设备对回路冗余配置的要求。对于直流保护系统，不论采用"三取二""完全双重化"，还是可靠性更高的配置，装置间或装置内冗余的保护元件均不得共用测量回路。

（7）背靠背柔性直流换流站的直流控制系统内的保护功能不应与直流保护系统内的保护功能重复，原则上基于电压、电流等电气量的保护功能应且仅应设置在保护系统内。直流控制系统的保护功能仅限于与控制功能、控制参数密切关联的特殊保护。

（8）背靠背柔性直流作用于跳闸的非电量保护元件应设置 3 对独立的跳闸触点，按照"三取二"原则出口，按照"三取一"原则发出动作告警信号。

3．其他预控措施

（1）背靠背柔性直流换流站阀冷却水管须具备有效防护设计，防止相互间或与其他元件异常接触造成磨损漏水。防护设计应包括但不限于如下几种。

1）水管使用软质护套全包裹，避免裸露造成异常直接触碰。

2）水管固定部位宜使用双重冗余紧固件，避免单一紧固件失效造成水管磨损漏水。

3）水管布置、固定方式合理、可靠，并需考虑运行振动空间裕度，防止水管之间、水管与其他元件发生非紧固性触碰。

（2）背靠背柔性直流旁路开关位置的传感器应采用冗余化配置，避免因单个传感器异常造成冗余阀组控制系统故障和直流系统无法运行。

专有名词、英文缩写词汇表

AHP	Analytic Hierarchy Process	层次分析法
ANN	Artificial Neural Network	人工神经网络
CI	Cost of Investment	投资成本
CO	Cost of Operation	运行成本
CM	Cost of Maintenance	检修维护成本
CF	Cost of Failure	故障成本
CD	Cost of Discard	退役处置成本
DTU	Data Transfer Unit	数据传输单元
DEA	Data Envelopment Analysis	数据包络分析
ESOF	Emergency Switch Off	紧急停运
EDC	Expected Damage Cost	期望损失费用
EENS	Expected Energy Not Supplied	期望缺供电量
EU	Energy Unavailability	能量不可用率
EA	Energy Availability	能量可用率
EC	Expected Capacity	期望输送容量
EU	Energy Utilization	能量利用率
FPT	First Passage Time	状态转换的第一段时间
FPGA	Field Programmable Gate Array	现场可编程门阵列
FTA	Fault Tree Analysis	故障树分析
FMEA	Failure Mode and Effect Analysis	故障模式及后果分析
GPS	Global Position System	全球定位系统
HVDC	High-Voltage Direct Current	高压直流输电
HMI	Human Machine Interface	人机界面
IGBT	Insulated Gate Bipolar Translator	绝缘栅双极型晶体管
IEGT	Injection Enhanced Gate Transistor	增强注入栅晶体管
LCC	Life Cycle Cost	生命周期成本
MMC	Modular Multilevel Converter	模块化多电平换流器
MMC-HVDC	Modular Multilevel Converter based HVDC	模块化多电平换流器型直流输电
MTBF	Mean Time Between Failure	平均故障间隔时间
MTTF	Mean Time to Failures	平均无故障工作时间

MTTR	Mean Time to Repair	平均修复时间
MCS	the Minimal Cut Sets	最小割集法
MAUT	Multi-attribute Utility Theory	多属性效用理论
MCDA	Multi-criteria Decision Analysis	多准则决策分析
MPOT	Monopole Planned Outage Times	单极计划停运次数
MFOT	Monopole Forced Outage Times	单极强迫停运次数
MU	Merge Unit	合并单元
NLM	Nearest Level Modulation	最近电平逼近调制
OPWM	Optimized Pulse Width Modulation	优化脉宽调制
OLT	Open Line Test	线路开路试验
OWS	Operator Work Station	运行人员工作站
ODF	Optical Distribution Frame	光纤配线架
OPGW	Optical Power Grounded Wire	光纤架空地线
PWM	Pulse Width Modulation	脉冲宽度调制
PM	Power Module	功率模块
PMU	Phasor Measurement Unit	相量测量单元
PCC	Point of Common Coupling	公共连接点
PDCA	Plan-Do-Check-Action	策划—实施—检查—措施
RCM	Reliability-centered Maintenance	以可靠性为中心的维修管理
VSC	Voltage Source Converter	电压源换流器
SA	Simulated Annealing	模拟退火算法
SM	Sub Module	子模块
SPWM	Sinusoid Pulse Width Modulation	正弦脉宽调制
SVC	Space Vector Control	空间矢量控制
STATCOM	Static Synchronous Compensator	静止同步补偿器
SPT	Soft Punch Through	软穿通
SOA	Safety Operation Area	安全工作区
SER	Sequential Event Record	顺序事件记录
UPS	Uninterruptible Power System	不间断电源
UIC	Unit Interruption Cost	单位停电损失费用
VBC	Valve Base Controller	阀基控制器
VFOT	Valve-group Forced Outage Times	阀组强迫停运次数

参 考 文 献

[1] 汤广福. 基于电压源换流器的高压直流输电技术 [M]. 北京：中国电力出版社，2010.

[2] 徐政，等. 柔性直流输电系统 [M]. 北京：机械工业出版社，2013.

[3] 赵畹君. 高压直流输电工程技术 [M]. 北京：中国电力出版社，2011.

[4] 浙江大学发电教研组，直流输电科研组. 直流输电 [M]. 北京：水利电力工业出版社，1985.

[5] 管敏渊，徐政. 模块化多电平换流器型直流输电的建模与控制 [J]. 电力系统自动化，2010，34（19）：64－68.

[6] 雷园园，赵林杰，罗雨，等. 柔性直流输电用联接变压器绝缘参数配置与试验研究 [J]. 南方电网技术，2016，10（07）：51－56.

[7] 郭静丽，王秀丽，侯雨伸，等. 基于改进 FD 法的柔性直流输电系统可靠性评估 [J]. 电力系统保护与控制，2015，43（23）：8－13.

[8] 周宁，马建伟，胡博，等. 基于故障树分析的电力变压器可靠性跟踪方法 [J]. 电力系统保护与控制，2012，40（19）：72－77.

[9] 毕锐，丁明. 柔性直流输电系统可靠性评估中薄弱环辨识及备用 [J]. 合肥工业大学学报（自然科学版），2008，31（11）：1768－1772.

[10] 周剑，黄磊，刘春晓，等. 基于鲁西背靠背柔性直流系统的南方电网黑启动方案 [J]. 南方电网技术，2017，11（06）：1－7.

[11] 汤广福，贺之渊，庞辉. 柔性直流输电工程技术研究、应用及发展 [J]. 电力系统自动化，2013，37（15）：3－14.

[12] 程建登. 特高压直流运维技术体系研究及应用 [M]. 北京：中国电力出版社，2017.

[13] 谢开贵，胡博，南方电网科学研究院有限责任公司. 超（特）高压直流输电系统可靠性评估、优化及应用 [M]. 北京：科学出版社，2014.

[14] 张志华. 可靠性理论及工程应用 [M]. 北京：科学出版社，2012.

[15] ［加］李文沅. 输电系统概率规划 [M]. 吴青华，王晓茹，栾文鹏，等译. 北京：科学出版社，2015.

[16] GEORGE ANDERS, ALFREDO VACCARO. 电力系统可靠性新技术 [M]. 周孝信，李伯青，沈力，等译. 北京：中国电力出版社，2014.

[17] 杨凌毅. 变电运行应急管理对策探究 [J]. 企业技术开发，2014，33（14）：95－96.

[18] 马为民，吴方劼，杨一鸣，等. 柔性直流输电技术的现状及应用前景分析 [J]. 高电压技术，2014，40（08）：2429－2439.

[19] 国网浙江省电力公司培训中心，国网浙江省电力公司舟山供电公司. 柔性直流输电运维技术 [M]. 北京：中国电力出版社，2017.

[20] 丁明，毕锐，王京景. 基于 FD 法和模型组合的柔性直流输电可靠性评估 [J]. 电力系统保护与控制，2008，36（21）：33－37.

[21] 张禄琦，周家启，刘洋，等. 高压直流输电工程可靠性指标统计分析 [J]. 电力系统自动化，2007，31（19）：95－99.

［22］ 张明玖，张明理，王琪. 东北—华北直流背靠背工程对东北电网的影响［J］. 东北电力技术，2008（04）：18－20.

［23］ 刘隽，贺之渊，何维国，等. 基于模块化多电平变流器的柔性直流输电技术［J］. 电力与能源，2011，1（01）：33－38.

［24］ 黄凯漩，陈涛，张板，等. 一起因控制策略不当引发的柔性直流功率波动事件分析［J］. 广东电力，2015，28（06）：26－29.

［25］ 赵成勇，陈晓芳，曹春刚，等. 模块化多电平换流器 HVDC 直流侧故障控制保护策略［J］. 电力系统自动化，2011，35（23）：82－87.

［26］ 陈海荣，徐政. 基于同步坐标变换的 VSC－HVDC 暂态模型及其控制器［J］. 电工技术学报，2007，22（02）：121－126.

［27］ 管敏渊，徐政，屠卿瑞，等. 模块化多电平换流器型直流输电的调制策略［J］. 电力系统自动化，2010，34（02）：48－52.

［28］ 潘武略，徐政，张静，王超. 电压源换流器型直流输电换流器损耗分析［J］. 中国电机工程学报，2008，28（21）：7－14.

［29］ 张崇巍，张兴. PWM 整流器及其控制［M］. 北京：机械工业出版社，2003.

［30］ M. Guan and Z. Xu, "Modeling and Control of a Modular Multilevel Converter-Based HVDC System Under Unbalanced Grid Conditions," in IEEE Transactions on Power Electronics, vol. 27, no.12, pp. 4858－4867, Dec. 2012.

［31］ F. B. Ajaei and R. Iravani, "Enhanced Equivalent Model of the Modular Multilevel Converter," in IEEE Transactions on Power Delivery, vol. 30, no. 2, pp. 666－673, April 2015.

［32］ L. Xu, B. R. Andersen and P. Cartwright, "Multilevel-converter-based VSC transmission operating under fault AC conditions," in IEE Proceedings-Generation, Transmission and Distribution, vol.152, no.2, pp. 185－193, 4 March 2005.

［33］ L. Xu and V. G. Agelidis, "VSC Transmission System Using Flying Capacitor Multilevel Converters and Hybrid PWM Control," in IEEE Transactions on Power Delivery, vol. 22, no.1, pp. 693－702, Jan. 2007.

［34］ U. N. Gnanarathna, A. M. Gole and R. P. Jayasinghe, "Efficient Modeling of Modular Multilevel HVDC Converters (MMC) on Electromagnetic Transient Simulation Programs," in IEEE Transactions on Power Delivery, vol. 26, no.1, pp. 316－324, Jan. 2011.

［35］ Q. Song, W. Liu, X. Li, H. Rao, S. Xu and L. Li, "A Steady-State Analysis Method for a Modular Multilevel Converter," in IEEE Transactions on Power Electronics, vol. 28, no.8, pp. 3702－3713, Aug. 2013.

［36］ C. Oates, "Modular Multilevel Converter Design for VSC HVDC Applications," in IEEE Journal of Emerging and Selected Topics in Power Electronics, vol.3, no.2, pp. 505－515, June 2015.